环境污染与健康风险研究丛书

总主编 施小明

环境污染物内暴露检测技术

主 编 朱 英

科学出版社

北 京

内 容 简 介

环境污染造成的健康问题日趋严重,内暴露检测为研究人体内环境污染物的总暴露量与生物效应的关系提供了机会,是人体内环境污染物暴露评估的"金标准",是环境与健康研究必不可少的一环。本书主要介绍内暴露检测技术的研究进展,以期为我国形成系统化、标准化、定量化的内暴露检测体系提供参考。全书共 11 章,第一章为绪论;第二至五章为总述,纵向梳理了内暴露检测技术各个环节,主要包括生物样品采集、运输和储存,样品前处理方法,分析检测技术,质量保证要求;第六至十一章分类介绍了不同环境污染物的暴露来源、暴露途径、健康风险,以及常用的前处理方法及检测技术,并提供应用实例,兼具系统性和可读性。

本书可供从事环境与健康研究及检验工作的科研人员,以及医学院校预防医学和卫生检验专业本科生及研究生阅读参考。

图书在版编目(CIP)数据

环境污染物内暴露检测技术 / 朱英主编. —北京:科学出版社,2022.12

(环境污染与健康风险研究丛书 / 施小明总主编)

ISBN 978-7-03-073994-0

Ⅰ. ①环… Ⅱ. ①朱… Ⅲ. ①环境污染-环境监测 Ⅳ. ①X83

中国版本图书馆CIP数据核字(2022)第222608号

责任编辑:马晓伟 凌 玮 / 责任校对:张小霞
责任印制:李 彤 / 封面设计:吴朝洪

科 学 出 版 社 出版

北京东黄城根北街 16 号

邮政编码:100717

http://www.sciencep.com

北京建宏印刷有限公司 印刷

科学出版社发行 各地新华书店经销

*

2022 年 12 月第 一 版 开本:720 × 1000 1/16

2022 年 12 月第一次印刷 印张:15 3/4

字数:307 000

定价:98.00 元

(如有印装质量问题,我社负责调换)

"环境污染与健康风险研究丛书"编委会

《环境污染物内暴露检测技术》编写人员

主　编　朱　英

编　者　（按姓氏笔画排序）

丁昌明　付　慧　朱　英　杨艳伟

张　续　张　淼　张卓娜　张海婧

陆一夫　陈　曦　胡小键　谢琳娜

丛 书 序

  随着我国经济的快速发展与居民健康意识的逐步提高，环境健康问题日益凸显且备受关注。定量评估环境污染的人群健康风险，进而采取行之有效的干预防护措施，已成为我国环境与健康领域亟待解决的重要科技问题。我国颁布的《中华人民共和国环境保护法》（2014 年修订）首次提出国家建立健全环境健康监测、调查和风险评估制度，在立法的层面上凸显了环境健康工作的重要性，后续发布的《"健康中国 2030"规划纲要》、《健康中国行动（2019—2030 年）》和《中共中央 国务院关于全面加强生态环境保护 坚决打好污染防治攻坚战的意见》等，均提出要加强环境健康风险评估制度建设，充分体现了在全国开展环境健康工作的必要性。

  党的十八大以来，在习近平生态文明思想科学指引下，我国以前所未有的力度推动"健康中国"和"美丽中国"建设。在此背景下，卫生健康、生态环境、气象、农业等部门组织开展了多项全国性的重要环境健康工作和科学研究，初步建成了重大环境健康监测体系，推进了环境健康前沿领域技术方法建立，实施了针对我国重点环境健康问题的专项调查，制修订了一批环境健康领域重要标准。

  "环境污染与健康风险研究丛书"是"十三五"国家重点研发计划"大气污染成因与控制技术研究"重点专项、大气重污染成因与治理攻关项目（俗称总理基金项目）、国家自然科学基金项目等支持带动下的重要科研攻关成果总结，还包括一些重要的技术方法和标准修订工作的重要成果，也是全国环境健康业务工作如空气污染、气候变化、生物监测、环境健康风险评估等关注的重要内容。本丛书系统梳理了我国环境健康领域的最新成果、方法和案例，围绕开展环境健康研究的方法，通过研究案例展现我国环境健康风险研究前沿成果，同时对环境健康研究方法在解决我国环境健康问题中的应用进行介绍，具有重要的学术价值。

  希望通过本丛书的出版，推动"十三五"重要研究成果在更大的范围内共享，为相关政策、标准、规范的制定提供权威的参考资料，为我国建立健全环境健康监测、调查与风险评估制度提供有益的科学支撑，为广大卫生健康系统、大专院校和科研机构工作者提供理论和实践参考。

作为国家重点研发计划、大气重污染成因与治理攻关以及国家自然科学基金等重大科研项目的重要研究成果集群，本丛书的出版是多方合作、协同努力的结果。最后，感谢科技部、国家自然科学基金委员会、国家卫生健康委员会等单位的大力支持。感谢所有参与专著编写的单位及工作人员的辛勤付出。

"环境污染与健康风险研究丛书"编写组

2022 年 9 月

前　言

　　环境是人类赖以生存和发展的物质基础，人们在生产、生活中，时时刻刻都与周围的环境发生着交互作用，生存环境的优劣直接影响人类的健康。据世界银行和世界卫生组织的相关统计，全世界 70%的疾病和 40%的死亡与环境污染相关，解决环境污染造成的人群健康问题迫在眉睫。我国政府高度重视生态环境和人群健康保护，《"健康中国 2030"规划纲要》对开展重点区域、流域、行业环境与健康调查，建立覆盖污染源监测、环境质量监测、人群暴露监测和健康效应监测的环境与健康综合监测网络及风险评估体系提出了明确要求。但是，开展人群暴露监测和健康效应监测是一个系统性的长期工程，任重而道远。由于样品获取困难、污染物在体内的代谢过程复杂、目标物种类繁多且暴露水平低等诸多原因，相较于其他监测发展缓慢。

　　人群暴露监测可通过测定人体生物材料（如血液、尿液、头发、指甲、母乳等）中污染物原形或其代谢产物等生物标志物的含量，评估过去一段时间人体受到环境污染物影响的程度，是人体环境污染物暴露评估的"金标准"，是建立环境污染健康影响风险评估体系的关键内容。目前，美国、加拿大、韩国及很多欧盟成员国等都已在国家层面开展了系统的人体内暴露监测项目，以了解环境污染物的人群暴露基线水平及变化趋势，为环境与健康研究提供基础数据。我国的暴露监测工作始于 20 世纪 60 年代，起源于职业人群的暴露监测，之后逐渐发展建立了一些重金属、农药及其他有机物的生物监测标准方法，并以监测结果为基础公布了多个生物监测指标及其生物接触限值。相关研究机构和研究人员也开展了一些针对特殊暴露人群的某些环境化学物质负荷水平研究，但总体而言，已有的环境污染物内暴露监测主要围绕课题研究开展工作，缺乏系统性和代表性，检测技术领域更是各自发展，没有形成体系，严重影响了该学科领域的快速发展。2016 年，"国家人体生物监测项目"作为首个全国居民环境化学物质内暴露水平调查项目正式启动，本书的编者从事环境污染物内暴露检测工作多年，并承担了该项目内暴露检测方法的研究及推广工作，在环境污染物内暴露检测方面有着丰富的经验。本书通过介绍内暴露检测指标、检测方法、质量保证要求及应用实例,系统展示和比较国内外环境污染物内暴露检测技术的最新进展,并对未来发展趋势进行展望,以期为我国形成系统化、标准化、定量化的内暴露检测体系提供参考。

本书可帮助从事环境与健康研究及检验工作的科研人员开拓思路,结合实验室实际情况建立适合流行病学调查的高通量、高灵敏度的环境污染物内暴露检测方法,也可帮助医学院校预防医学和卫生检验专业本科生及研究生了解内暴露检测技术的研究进展。

本书共 11 章。第一至五章具有通用性。其中,第一章为绪论,主要介绍背景知识及研究现状,可帮助读者整体了解内暴露检测及相关技术。第二至五章纵向梳理了生物样品采集、运输和储存,样品前处理方法,分析检测技术,质量保证等内暴露检测的各个环节,旨在让读者全面系统地了解其技术内容。第六至十一章在前五章的基础上,分类介绍了不同污染物具体的暴露来源、途径及健康风险,以及生物材料与监测指标选择、前处理方法及检测方法,并提供应用实例,具有实用性。在分类方式上,根据环境污染物的性质,分为金属/类金属、挥发性有机物、半挥发性有机物、持久性有机污染物、新兴污染物和阴离子。

本书应用实例部分在结合国内外先进方法的同时,考虑了我国各省、自治区、直辖市实验室的特点,多数方法已在"国家人体生物监测项目"中应用,通过实验室的方法比对,适合在不同实验室推广应用。

本书的出版离不开"国家人体生物监测项目"的支持。限于环境污染物内暴露检测技术的复杂性及编者知识水平的局限性,书中难免存在疏漏之处或认知偏颇,敬请读者批评指正。

编　者

2022 年 6 月

目　　录

第一章 绪 论

在生活中，人们时时刻刻都与周围的环境发生着交互作用，生存环境的优劣直接影响人类的健康。据世界银行和世界卫生组织（World Health Organization，WHO）的相关统计，全世界 70% 的疾病和 40% 的死亡与环境污染相关。造成环境污染的源头多为有害化学品的滥用。据初步统计，2013 年以前，全球登记的化学品有 7000 万种，到 2019 年，全球登记的化学品已达 1.5 亿种。这些化学品被迅速应用到工业生产和人们的日常生活中，在生产、储运和使用过程中，如果不严格把控，随时都可能被排放到环境中，再经呼吸、饮食、饮水和皮肤吸收等方式进入人体，在人体内进行代谢。最初，人们是通过测定环境中污染物的含量来评估人体受到环境污染物影响的程度，但随着研究的不断深入，人们发现即便在相同的环境下，不同的个体由于不同的暴露时间、防护措施、个体吸收效率等，污染物的人体实际暴露量也会不同，单纯检测环境中污染物的含量不能准确反映人体的暴露量。因此，有学者提出通过测定人体生物材料[血液、尿液、头发、指（趾）甲、母乳等]中污染物原形或其代谢物含量来评估人体受到环境污染物影响的程度，从而更精准地评价污染物对人体健康的影响。本章围绕环境污染物内暴露检测，重点阐述其相关的基本概念、检测目的和意义、主要内容、国内外现状、局限性、新技术应用等内容，并对未来发展进行展望。

1.1 基 本 概 念

环境污染物内暴露检测是评估污染物对人群健康影响的重要手段，集合了环境科学、化学、生物学、毒理学、医学等多学科的基础知识。其中，检测是重点，需要从业人员具有化学，尤其是分析化学、仪器分析相关工作经验；同时了解污染物的环境分布和行为，便于解释内暴露检测结果与环境暴露的关系；需要具备坚实的生物学理论知识，便于评价内暴露检测结果与内暴露所致的生物学效应；更需要具备一定的毒理学和医学知识，以揭示外源性环境污染物与机体相互作用的过程、机制，进而评估环境污染物带来的健康影响甚至是健康危害。作为多学科交叉技术，环境污染物内暴露检测涉及的基本概念非常多，下面仅对部分关键概念进行简要介绍。

1.1.1 环境暴露与暴露测量

环境暴露是指环境污染物经呼吸、饮食、饮水和皮肤接触等方式吸收进入人体的过程。评估环境暴露的方法即暴露测量。暴露测量通常分为外暴露检测和内暴露检测。以除草剂 2, 4-二氯苯氧乙酸（以下简称 2, 4-滴）为例（U.S. Department of Health and Human Services，2020），环境暴露主要是通过接触经 2, 4-滴除草后的草地、农田，以及饮用被污染的水和食用沾染 2, 4-滴而未清洗干净的食物。2, 4-滴大部分通过消化道吸收进入人体，少量通过皮肤缓慢吸收，但吸收量有限。此后，2, 4-滴在几小时内进入血液，随血液流动到全身，并分布到大多数器官中。2, 4-滴在体内一般不会分解，如果不持续接触，也不会在体内积累，约 6h 后会以游离酸的形式随尿液排出，少部分以共轭形式排出体外。评估 2, 4-滴环境暴露的方法有 2 种，一种是测定土壤或食物中的 2, 4-滴含量，并根据接触时间和接触途径推算个体可能的暴露量，另一种是通过测定尿液中 2, 4-滴的含量，直接获取个体近几天接触此类农药的情况。

1.1.2 外暴露检测与内暴露检测

外暴露检测即测量环境的外暴露剂量，通常是测定人群接触的空气、水、土壤等环境介质中污染物的浓度或含量，结合人体接触污染物的特征（如接触时间、接触途径等），可以评估个体的暴露水平。测量时，需在不同的环境暴露区域，以及不同时间或空间进行抽样测量，并将测量结果的平均值作为代表人群接触环境污染物的平均水平。因为每个人的生活和工作环境都不相同，这种抽样测量方法很难精确地评估环境污染物进入不同个体的暴露剂量。外暴露剂量还受个体对污染物的吸收效率、防护措施等因素的影响，因此通常也不能准确反映个体对污染物的暴露程度。

内暴露检测是通过各种检测手段，测定人体生物材料中污染物原形或其代谢物的含量，或污染物与某些靶细胞或靶分子相互作用的产物含量。其中，原形或代谢物的含量反映的是人体内剂量，即环境污染物在体内已经发生和正在延续的接触水平，与某些靶细胞或靶分子相互作用的产物含量反映的是生物效应剂量，即达到有毒理学意义的机体效应部位并与其作用的指标，通常通过测定组织或体液中的特殊加合物（如 DNA 加合物、血红蛋白加合物、白蛋白加合物）来实现。

内暴露检测评估个体对污染物总体暴露水平的准确度远高于外暴露检测，是定量评估环境污染物对人群健康影响的"金标准"。由于不同污染物在生物体内的代谢速率和途径不同，靶部位标志物的生物效应剂量较内剂量更能准确反映体内暴露剂量。但是，由于直接测定效应部位或靶部位剂量的难度非常大，常使用替代生物标志物（surrogate biomarker）水平推测靶部位剂量，但应有充足的资料证明两者的相关关系。

1.1.3 内暴露检测与生物监测

1980 年，欧洲共同体职业安全与卫生委员会、美国职业安全与健康管理局（Occupational Safety and Health Administration，OSHA）及美国职业安全与健康研究所（the National Institute for Occupational Safety and Health，NIOSH）共同组织研讨会，提出了监测、环境监测、生物监测和健康监护的定义，并指出生物监测是指测定接触毒物后接触者生物材料中该化学物的原形或代谢物。该定义仅提出了对生物材料中毒物及其代谢物的测定，并未涉及一些早期、可逆生物学效应的监测，实际反映的是内暴露检测的概念。

1992 年我国生物监测标准专题讨论会将生物监测的目的和定义明确为：定期（有计划）地检测人体生物材料中化学物质或其代谢产物的含量或由它们所导致的无害生物效应水平，以评价人体接触化学物质的程度及可能的健康影响（沈惠麒等，2006）。《生物监测质量保证规范》（GB/T 16126—1995）给出的定义：系统地收集人体生物样品（组织、体液、代谢物），测定其中化学物或其代谢物的含量，或它们所引起的非损伤性的生化效应，以评价人体接触剂量及其对健康的影响。两个定义均强调生物监测的目的是评价人体接触化学物质的程度及可能的健康影响，因此生物监测既关注内暴露剂量水平，也关注可能对健康产生影响的早期生物学效应指标。内暴露检测只关注污染物及代谢物含量水平或其与效应部位相互作用的产物含量，是生物监测的重要一环，也是生物监测的基础，两者不能分割，但也不能混淆。

1.1.4 原形与代谢物

污染物经呼吸、饮食、饮水和皮肤接触等方式吸收进入人体，随即进入人体的血液和组织，除很少一部分可以原形排出体外，绝大部分都在人体的肝、肾、胃、肠等器官经过某些酶的氧化、还原、水解及后续的结合作用进行代谢或转化，经生物转化后的污染物大部分经肾、消化道和呼吸道排出体外，少部分经汗液、母乳、唾液等各种分泌液排出，也有的通过皮肤的新陈代谢到达毛发而离开机体。

内暴露检测过程需要根据不同污染物进入人体后的变化，选择检测的污染物形式。例如，重金属在体内不代谢，直接以原形分布在体内的不同部位或排出体外，因此可以依据其分布特征及排出途径，选择在不同生物材料中测定其原形来评估不同时期的污染物暴露情况；烟草中的尼古丁在体内的半衰期较短，进入体内后会迅速被吸收并在肝脏代谢成可替宁和 3-羟基可替宁，之后通过尿液排出体外，因此通常通过测定血液或尿液中的代谢物含量来评估其暴露情况；苯在体内的半衰期较长，进入体内经肝脏代谢后，以 t, t-黏糠酸和苯巯基尿酸等形式通过尿液排出，或以原形经呼吸道排出，因此既可以通过测定血液中的原形，也可以通过测定尿液中的代谢物含量来评估其暴露情况（丁昌明等，2013）。

1.1.5 生物标志物

1987 年，美国国家研究理事会（National Research Council，NRC）将生物标志物（biomarker）定义为反映生物系统或样本中所发生事件（event）的指标，并将其作为评估化学品暴露与健康损害之间关系的工具。1993 年化学安全国际项目（the International Programme on Chemical Safety，IPCS）发布的"环境卫生基准"将生物标志物进一步定义为反映生物系统与外源化学、物理和生物因素之间相互作用的任何测定指标。根据不同含义，一般将生物标志物分为接触生物标志物、效应生物标志物和易感性生物标志物。

（1）接触生物标志物（biomarker of exposure）：用于反映生物材料中环境污染物原形或其代谢物或环境污染物与某些靶细胞或靶分子相互作用的产物含量。接触生物标志物分为反映内剂量和生物效应剂量的两类标志物。内剂量表示吸收到体内的外源性污染物含量，如生物材料中污染物原形或代谢物的含量。例如，血铅可以反映接触铅的内剂量水平；尿液中 1-羟基芘等多环芳烃代谢物反映的是接触多环芳烃的内剂量水平。生物效应剂量是指到达机体效应部位（组织、细胞和分子）并与其相互作用的环境污染物或代谢物的含量，如污染物或代谢物与白蛋白、血红蛋白的共价结合物含量，或蛋白与 DNA 的交联物水平。例如，骨铅、DNA 加合物、TNT 血红蛋白加合物水平。接触生物标志物如果与暴露剂量或与毒性作用/效应相关，则可用于评估环境污染物暴露水平，并建立相应的生物阈值。

（2）效应生物标志物（biomarker of effect）：指由于外源性化合物的暴露，导致机体中可测出的生化、生理、行为或其他改变的指标，可进一步分为反映早期生物效应、结构和（或）功能改变、疾病的三类标志物，其中前两类对疾病预防具有重要意义，而疾病标志物则有助于疾病的早期发现、诊断和治疗措施的选择，并可用于预测疾病的结局和预后。

（3）易感性生物标志物（biomarker of susceptibility）：指由于外源性化合物的暴露，机体先天具有或后天获得的对外源性化合物具有反应能力的标志物。例如，环境污染物进入体内，诱发接触者体内代谢酶、免疫及靶分子的 DNA 发生变化，这种基因的多态性属于先天的遗传易感生物标志物。环境因素作为应激原时，机体的神经、内分泌和免疫系统的反应及适应性也可以反映机体的易感性，属于后天获得的易感生物标志物。

1.2　检测目的和意义

环境污染物内暴露检测的目的是通过检测人体生物材料中接触生物标志物的种类及含量，掌握环境污染物的暴露剂量，为评估人体接触化学物质的程度及可能的健康影响提供数据支持。内暴露检测不考虑外界因素对人体的影响，直接测定进入人体生物材料中的污染物原形及代谢物或环境污染物与某些靶细胞或靶分子相互作用的产物，能够准确反映环境污染物在人体生物材料中的总暴露情况，在环境污染物暴露评价、生物监测中得到广泛应用。

内暴露检测应用于职业健康监护，可以在生物体尚未发生有害健康效应时评估生物体早期接触量，以便采取相应的控制措施，预防有害健康效应与疾病的发生；应用于国家普查领域（如国家人体生物监测），旨在掌握污染物人体暴露的基线数据或变化趋势，分析暴露水平与健康效应之间的关系，评估人群环境污染物暴露的健康风险。此外，内暴露检测也可用于污染控制及临床干预的效果评价，通过检测控制或干预前后污染物暴露水平的变化，评估控制或干预效果。通过内暴露检测，还可以分析污染物的吸收、分布、代谢和排泄途径，确定污染物的接触剂量，了解毒性作用机制，探索剂量-效应关系。

目前，内暴露检测更多地应用于对单一污染物的急性健康效应研究，尚未广泛应用于多污染物的健康效应研究，尤其是慢性健康效应研究。一些发达国家正在逐步建立环境暴露与人类健康的数据库，而且非常注重环境污染物对人类的长期慢性危害。从这些国家的政策趋势及学术界的研究方向来看，环境污染物的内暴露检测将广泛应用于监测多种环境污染物的累积危险度，以评估其对人体的长期影响。随着经济的快速发展，我国越来越重视环境污染和公众健康问题，可以预见环境污染物内暴露检测领域将在我国迅速发展。

1.3　主　要　内　容

人体生物材料，如血液、尿液、头发等均可反映人体的健康状况、营养状况和环境污染物的累积暴露情况。内暴露检测关注的是人体生物材料中接触生物标志物的种类及含量，选择何种检测指标、生物材料及检测方法构成了内暴露检测的主要内容。

1.3.1 检测指标的确定

通常主要依据环境污染物进入人体的方式、进入人体后的分布，以及污染物的代谢，结合毒物动力学研究，确定与污染物具有关联性的检测指标。具体需要考虑的因素如下。①特异度：所选择的指标应具有一定的特异度，要与所关注的污染物有对应关系，如同样是苯的代谢物，苯巯基尿酸比 t,t-黏糠酸更具特异度。②灵敏度：所选择的指标必须具有足够的灵敏度，即便是在不产生有害效应的低暴露水平下，内暴露检测指标的水平与外暴露水平、效应指标之间要有较好的剂量–反应（效应）关系。③稳定性：反映在两个方面，一是所选指标的理化性质要足够稳定，便于样品运送、保存和分析；二是所选指标的代谢动力学参数（如清除率、半衰期等）满足采样要求，尤其是有助于采样时间的选择。④重复性：所选指标的检测结果具有较好的可重复性，个体差异造成的影响在可接受范围内。⑤依从性：所选指标的采样最好对人体无损伤，易被受试者所接受，如尿液样品的采样依从性好于血液样品，应尽量选择能够采用尿液样品的检测指标，两种样品都能使用时优先选择尿液样品。

以评价烟草暴露的检测指标为例（丁昌明等，2020），尼古丁是烟草中最主要的生物碱，尼古丁在体内的半衰期只有 1～2h，主要在肝脏代谢，其代谢产物中 70%～80%为可替宁，其中大部分再进一步代谢为 3-羟基可替宁，可替宁和 3-羟基可替宁在体内的半衰期相似，为 18～22h，远长于尼古丁的半衰期，因此从特异度、灵敏度、稳定性等方面综合考虑，选择可替宁、3-羟基可替宁作为检测指标优于直接测定尼古丁原形。

1.3.2 生物材料的选择

常用的生物材料有血液、尿液、唾液、头发、指（趾）甲、牙齿、脂肪和呼出气等。选择生物材料的主要依据是污染物进入人体后的代谢途径及靶器官的位置。同时，还要考虑样品的代表性，采样和保存的难易程度，有无损伤性，以及样品中被测物的浓度、检测方法的灵敏度等因素。例如，尿液采集具有无损伤性、容易获得等特点，是最常用的生物材料之一，适合测定水溶性代谢物。但是，尿液中污染物的浓度也容易受饮水、出汗等因素的影响，不同阶段含量差异较大，通常需要对测定结果进行尿比重或尿肌酐校正。血液采集因具有损伤性，受试者的依从性不强，但大多数污染物及其代谢物都能够在血液中检测到，血液中原形污染物的检测比尿液中代谢物的检测更具特异度，也很少受组成变化的影响。生物材料的选择还应考虑检测目的。在重金属的暴露评估中，可使用血液、尿液、头发、指（趾）甲，甚至是牙齿、脂肪等生物材料。其中，血液、尿液反映的是机体对环境污染物的吸收和排泄情况；头发、指（趾）甲、牙齿、脂肪等组织中的重金属含量则反映污染物在机体内的蓄积情况；必要时根据检测目的，还可使用脑、肺、肝、肾和骨髓等组织。

1.3.3 检测方法的应用

根据污染物种类的不同，内暴露检测分为无机化合物检测和有机化合物检测两大类。无机化合物检测主要包括全血、尿液、头发、指（趾）甲及骨骼等生物材料中重金属、类金属指标的检测。有机化合物检测比较复杂，根据污染物的性质、作用等进行不同分类，如挥发性有机化合物、农药、内分泌干扰物、持久性有机污染物、新型污染物、蛋白加合物和 DNA 加合物检测等。检测方法的选择应根据化合物的性质，根据适用性、普及性、标准化的原则进行，如金属、类金属通常使用电感耦合等离子质谱法测定；挥发性有机化合物通常使用气相色谱法、气相色谱–质谱法测定；难挥发或热稳定性差的有机化合物通常采用液相色谱法、液相色谱–质谱法测定。

内暴露检测中污染物及其代谢物的浓度通常非常低，选择检测方法时首先应考虑灵敏度足以满足被测物的检出要求，对于痕量、超痕量污染物，优先选择高灵敏度的检测器。其次检测方法要有一定的特异度。生物材料种类多，基体复杂，检测方法要确保被测物不受其他成分的干扰。无机化合物检测过程中通常需要通过消解等前处理方式预先去除有机化合物干扰；有机化合物检测过程中则需要通过分离、净化等手段去除其他干扰成分。在检测过程中要尽量避免烦琐的操作步骤，以提高方法的稳定性和准确度。检测方法应稳定、准确、简便，仪器易得，便于推广。

1.4 国内外现状

随着人们越来越关注环境污染对健康的影响，很多国家基于本国的人体生物监测、环境调查、营养健康调查等项目开展了环境污染物内暴露检测工作。目前已开展人群内暴露检测研究的有美国国家生物监测项目（National Biomonitoring Program，NBP）、加拿大健康测量调查（Canadian Health Measures Survey，CHMS）、德国环境调查（German Environmental Survey，GerES）、韩国国家健康和营养监测调查（Korean National Health and Nutrition Examination Surveys，KNHANES）、欧洲人体生物监测联合会/欧盟人体生物监测协作示范研究（Consortium to Perform Human Biomonitoring on a European Scale/Demonstration of a Study to Coordinate and Perform Human Biomonitoring on a European Scale，COPHES/DEMOCOPHES），以及我国国家人体生物监测项目等。

1.4.1 美 国

1956 年美国通过的国家健康调查法案（the National Health Survey Act）授权进行一项调查，以获得美国在疾病和残疾方面（包括类型、分布和影响因素等）的最新统计数据。为遵守这一法案，美国国家卫生统计中心（National Center for Health Statistics，NCHS）从 1960 年开始实施全国健康检测调查（National Health Examination Survey，NHES）。NHES Ⅰ（1960~1962 年）主要研究 18~79 岁成年人的慢性疾病；NHES Ⅱ（1963~1965 年）和 NHES Ⅲ（1966~1970 年）开始关注儿童及青少年成长，分别纳入 6~11 岁儿童、12~17 岁青少年作为调查对象。研究人员发现了饮食习惯与疾病之间的关系，引入了营养与健康的关系研究，形成了国家健康和营养检测调查（National Health and Nutrition Examination Survey，NHANES）。自 1970 年以来，共开展了 5 次调查，即 NHANES 1971-1975、NHANES 1976-1980、西班牙裔健康和营养检测调查（Hispanic Health and Nutrition Examination Survey，HHANES）1982-1984、NHANES 1988-1994 和 NHANES 1999-2004。与 NHES 相比，NHANES 主要增加了对营养状况的关注。另外，HHANES 旨在为美国三个最大的西班牙裔亚群体（墨西哥裔美国人、古巴裔美国人和波多黎各人）提供健康和营养状况的估计数据，从 NHANES 1988-1994 开始则强调环境对健康的影响。

1999 年起，NHANES 成为一个连续的年度调查，通过收集调查对象的健康相关行为信息，对调查对象进行体格检查和生物样品检测，用于评估美国人群健康和营养状况，以及接触环境化学品和有毒物质的风险。在每个调查周期，NCHS 从 NHANES 项目参与者中随机抽取 2500 名调查对象的子样本，实施 NBP 项目，检测全血、血清、尿液中环境污染物原形或代谢物。NBP 项目自 2001 年至今已发布了 4 次国家人体生物监测环境化学污染物暴露报告。该报告提供了 300 多种环境污染物在美国具有代表性的人群体内的累积暴露情况。以美国第四次国家生物监测环境化学污染物暴露报告（U.S. Department of Health an Human Services，2019）为例，具体的内暴露检测指标见表 1-1。

表 1-1 美国第四次国家人体生物监测环境化学污染物内暴露检测指标

指标种类	指标数量	指标种类	指标数量
血红蛋白加合物	2 种	氨基甲酸酯类农药代谢物	2 种
烟草代谢物	3 种	有机氯农药代谢物	2 种
消毒副产物	4 种	有机磷杀虫剂代谢物	14 种
个人护理和消费品中的化学物质及其代谢物	13 种	拟除虫菊酯类农药代谢物	4 种

续表

指标种类	指标数量	指标种类	指标数量
有机磷酸酯阻燃剂	9 种	金属、类金属	29 种
杀菌剂及其代谢物	4 种	高氯酸盐及其他阴离子	3 种
除草剂及其代谢物	8 种	全氟及多氟化合物类表面活性剂	16 种
磺酰脲类除草剂	17 种	邻苯二甲酸酯及其替代物的代谢物	22 种
杀虫剂及其代谢物	3 种	植物雌激素及其代谢物	6 种
多环芳烃代谢物	11 种	多氯代二苯并二噁英	7 种
杂环胺	10 种	多氯代二苯并呋喃	10 种
挥发性有机物	49 种	二噁英类多氯联苯：共面多氯联苯	3 种
挥发性有机物代谢物	27 种	二噁英类多氯联苯：单邻位替代多氯联苯	8 种
有机氯农药及其代谢物	13 种	多氯联苯：非二噁英类	29 种
多溴联苯醚和六溴联苯（PPB153）	12 种	/	/

1.4.2 加 拿 大

CHMS 项目是由加拿大卫生部、统计部和公共卫生局共同实施的一项全国性调查，是加拿大开展的最全面、最直接的健康调查，旨在提供有关环境污染、健康和营养状况等指标的具有全国代表性的基线数据，以及与这些领域相关的风险因素和保护特性。CHMS 项目的数据收集周期为 2 年，自 2007 年以来，已收集了 6 个周期的内暴露检测数据，发布了 5 次加拿大环境化学污染物人体生物监测报告，在人体生物样品中检测了 200 多种化学物质。前四次调查共收集了 164 种环境污染物数据，2019 年 11 月发布的加拿大第五次人体生物监测环境化学污染物暴露报告涵盖了近 100 种环境污染物数据。第六次健康调查实施周期为 2018 年 1 月至 2019 年底。以加拿大第五次人体生物监测环境化学污染物暴露报告（Health Canada，2019）为例，具体的内暴露检测指标见表 1-2。

表 1-2 加拿大第五次人体生物监测环境化学污染物内暴露检测指标

指标种类	指标数量	指标种类	指标数量
金属和微量元素（包括部分元素形态）	14 种	邻苯基苯酚代谢物	2 种
个人护理和消费品中的化学物质	5 种	拟除虫菊酯类农药代谢物	5 种
可替宁	1 种	邻苯二甲酸酯类的代谢物	23 种
血红蛋白加合物	2 种	环己烷-1,2-二甲酸二异壬酯的代谢物	6 种
全氟及多氟化合物	9 种	2,2,4-三甲基-1,3-戊二醇双异丁酸酯的代谢物	2 种
有机磷杀虫剂代谢物	10 种	偏苯三甲酸三（2-乙基己酯）的代谢物	3 种
氨基甲酸酯类农药代谢物	1 种	挥发性有机物	20 种

1.4.3 德 国

GerES 项目是德国现有规模最大的污染物暴露对德国人群健康影响研究，由德国联邦环境署（Umweltbundesamt，UBA）人体内暴露检测委员会牵头，其目的是获取德国一般人群的污染物暴露水平。该项目已完成 5 次调查，第一次调查（GerES Ⅰ）在 1985～1986 年，第二次调查（GerES Ⅱ）在 1990～1992 年，第三次调查（GerES Ⅲ）在 1997～1999 年，前三次调查主要针对成年人。第四次调查（GerES Ⅳ）在 2003 年 5 月至 2006 年 5 月，主要针对 3～14 岁儿童，这是第一次专门针对儿童及其环境暴露情况的调查。第五次调查（GerES Ⅴ）在 2014～2017 年，主要针对德国 167 个调查点的 2500 名 3～17 岁儿童和青少年进行问卷调查，收集生物样品及检测居住环境的污染情况，以获得德国儿童和青少年暴露于环境污染水平的数据。此项调查至今已检测了几十种化学物质，包括金属、类金属、有机氯化合物、多环芳烃代谢物、尼古丁及其代谢物等。以德国第四次国家人体生物监测环境化学污染物暴露报告（Federal Environment Agency，2008）为例，具体的内暴露检测指标见表 1-3。

表 1-3　德国第四次国家人体生物监测环境化学污染物内暴露检测指标

指标种类	指标数量	指标种类	指标数量
金属、类金属	5 种	氯酚类物质	10 种
有机氯化合物	11 种	多环芳烃代谢物	5 种
尼古丁及其代谢物	2 种	拟除虫菊酯类农药代谢物	5 种
有机磷代谢物	6 种	/	/

1.4.4 韩 国

韩国实施了一系列有害物质暴露及其健康影响调查，其中最具代表性的 KNHANES 项目始于 1998 年，2007 年起由韩国疾病预防与控制中心负责实施。该项目参照美国 NHANES 项目，旨在评估韩国人群的营养和健康状况，监测健康风险因素的变化趋势和主要慢性病的流行情况，为制定和评价韩国的健康政策提供依据。前七次调查开始时间分别为 1998 年、2001 年、2005 年、2007 年、2010 年、2013 年和 2016 年。调查主要由健康访谈、健康体检及营养调查三部分组成。此外，还采集了 10 岁及以上参与者的血液和尿液样品，进行烟草烟雾和重金属的暴露情况、肾功能和甲状腺功能等方面的检测。作为 KNHANES 项目的一部分，2005 年起由韩国环境研究所（National Institute of Environmental Research，NIER）

实施的国家环境污染物人体生物负荷调查（Korea National Survey for Environmental Pollutants in the Human Body，KorSEP），目的是通过调查污染物浓度的空间差异来估计普通人群中环境污染物的负荷情况，并评估各种接触源和途径的占比。KNHANES 项目关注的环境污染物包括 5 种金属和类金属、4 种多环芳烃代谢物、3 种双酚类物质、4 种个人护理和消费品中的化学物质、8 种邻苯二甲酸酯类代谢物、1 种拟除虫菊酯类农药代谢物、6 种挥发性有机物的代谢物，以及尼古丁的代谢物（Seo et al.，2015）。

1.4.5 欧 盟

2004 年，欧盟委员会启动了 2004～2012 年环境与健康行动计划，该计划肯定了人体内暴露检测的价值，以及在欧洲协调开展人体内暴露检测的重要性。许多欧洲国家已经开展了人体生物监测调查，如奥地利、比利时（弗兰德斯）、捷克、法国、德国、斯洛文尼亚和西班牙等，在其开展的人体内暴露检测项目中发现，其结果难以在不同项目间进行比较，因此需要在欧洲采取更为协调统一的方案，以便更好地利用欧洲人体内暴露检测数据。欧盟委员会分别于 2009 年和 2010 年批准在欧洲范围内开展 COPHES 和 DEMOCOPHES 两个项目，旨在建立可持续的框架，并证明人体内暴露检测可以在整个欧洲以协调统一的方式开展。COPHES 的研究者由来自 27 个欧洲国家 35 个机构的欧洲科学家和利益相关者组成。他们制定了通用的设计方案和调查对象招募、样品采集、化学分析、数据管理、数据分析及结果解释等方面的指南和标准程序。DEMOCOPHES 于 COPHES 启动 1 年后启动，目的是检验 COPHES 建立的科学框架，获得欧洲人群的暴露水平及主要影响因素，并将人体内暴露检测结果转化为具体的政策建议。这项研究于 2011 年 9 月至 2012 年 2 月招募了 17 个欧盟国家共 1844 名 6～11 岁儿童及其母亲，并对母亲进行问卷调查，收集他们的生活方式、饮食及吸烟习惯、社会经济状况等信息，以及头发和尿液样品，测量头发中的汞，以及尿液中的可替宁、邻苯二甲酸酯的代谢物、双酚 A 和镉的含量。这是第一个欧洲范围的人体内暴露检测项目，也是第一次获得 17 个欧盟国家人体内污染物暴露水平数据，数据在这些国家间具有可比性，该项目证明了欧洲人体内暴露检测框架的可行性，有利于污染物内暴露数据的更好利用（Schindler et al.，2014）。

1.4.6 中 国

我国的内暴露检测工作始于 20 世纪 50～60 年代，起源于职业人群的暴露监测，多应用于职业危害健康评估，之后逐渐建立了一些重金属、农药及其他有机物的职业人群生物监测标准方法，并以监测结果为基础公布了多个生物监测指标和职业接触生物限值。

环境污染物在普通人群体内的暴露检测，很大程度上受益于全球环境监测规划。1977 年联合国环境规划署（United Nations Environment Programme，UNEP）和 WHO 联合提出将生物监测作为全球环境监测系统的一个组成部分，我国于 1981 年以北京市区为背景参加了此项工作，测定血中铅和镉、母乳中的有机氯农药、人肾皮质中的镉含量，并在此基础上，制定了国家标准《生物监测质量保证规范》（GB/T 16126—1995），申报了 10 余项国家标准物质，这些工作为生物监测数据的准确性、可靠性及可比性奠定了基础。

此外，一些研究机构、研究人员也开展了某些环境污染物人群暴露水平研究。例如，2009 年在科技部"十一五"科技支撑项目和公益性卫生行业科研专项的支持下，中国疾病预防控制中心职业卫生所在我国广东、江苏、山东、辽宁、河北、青海、河南及北京 8 个省市开展了人群中环境污染物负荷水平研究，报道了我国一般人群体内重金属、农药、有机物等共 60 种化学污染物的负荷水平。

2016 年，在国家卫生健康委员会的指导下，中国疾病预防控制中心环境与健康相关产品安全所在全国范围内启动了"国家人体生物监测项目"，旨在评价我国居民人体生物材料中环境污染物暴露水平及分布特征。第一轮监测计划的现场调查历时 2 年，2018 年 12 月完成全国 31 个省 152 个监测点 20 000 多名居民血液、尿液样本的采集，目前已完成铅、镉、汞、砷、铬、钴、锰、钼、镍、锑、硒、锡和铊 13 种金属、类金属的内暴露水平检测，有机污染物及其代谢物的检测工作正在陆续开展。该项目通过采集全国代表性的居民生物样品中环境污染物及其代谢物的检测分析，获取个体及群体暴露环境污染物的类别、数量、负荷水平及变化趋势等基础数据，建立符合国际标准的生物样本库。2020 年已启动第二轮监测计划及现场调查。

纵向比较各国已开展的环境污染物内暴露检测工作，美国 NBP 项目依托于 NHANES 项目，人群代表性好，检测的环境化学物质种类最全面，无论是问卷调查、体格检查还是实验室检测均有严格的质量控制措施，保证了数据质量。同时，NBP 项目及时发布、更新调查方法、分析指南、报告及供公众使用的数据库，方便其他国家学习和参考。与之相比，加拿大 CHMS 项目、德国 GerES 项目、韩国 KNHANES 项目及欧盟 COPHES/DEMOCOPHES 项目检测的环境化学污染物种类相对较少，调查方法、分析指南及数据库等的开放程度也相对较低。我国全国性的内暴露检测工作起步较晚，在监测指标及方法的标准化、质量控制体系的建立、数据库的建立、数据的分享及应用等方面还存在一定差距，尚未形成持续的系统化、标准化、定量化的内暴露检测体系，大量的内暴露检测方面的基础研究有待进一步加强。

1.5 局 限 性

相较于外暴露检测，内暴露检测具有客观、准确的优点，是目前评价人体污染物暴露最常用也是最重要的手段。但是，随着环境与健康研究工作的不断深入，环境污染物内暴露检测的局限性日益显现，具体表现在检测指标、检测对象、检测方法、结果释义等方面。

1.5.1 检 测 指 标

环境中的污染物有数百万种，人们对大多数污染物缺乏认知，尤其是对污染物进入人体后的转化和代谢途径了解甚少，检测指标的选择已成为难点。例如，有报道认为工业生产或使用的全氟和多氟化合物有 4700 多种，但真正被关注到的不过几十种（江桂斌等，2020），已开展内暴露检测的指标则更少。有些环境污染物因其性质的特殊性，无法进行内暴露检测，如一些化学性质活泼、刺激性强的污染物，当其接触呼吸道黏膜或皮肤时会立刻发生化学反应而无法监测其在代谢过程中的变化。

1.5.2 检 测 对 象

内暴露检测的对象是人群，通常需要采集大量人群的血液、尿液、指（趾）甲、头发等生物材料，因此检测对象的依从性问题值得重视。例如，人们普遍排斥采集血液，而血液是反映持久性有机污染物内暴露水平的最佳生物材料。因此，一方面应通过健康教育、风险交流等方式提高检测对象的依从性，另一方面也要不断研究使用无损性生物材料的可能性，研发减少采样量的检测技术。

有些污染物的毒理学特性非常清晰，但是因为其靶器官的特殊性，所需要的生物材料会给检测对象带来不便和痛苦或损害人体健康，因此难以进行检测。例如，石棉、炭黑等直接沉积在肺组织，无法采集最适合评价的生物材料。

1.5.3 检 测 方 法

尽管随着各种联用技术、高灵敏度检测技术的发展，环境污染物的内暴露检测有了很大进步，但由于普通人群体内环境污染物内负荷水平非常低，加之样本量少、基质复杂、没有合适的对应内标等原因，仍有大量的污染物原形和代谢物受到检测技术的局限而暂时无法准确测量。

1.5.4 结 果 释 义

人体的生物多样性使得个体接触污染物后，在吸收、转化和代谢等过程中均存在差异，单纯的内暴露检测仅能反映特定人群的特定污染物总体暴露水平，无法获知人体暴露的全部信息，很难完全准确地评价污染物对人体健康的影响，并将得出的结论应用于公共人群的健康管理中。此外，由于污染物的内暴露水平不一定是环境暴露的实时反映，以及内暴露剂量与效应之间的定量关系缺乏支持性资料等原因，内暴露检测的结果不易解释。

1.6 新技术应用及未来展望

科技进步和现代检测手段的不断发展，推动了内暴露检测技术的迅猛发展，使得内暴露检测从只关注单一污染物的含量测定向精细化、系统化方向发展。在检测技术方面，研发高通量、高灵敏度、全自动、快速、精准的内暴露检测技术仍是热点，研发无创采集技术、降低采样量对于提高检测对象的依从性，顺利实施内暴露检测工作至关重要。

1.6.1 形 态 分 析

无机元素是人体细胞、组织和器官的组成部分，参与人体的众多生命活动，其中有些是人体必需的常量或微量元素，也有一些金属、类金属元素被认为对人体有害，成为内暴露检测的重点。目前，金属、类金属检测主要是高通量检测，如采用电感耦合等离子质谱法同时检测人体血液、尿液等生物材料中的多种元素。很多研究发现，金属、类金属的毒性通常与其形态相关。例如，贝类中砷甜菜碱是无毒的，而无机砷具有极强的毒性；三价铬是人体必需的营养元素，而六价铬却对人体有害。如果不进行精细化检测，不考虑形态的影响，将无法准确评估金属、类金属元素对人体健康的影响。形态分析通常包括不同形态金属、类金属元素的分离与检测两部分，通过将不同分离手段和检测方法联用来实现。以汞元素为例，在进行形态分析时常用的分离方法包括液相色谱法、气相色谱法、离子色谱法、毛细管电泳法等，检测手段有原子吸收光谱法、原子发射光谱法、电感耦合等离子体质谱法等，通过联用实现不同形态无机汞、有机汞的分离检测。

1.6.2　非靶向筛查

美国国家环境保护局（United States Environmental Protection Agency，USEPA）的有毒物质控制方案库显示，具有潜在毒害效应的化学物质多达 84 000 多种，但基于各国生物监测项目的研究，目前可以准确测量的仅几百种，远低于污染物种类。如何筛查、鉴定其他未被监测的化学物质，成为内暴露检测急需解决的问题。非靶向筛查技术的应用为发现生物样品中的未知污染物提供了可能性。常用的非靶向筛查手段包括磁共振波谱法和高分辨质谱法。

磁共振波谱法能够同时快速检测大量化合物，提供定性、定量信息，并避免过度的样品预处理。其优点是分析时间短、结果可重复，可实现无损检测和高通量分析，但是灵敏度低，在以痕量或超痕量污染物为主的内暴露检测中应用有限。

高分辨质谱法具有高分辨率和高灵敏度的优点，可同时进行未知污染物的非靶向筛查和已知污染物的靶向分析。高分辨质谱法进行未知污染物筛查一般包括三步。第一步是对生物样品进行无偏差提取和非靶向检测。生物样品基质复杂，污染物性质未知，通常需要分别采用不同极性的溶剂提取，再用不同极性的色谱柱分离，并采用正、负两种电离模式进行广泛的样品测定。第二步是数据处理。首先去除背景干扰、扣除空白，然后采用主成分分析（principal component analysis，PCA）、偏最小二乘判别分析（partial least squares discriminant analysis，PLS-DA）等统计方法进行差异化分析，筛选出特征离子，通过谱库检索确认可疑目标污染物。谱库检索既可使用符合本实验室检测范围和要求的自建化合物标准库，也可以使用互联网上的公共数据库，如 NIST、ChemSpider、mzCloud 等。第三步是未知物确认，即物质的最终确证需要使用已知的标准品，通过质谱扫描进行验证。通过非靶向筛查技术，查找出人体中更多的污染物及其代谢物，对于扩展内暴露检测范围有极大的推动作用。

1.6.3　多组学联合检测

人类在生产、生活过程中常暴露于各种环境污染物中，多种污染物的低剂量累积暴露产生的毒性在有些情况下比单一污染物大剂量暴露的危害更大。复合暴露研究才能真实体现环境污染物的复合效应，也将成为未来环境污染物暴露研究的热点。复合暴露研究需要一种能够获得系统的、无偏差的、准确的外源性环境污染物种类和含量水平的检测技术。

组学技术的出现扩展了内暴露检测的外延，将生物监测带入一个新的阶段。组学一般包括基因组学、转录组学、蛋白组学和代谢组学，是系统生物学的重要组成部分，高通量筛选特征使其在环境污染物识别和检测方面具有很大优势。

20世纪80年代开启的"人类基因组计划"是生命科学史上的一个里程碑，该计划在研究过程中建立起来的策略构成了生命科学领域的新学科——基因组学。基因测序技术的快速发展使人们对基因组学在疾病发生、诊断和治疗方面所起的作用抱有极高的期望。然而，只有很少的人类疾病是单独由基因决定的，70%~90%的疾病是基因与环境等多种因素共同作用的结果。诸多的环境健康研究观察到疾病发生与单一或多种环境因素的关联关系，但绝大多数关联关系的内在科学证据有限或不足。

环境暴露具有多因子组合及时空变异的特点，要揭示诸多与外界环境相关疾病的发病机制，需要具备全局和系统的研究理念。基因组序列不能提供生物的基因功能信息，认识到即便具有相同的基因序列，不同细胞在特定时空条件下也具有不同的基因表达，人们开始关注基因表达的转录和翻译过程，转录组学和蛋白组学成为后基因组学时代的重要研究领域之一。代谢组是基因组和蛋白组的下游，基因组学和蛋白组学分别从基因和蛋白质层面探寻生命活动，而实际上细胞内许多生命活动是发生在代谢层面的，因此有学者认为"基因组学和蛋白组学告诉你什么可能会发生，而代谢组学则告诉你什么确实发生了"。代谢物能够反映细胞所处的环境，与细胞的营养状态、药物和环境污染物的作用，以及其他外界因素的影响密切相关。基因和蛋白质表达的微小变化会在代谢物上得到放大，代谢物的变化是机体表型或功能改变的直接体现，为生物标志物的发现提供了新的思路。

多组学联合应用技术在环境与健康研究领域已经有了应用。通过对基因组、转录组、蛋白组和代谢组实验数据的整合分析，可获得个体受到环境改变应激扰动后发生的DNA、RNA、蛋白质及体内小分子的变化信息，富集和追寻变化最大、最集中的通路，包括分析原始通路和构建新通路，反映组织器官功能和代谢状态，从而对生物系统进行全面解读。

多组学联合检测将内暴露检测带入全新时代，可以全方位了解生物体内的信息，找到用于评价环境污染物暴露的精准、高灵敏度和高特异度的生物标志物，为环境与健康研究提供新的发展机遇，为研究环境因素致机体损伤的过程和机制，进而有效预防、控制其对人体健康的影响提供基础。

（丁昌明　朱　英）

参 考 文 献

丁昌明，董晓艳，邱天，等. 2020. 血浆中可替宁和3-羟基可替宁的固体介质液液萃取–高分辨液相色谱–质谱测定法. 环境与健康杂志，37（1）：70-74.

丁昌明，林少彬. 2013. 尿中苯和甲苯代谢物苯巯基尿酸和苄基巯基尿酸的固相萃取–液相色谱–

串联质谱同时测定法. 环境与健康杂志，30（9）：812-815.

江桂斌，宋茂勇. 2020. 环境暴露与健康效应. 北京：科学出版社，3.

沈惠麒，顾祖维，吴宜群. 2006. 生物监测和生物标志物–理论基础及应用. 2 版. 北京：北京大学医学出版社，3.

Agency，F.E.，German Environmental Survey for Children 2003/06-GerES IV-. https：//www.umweltbundesamt.de/sites/default/files/medien/publikation/long/3355.pdf[2008].

Canada，H.，Fifth Report on Human Biomonitoring of Environmental Chemicals in Canada Results of the Canadian Health Measures Survey Cycle 5 (2016-2017). https：//www.canada.ca/content/dam/hc-sc/documents/services/environmental-workplace-health/reports-publications/environmental-contaminants/fifth-report-human-biomonitoring/pub1-eng.pdf[2019].

Schindler B K，Esteban M，Koch H M，et al. 2014. The European COPHES/DEMOCOPHES project：towards transnational comparability and reliability of human biomonitoring results. International Journal of Hygiene and Environmental Health，217（6）：653-661.

Seo J W，Kim B G，Kim Y M，et al. 2015. Trend of blood lead，mercury，and cadmium levels in Korean population：Data analysis of the Korea national health and nutrition examination survey. Environ Monit Assess，187（3）：146.

Services，U.S.D.o.H.a.H.，Fourth National Report on Human Exposure to Environmental Chemicals Updated Tables，https：//stacks.cdc.gov/view/cdc/75822[2019].

Services，U.S.D.o.H.a.H.，Toxicological Profile for 2, 4-Dichlorophenoxyacetic Acid (2, 4-D). https：//wwwn.cdc.gov/TSP/ToxProfiles/ToxProfiles.aspx?id=1481&tid=288[2020].

第二章 生物样品采集、运输和储存

生物样品的采集、运输和储存是保证测定结果准确的必要前提，与检测方法具有同等重要性。不同污染物进入人体后，经过代谢可由尿液、汗液、呼出气、粪便及头发等途径排出体外。鉴于污染物在人体内的吸收、代谢、排泄过程存在差异，生物样品的采集不仅应注意污染物的排泄途径，也应考虑排出量是否能准确反映其实际接触情况。采集的生物样品中目标物含量应具有代表性，运输和储存过程中避免发生较大变化，以确保测定结果不受影响。本章重点介绍不同类型生物样品采集、运输和储存的原则和要求。

2.1 通 用 原 则

与环境、食物等其他类型样品相比，人体生物样品具有多样性和稀缺性的特点。对于同一个目标物，可供选择的样品种类非常多，包括血液、尿液、头发、母乳、呼出气等。所有样品都取自人体，因此检测对象（受试者）的依从性显得尤为重要。如果依从性不高，采样过程很难顺利完成，尤其是损伤性采样，能够采到的样本量非常有限，容不得一丝损失。采样过程中应保证所采集样品中目标物含量具有代表性，样品采集量应满足检测要求，运输和储存过程应确保样品不会被污染或变质而影响检测。同时由于污染物在环境中普遍存在，为保证实验室检测结果准确可靠，样品采集、运输和储存过程中需严格控制空白干扰。此外，采样人员在采样过程中始终暴露在感染性生物污染风险中，故应具备足够的个人防护意识。基于以上特点，生物样品采集、运输和储存的全过程应实施严格有效的质量控制措施，确保样品的有效性、结果的可靠性和人员的安全性。

2.1.1 生物样品采集

生物样品的采集是检测工作顺利开展的一个重要环节，是确保测定结果准确的先决条件。必须提前制定采样方案，一般应根据目标物的性质选择合适的样品类型，采集满足检测需求的样品量，避免采集过程中样品污染和目标物损失，确保样品采集的真实性。

样品采集人员应取得相应的上岗资质。为了避免空白干扰，采样前应对所有接触容器、采样器材进行空白筛查，每种耗材随机抽取 5%～10%，目标物的测定结果即本底值应低于方法检出限，确认无污染后方可使用。经过筛查的容器和器材使用前还应消毒处理或使用一次性材料，在清洁无污染的环境中进行采样。采样时，应避免受试者身体外部（如皮肤表面、衣物等）可能存在的目标物污染。每批样品采集时，应按一定比例同步完成现场空白样品的制备。

与环境、食物等其他类型样品不同，人体生物样品不能随机采样，应根据调查目的进行针对性的样品采集。不同时间段和不同部位采集的样品用于不同的调查目的，如晨尿用于评估调查对象夜间代谢产生的污染物含量水平，随机尿仅反映某一时段的暴露情况，计时尿反映的是特定时间段内的暴露情况，静脉血和末梢血用于评估调查对象个体暴露情况，脐带血用于评估个体暴露在母婴之间的传递性。

采集后，如需要加入防腐剂或抗凝剂等试剂，应事先确认其中不含目标物或其他干扰物，或其含量很低不足以影响测定结果；加入的试剂体积（或量）通常不超过样品体积（或量）的 1%（胡颖等，2013）。为防止生物样品中所含的酶使目标物发生进一步代谢，采样后需立刻终止酶的活性，主要采用的方法包括液氮中快速冷冻、微波照射、匀浆及沉淀、加入酶活性阻断剂或抗氧化剂等。

采样的同时应做好记录，采样记录应规范化、表格化，随时采样、随时记录。记录内容主要包括样品编号、样品名称、受试者姓名、采样日期和时段、检测内容、职业接触情况及个人嗜好，以及所用防腐剂或抗凝剂的名称及加入量等。每个样品必须贴有明显的统一标签，注明样品编号、受试者姓名、采样日期和时段等主要信息。

2.1.2　生物样品运输

运输过程中应确保生物样品基质及目标物种类、含量不发生改变，防止因泄漏、挥发、吸附、腐败变质和化学反应等原因造成的基质变化和目标物的损失，确保运输过程中不引入目标物。

生物样品容易变质，不能在高温或烈日下运输，应根据样品的稳定期选择合适的运输模式。例如，24h 内分析的样品可选择 4℃运输；1 周内完成检测的样品运输温度应保证在-20℃以下，超过 1 周完成检测的样品应保证在-70℃以下全程冷链运输。同时，应结合目标物的稳定性选择更经济合理的运输方式，如用于挥发性有机物测定的生物样品，为避免目标物的损失，应采用-70℃以下全程冷链运输；用于金属元素测定的生物样品可在-20℃以下运输；用于持久性有机物测定的样品运输过程中温度不可高于 4℃。运输过程中还应避免振动和温度的改变，需使用专业运输车辆。一般生物样品运输时间应控制在 7 天以内,如果运送距离较远,尤其要考虑目标物的稳定性,必要时应对样品进行必要的预处理后再进行运输,如血液样品,考虑到溶血等风险,必要时应在现场分离出血清、血浆,分装后再运输(王绍鑫等,2018)。

2.1.3 生物样品储存

生物样品的储存原则以保证基质和目标物不发生改变为前提,应根据目标物的性质选择合适的储存容器,如用于测定金属元素的样品建议储存在聚乙烯或聚丙烯材质的容器中,避免使用玻璃材质的容器;用于测定有机污染物的样品一般可以存放在玻璃材质的容器内,如果使用其他材质,应事先对储存容器进行空白筛查及溶出试验,确保储存过程中没有外源性污染物溶出。储存容器的选择还应考虑吸附问题,如全氟和多氟化合物测定用的血清样品长期存放在玻璃容器中容易发生吸附,造成目标物的损失,应选择聚丙烯材质的容器。储存过程还应考虑环境因素的影响,如光敏物质应置于避光处保存;测定挥发性有机物的样品容易受污染,应提前做好防护,包括样品密封保存、储存环境远离有机溶剂等。储存时间不能超过样品的稳定期,如用于测定五氯酚或苯酚的尿液样品 4℃储存条件下应在 1 周内完成测定(张博,2017);为防止样品中目标物随时间变化可能造成的损失,可加入合适的防腐剂或进行初步预处理,如在测定金属元素的尿液中加入酸,测定尿肌酐的样品中加入甲苯;血液样品根据分析目标物的不同,分离出血清或血浆。如需保存 1 个月以上,通常将生物样品置于低温冰箱、液氮或干冰中进行储存,操作过程中应保证相关设施、设备的安全性和可靠性,并进行定期维护(赵聪,2017)。

2.1.4 安全注意事项

在生物样品的采集、运输和储存过程中,工作人员处于存在生物安全风险的工作环境中,可能因多种因素感染自然医源性疾病。因此,从事生物样品采集、运输和储存的工作人员应接受安全培训,并在工作中切实做好个人防护。同时,定期进行传染病检查,降低发生感染的风险。对于工作中产生的医疗废弃物,应按照相关规定进行处理。

生物样品包含了受试者的个人生物信息,有必要做好相应信息的保存,确保样品数据和个人信息置于安全环境中,避免由于信息泄露引起社会和经济方面的风险。所有生物样品的采集应经过伦理审查,并获得受试者的知情同意。

2.2 不同类型生物样品采集、运输和储存

常用于内暴露检测的生物材料包括尿液、血液、呼出气、唾液、粪便、头发、指（趾）甲、母乳等，这些样品类别不一，性状各异，采集、运输和储存的要求和条件也不一样，应根据样品类型和目标物的性质选择合适的采集方法、运输和储存的条件，确保最终的测定结果能够准确反映内暴露情况。

2.2.1 尿 液

大部分环境污染物及其代谢物通过尿液排出体外，其浓度与接触剂量有一定关系，通常可反映短期体内相关环境污染物的暴露情况。但是，由于尿液易受食物种类、饮水多少、排汗情况等的影响，尿液中目标物的浓度变化较大，因此采样时间非常重要，应按规定的时间采集样品。

尿液通常分为随机尿、晨尿、计时尿等。随机尿最大的特点是采集方便，但易受饮食、运动、用药等多种因素的影响，仅反映某一时段的暴露情况。晨尿是指清晨起床后首次排尿收集的样品，反映的是受试者夜间代谢产生的污染物含量水平，受其他因素影响较少，但需要受试者有一定的配合度，保证样品的真实性，环境污染物内暴露检测一般采用晨尿。计时尿是指按特定时间采集的尿液，包括班末尿、餐后尿、24h 尿等。班末尿能够较好地反映从业人员在整个接触周期污染物的接触水平，常用于职业监测。餐后尿通常收集午餐后 2h 内排出的尿液，可用于人体代谢功能的监测。对于具有长半衰期的污染物，24h 尿较具有代表性。正常情况下，成年人 24h 尿量为 1000～2000ml，无尿、少尿和多尿都不正常。24h 尿的采集是在一个规定时间，先将尿液排空弃掉，然后在后面的 24h 内，将所有的尿液收集到容器中。在实际应用中，24h 尿的收集难度较大，一般多用于环境污染物内暴露对肾损伤的研究。

采样前，应根据测定方法的检出限和尿液中目标物的预估浓度，确定样品采集量，通常至少采集 50ml。如果饮用大量的水或饮料，尿液会被稀释；相反，饮水量过少或出汗多，尿液则会被浓缩，且最终都会影响样品中目标物的浓度。因此，最终测定结果一般要用尿肌酐或尿比重进行校正。结果校正应在采集后，未加防腐剂等试剂前，尽快取出部分尿液测定肌酐或比重。肌酐浓度 <0.3g/L 或 >3g/L 的尿液样品，比重 <1.010 或 >1.030 的尿液样品均应弃去，不能用于检测。用于测定挥发性目标物的尿液样品，必须充满采样容器，尽量不留空间。

采集的样品若不能及时测定，应根据目标物在尿液中的稳定性选择合适的储存条件。一般情况下，3 个月以内检测的样品可置于 -20℃保存，-70℃条件下可至少保存 1 年。如目标物为汞或挥发性有机化合物，需尽快测定，否则会因容器

壁的吸附或挥发使测定结果偏低（程阳，2016）。

2.2.2 血 液

血液是机体转运和分布化学物质的主要载体，各种污染物经过不同途径进入人体后，都进入血液，再输送到机体的各个部分。血液和尿液不同，很少受组成变化的影响，血液中污染物及其代谢物的浓度通常反映其近期接触水平。血液也适合测定在血中与微小分子（如血红蛋白）结合的化合物，大多数无机化合物或半衰期较长的有机化合物都可以采用血液检测。测定血液中污染物的原形比测定尿液中的代谢物更具特异性。血液不如尿液使用广泛，主要原因是其采集属于损伤性采样，不易被受试者接受，而且血液的储存条件苛刻，前处理也更复杂。

根据采血渠道的不同，血液可分为静脉血、末梢血和脐带血。静脉血采用注射器通过静脉血管抽取，末梢血指的是指血或耳血，脐带血的采集对象是新生儿。根据血液类型的不同，样品可以是全血、血清、血浆或红细胞。

采样前，应根据测定方法的检出限和样品中目标物的预估浓度，确定采集量，为实际使用量的 3～5 倍。采集量大于 0.5ml 时，应取静脉血；小于 0.5ml 时，可取静脉血或末梢血。

采血过程中应避免样品污染和目标物的损失。采样要在清洁场所进行，对采血部位的皮肤除常规消毒外，必要时还应先进行清洗。如果采集样品的环境中有外源性化学物质，并存在增加污染的风险，应采集静脉血，不宜采集末梢血。测定血中易挥发性的化学物质时，为了避免目标物损失，造成测定结果偏低，除了不能用末梢血，采集完应迅速密闭容器，样品应尽量充满容器，并冷藏保存。末梢血的采集应弃去第一滴血，并尽量让血液自然流出，不得用力挤压采血部位，以免因渗出组织液使血液被稀释。需要采集血清、血浆或红细胞时，采血过程还要防止溶血。例如，使用注射器采集静脉血时，为避免发生溶血，转移过程中应先将注射器针头取下，再将血液样品慢慢注入容器内。

环境污染物及其代谢物在全血、血清、血浆和红细胞中的分布不同，应根据所要检测的污染物，采集不同的血液类型。如铅等重金属或挥发性有机污染物测定一般采用全血；多氯联苯、多溴联苯醚等持久性有机污染物测定宜使用血清；农药类污染物代谢物测定宜使用红细胞。

血液样品一般收集于聚乙烯、聚丙烯或硬质玻璃管中，需要时可加入乙二胺四乙酸（ethylenediaminetetraacetic acid，EDTA）、肝素等抗凝剂（赖宇强等，2020）。EDTA 能和碱金属、稀土元素和过渡金属等形成稳定的络合物，可用于去除重金属离子对酶的抑制作用，是目前广泛应用的抗凝剂；肝素（刘露，2013）属于葡糖胺聚糖，适用于血浆中亲水性代谢物的测定，但如果测定其他代谢物，肝素抗凝血浆会产生严重的基质增强效应而影响测定结果的准确性，尤其是目标物浓度较低时。

　　溶血是血清、血浆样品采集、运输、储存、处理过程中一直需要关注的最主要风险，溶血会导致样品中目标物浓度发生变化，造成结果偏差。为了防止溶血，血液样品运输过程中应避免强烈振动和温度改变。血液冷冻后会溶血，因此采集后的血液样品应根据检测需求，及时分离血清、血浆或红细胞，并将各部分分别冷冻储存。根据目标物的稳定性选择合适的储存条件，一般−20℃保存3个月后代谢物浓度会发生显著变化，−70℃条件下可至少保存1年。

2.2.3　呼　出　气

　　进入人体的挥发性污染物或体内产生的挥发性代谢物，在肺泡气与肺部血液之间存在着血气两相的平衡，并可通过呼出气排出体外。呼出气中污染物的含量与体内特别是肺泡气中的暴露量有关，且与采样时血液中的浓度成一定比例。因此，呼出气常用于挥发性污染物的检测，评估当时和近期的接触情况，确定内暴露剂量，但对于血液中半衰期短的化学物质，其应用受到限制。选择呼出气作为生物材料的突出优点是无损伤性，主要缺点是易污染、波动大，且由于影响因素较多，需严格控制采样条件。

　　呼出气可通过采样器收集。常用的采样器有聚合物袋、罐或吸附剂管。聚合物袋一般由惰性材料制成，以避免与呼出气发生反应。采样器具有成本低、使用方便的优点。通常使用一次性采气袋以减少交叉污染。如果重复使用，可用惰性气体（如超纯氮）进行清洗。所有的采样器均存在一定程度的吸附，要尽量选择对目标物吸附小的采样器。若有吸附，可在测定前对采样器适当加温，以减少吸附。采样器的密封性能要好，而且不能有阻力，以保证能够采集正常呼吸状态下的呼出气。

　　受试者必须是肺功能正常者。采集混合呼出气时，让受试者先深呼吸2～3次，再按正常呼吸将呼出气全部呼入采样管或采样袋中，立即密封。采集终末呼出气时，让受试者先深呼吸2～3次，再收集最后的约100ml呼出气。采集呼出气时应尽量在气温（20±15）℃、气压（101.3±2.5）kPa的环境中进行。否则，应进行体积校正。

　　采集后的呼出气需在4℃下避光保存，24h内尽快测定。如不能及时测定或样品中目标物浓度很低，可将采集的呼出气样品转移到固体吸附剂管中，并立刻在−20℃条件下保存，这样既起到浓缩作用，又有利于样品的运输和保存。呼出气转移到固体吸附剂管后应在1周内尽快测定，或存放在−70℃条件下半年内测定。

2.2.4 唾 液

相比于血液、尿液样品，唾液样品的采集不受时间、地点的限制，且更容易反复采集，但唾液的组成成分变化较大，多用于人体内挥发性有机物及其代谢物的内暴露检测。

采集前 1h，不能进食、饮酒、饮含咖啡饮料、运动等；一般在漱口后 15min 左右，尽可能在刺激少的安静状态下采集唾液。

唾液自然流出是唾液采集中使用较广泛的方法，采集时受试者先将分泌的唾液积聚于口腔内，达到一定体积后倾斜头部使唾液自然流出并予以收集（于晨浩等，2019），采集时间至少要 10min。非刺激条件下，唾液的分泌速度较慢，仅约 0.05ml/min。为提高采样效率，可通过物理或化学方法刺激，加快唾液分泌，从而在短时间内获得大量的唾液。物理刺激法唾液分泌速度为 13ml/min，化学刺激法唾液分泌速度可达 5～10ml/min。

唾液样品有必要在收集后的短时间内进行测定，这是因为，口腔菌群不断受到代谢过程的影响，唾液成分的生物半期很短，如储存不当，其组成会发生变化，影响目标物的含量测定结果。通过添加抑制剂或变性剂如叠氮化钠或三氟乙酸钠，可以抑止细菌生长和降低酶活性。唾液样品采集后应立即在−20℃条件下保存，且保存时间不能超过 1 周，−70℃条件下可保存至少半年，也可将样品放入液氮中冷冻保存。

2.2.5 粪 便

环境污染物进入人体后，经代谢大部分通过肾随尿液排出体外，但少部分代谢物经肠道随粪便排出体外。对于这类污染物，粪便成为反映其内暴露水平的最佳介质。以多环芳烃代谢物为例，通常首选尿液作为检测样品，但也有研究发现，尿液中能够检测到的主要是分子量小的多环芳烃代谢物，而分子量大的代谢物更容易在粪便中检测到。有研究显示，2～3 环的多环芳烃代谢后主要通过尿液排出，而 4～6 环的稠环芳烃代谢后主要通过粪便排出（段小丽等，2011）。

采集粪便时，应使用一次性、无渗漏、有盖、无污染且大小适宜的干净容器。根据检测需求选择合适的样品类型，对于表面没有异常的粪便，要从粪便内部和深处采样，一般应取手指头大小（约 5g）的新鲜粪便。采集粪便时应避免混有尿液，不可混有消毒剂及污水（马宁等，2017）。

采集后 1h 内测定的样品可在室温存放，如当天不能测定，应根据检测要求进行冻干处理。3 个月以内测定的样品，一般置于−20℃保存，−70℃条件下可至少保存 1 年。

2.2.6　其他材料

相比于血液和尿液，头发易于采集和保存，常用于金属、类金属、代谢指标和毒素指标的测定，可以反映机体内数周甚至数月的污染物暴露水平。头发生长速度较慢，回顾性调查研究可采集不同发段或取长发分段测定，以了解过去不同时期的内暴露水平。如果要评价较近时期的接触剂量应采集近头皮的发段。采集时，一般使用非金属材质的剪刀（如陶瓷剪刀），在头枕部取距离发际 2～3mm、长 1cm 的头发，收集于塑料袋或纸袋中，样本量通常为 0.3～1.0g。头发样品使用前需要解决的首要问题是外源性污染，头发表面通常会黏附油脂、灰尘等污染物，因此采集的样品必须进行洗涤。常用的洗涤剂包括去离子水、阴离子表面活性剂（如十二烷基硫酸钠）、非离子表面活性剂（如曲拉通）、有机溶剂（如丙酮、异丙醇）、酸碱溶液等，通常依次用去离子水、表面活性剂、有机溶剂、去离子水进行洗涤。洗涤后的头发样品置于 60℃烘箱中烘干，可在-20℃条件下长期保存。

指（趾）甲也是比较容易获得的生物材料，通常用于金属、类金属和持久性有机污染物的测定。采集时，应选择同一时段生长的指（趾）甲，如将指（趾）甲剪去一段时间（如 1 周）后重新生长出来的指（趾）甲作为样品。指（趾）甲也容易受外部环境污染，因此需要彻底清洗。清洗后在 105℃烘箱中烘干 24h，取所需部分称重待用（郭丹等，2017）。指（趾）甲样品一般可在-20℃条件下长期保存。

此外，母乳和脂肪组织可以反映亲脂性污染物的暴露水平，在有机氯农药等持久性有机污染物的内暴露检测中应用广泛，尤其适合评估母婴暴露风险（徐晓白等，2012）。

随着活体检测技术的开发，体内靶部位的在线检测有了很大发展，如 X 射线荧光法测定骨铅、中子活化法测定肝中的镉等，但该类技术存在准确度易受个人差异干扰、检测成本高昂等缺点，尚难以应用于大规模常规监测中（欧阳钢锋等，2018）。

（陆一夫　丁昌明）

参 考 文 献

程阳. 2016. 尿液标本送检时间的不同对临床尿检准确率的影响. 世界最新医学信息文摘，16（51）：123.

段小丽，陶澍，徐东群，等. 2011. 多环芳烃污染的人体暴露和健康风险评价方法. 北京：中国环境科学出版社.

郭丹，王安琪，孙健，等. 2017. 浅谈生物样本的质量保证与质量控制. 中华临床实验室管理电子杂志，5（1）：36-45.

胡颖，张连海，宋丽洁，等.2013.生物样本质量的影响因素与评估.中国医药生物技术，8（1）：69-72.

赖宇强，黄婉怡，胡婷.2020.血液标本采集情况及送检时间对血检结果的影响.中国卫生标准管理，11（9）：99-101.

刘露.2013.EDTA和肝素对α-岩藻糖苷酶测定的干扰评价.检验医学，28（12）：1165-1166.

马宁，杨亚军，刘希望，等.2017.基于液质平台代谢组学生物样本的采集和制备.中国兽医学报，37（6）：1193-1200.

欧阳钢锋，朱芳，徐剑桥，等.2018.固相微萃取–质谱联用技术活体检测生物体中的有机物.广州：2018年中国质谱学术大会，479.

王绍鑫，李汉超，秦晓东，等.2018.病原微生物实验室生物样本运输安全现状调研及其对策.中国卫生监督杂志，25（2）：122-127.

徐晓白，李兴红.2012.母乳中溴代/氯代阻燃剂及其代谢产物的分析检测方法研究.成都：中国化学会第28届学术年会.

于晨浩，由子樱，陈圣恺，等.2019.唾液的采集与分析及其与口腔疾病关系的研究进展.中华口腔医学杂志，54（5）：344-349.

张博.2017.尿中五氯酚的顶空固相微萃取–气相色潜测定方法研究.武汉：武汉科技大学硕士学位论文.

赵聪.2017.我国公共机构医学研究生物样本库共享问题研究.北京：北京协和医学院硕士学位论文.

第三章　样品前处理方法

内暴露检测过程通常包括样品前处理和仪器分析两部分。人体生物样品基质复杂、样本量少、目标物含量低，检测前必须经过必要的前处理才能进行仪器分析。通过前处理可去除基质中含有的大量内源性杂质，如蛋白质、糖类、脂肪等，避免仪器分析时造成干扰，并从复杂基质中提取出目标物，使其含量可被仪器检测到，同时提高检测灵敏度。样品前处理是影响检测结果准确度的关键步骤。

3.1　概　　述

3.1.1　前处理的目的

生物样品前处理的目的可以归纳为以下 3 个方面（Mitra，2003）。①适应仪器进样方式。目前的进样方式主要是溶液进样，需要通过分解、提取等技术将目标物转移至溶液中。②消除基质干扰。大量基质成分通常会对目标物的测定产生干扰，尤其是目标物含量很低时，需将目标物先从样品基质中提取出来，再通过净化消除基质及杂质干扰。③满足检测方法需求。检测方法的检出限和测定范围有限，当样品中目标物含量过高时，需要通过适当稀释，使其满足测定范围要求；而对于痕量目标物，则需要通过富集、浓缩，使其含量满足方法检出限和测定范围的要求。

3.1.2　方法选择原则

选择前处理方法的总原则是尽可能不损失目标物，并减少基质及杂质的干扰。一般需要根据样品性状、基质组成、目标物的特性和含量、共存干扰组分、所用仪器设备性能和测定方法要求，综合以下因素进行选择（江桂斌，2016）：①根据样品基质和主要共存成分的性质选择合适的前处理方法，尽量消除基质及杂质干扰；②前处理方法不能破坏目标物或造成目标物的大量损失；③前处理方法尽量不引入新的干扰物质，更不能引入目标物；④简化前处理环节，提高前处理效率，优先选择自动化程度高的前处理方法；⑤优先选择经济合理、环境友好的前处理方法。

3.1.3 基 本 流 程

生物样品前处理一般包括样品制备、干扰成分分离、目标物富集等过程，基本流程包括样品分解、萃取分离和样品净化。

（1）样品分解是样品制备的关键环节，是将目标物从基质中释放出来的过程。分解过程通常涉及基质的破坏，容易造成目标物的损失，尤其是稳定性较差或挥发性较强的组分。对于无机元素的测定，分解过程基本能够去除基质中有机物的干扰，分解后可直接测定。对于有机物的测定，分解只是前处理的第一步，需要通过萃取分离、净化等过程进一步去除干扰成分。由于很多污染物及其代谢物在生物样品中常有一定比例以结合态存在，因此分解能使目标物从结合态游离出来，有利于目标物总量测定，更能准确反映内暴露剂量。

（2）萃取分离是去除干扰成分，提取目标物的过程。采用适当的萃取技术可以直接将目标物从基质中分离出来，省去样品分解过程，避免目标物损失。

（3）样品净化是将目标物与干扰组分分离的过程。对于基质简单的样品，单纯的萃取分离就能满足测定要求，但对于大多数生物样品而言，萃取只起到粗分离的效果，还需要净化样品溶液。另外，内暴露检测中目标物浓度水平通常非常低，为满足测定方法灵敏度要求，需要浓缩样品溶液，而浓缩过程中干扰组分也会被浓缩，并造成严重的基质效应，影响测定结果的准确性，因此净化成为必要环节。

除此之外，检测过程中还需要根据目标物的特性及测定方法要求进行其他前处理操作，如对于对 pH 敏感的化合物，需要调整样品溶液的 pH，使其达到最佳分离、分析效果；对于对溶剂有特殊要求的仪器设备，需要进行溶剂置换；对于目标物含量低的样品，需要进行浓缩、复溶；对于基质影响严重的样品，需要进行适当稀释；对于不适合仪器直接测定的样品，需要进行衍生化处理等。

3.1.4 效 果 评 价

前处理方法直接影响测定结果的准确性，样品经过前处理后目标物的含量应不低于拟采用测定方法的检出限，应满足仪器分析的基本要求，不应造成仪器的损伤和污染，尽可能避免目标物的损失和引入干扰物。样品前处理和仪器分析是检测过程不可分割的整体，前处理效果很难独立于测定方法进行评价，可使用正确度、回收率、重现性、分离系数和富集倍数等指标，结合成本和效率加以综合评价。

1. 正确度

正确度是评价前处理方法准确性的关键指标，常用标准样品法评价。标准样品指的是与实际样品具有相似基质组成、目标物含量已知的样品。将标准样品与实际样品同步前处理并测定，测定结果与标准值（或参考值）进行比较，若相对误差在允许误差范围内，则认为前处理方法满足要求。

对于内暴露检测，部分生物样品（如指甲）没有对应的标准样品可供选择，加之能够找到标准样品的检测指标也非常有限，多数情况下只能使用相似基质（如头发）的标准样品，并常用回收率评价方法的准确性。

2. 回收率

回收率是评价前处理效果的重要指标之一，反映的是目标物在前处理过程中损失量的多少，用于表征前处理方法的准确性。

测定回收率的方法很多，通常采用标准加入法，即在样品中准确加入已知量的目标物，用待评价方法进行前处理和测定加标样品，计算回收率。标准加入法所加入的目标物仅仅靠吸附作用与样品基质结合，容易分离。在实际样品中，目标物与基质之间可能存在更加牢固的化学相互作用，相对难以回收。因此，加标回收率高不一定代表实际样品的提取率就高。

3. 重复性

重复性反映的是在相同测量条件下，同一样品连续测定所得结果的一致性，用于评价前处理过程的可重复性。多次重复测量结果用标准偏差和平均值计算，可用相对标准偏差（relative standard deviation，RSD）表示，平行双样则用 2 次测定结果计算，可用相对偏差（relative deviation，RD）表示。若 RSD 或 RD 在允许范围内，则可以认为前处理方法的重复性符合要求。

4. 分离系数

分离系数又称分离因子，表示在前处理方法中将两种物质分离的程度，一般通过比较两种物质的回收率进行评价，回收率差别越大，说明分离效果越好。

5. 富集倍数

富集倍数通常定义为目标物在富集后样品溶液中的浓度与富集前样品溶液中的浓度之比。富集的对象通常是微量和痕量组分，具体的富集倍数视样品中目标物的初始含量和后续所用测定方法的灵敏度而定。前处理过程中一般先净化去除大部分基质及其他干扰成分，再进行富集，避免其他成分一并被富集的问题。

3.2 样品分解

大多数测定方法采用溶液进样方式，因此采集的样品必须先制备成适合进样的样品溶液。样品溶液制备的关键环节则是样品的分解，分解的目的主要是破坏样品的基质，使目标物从基质中释放出来。常用的分解方法包括直接稀释法、酸水解法、碱水解法、酶解法、湿式消解法、高温灰化法等。

3.2.1 直接稀释法

直接稀释法多用于血液、尿液等液态样品，制样方法简单，较少的实验操作降低了样品污染和目标物损失的风险。稀释剂中除了超纯水和硝酸，还常加入表面活性剂或有机溶剂，起到增加灵敏度的作用，多用于无机元素测定。例如，以正四丁基氢氧化铵溶液、曲拉通（Triton）X-100 和 EDTA 为稀释剂，结合电感耦合等离子体质谱法测定人血清中的微量元素（孙传强等，2018）。直接稀释法易受基质效应影响，同时因前处理过程未涉及净化步骤，样品中的杂质容易污染设备，对仪器的维护保养要求较高。

3.2.2 酸水解法

酸水解法的目的是使生物样品中的目标物在酸的作用下，分解成小分子化合物或变成其他适合测定的形式，通用步骤是在生物样品中加入酸溶液，在一定温度下水解一定时间，再实施其他前处理过程。例如，测定尿液中拟除虫菊酯类农药代谢物时，先加入 1ml 盐酸在 80℃条件下酸化 50min，再加入正己烷进行液液萃取，衍生化后使用气相色谱–质谱法测定（朱冰峰等，2018）。pH 的改变有可能造成解离后目标物性质的变化或二次结合。

3.2.3 碱水解法

碱水解法的目的和酸水解法类似。常用的碱水解试剂为氢氧化钾–甲醇溶液、四甲基氢氧化铵（TMAH）水溶液、TMAH 甲醇溶液等，可用于金属形态分析前的分解和提取。碱水解法与超声或微波技术相结合，可缩短样品水解时间，减少目标物损失。例如，尿液中加入氢氧化钠固体，沸水避光水解 3.5h，使用液相色谱法测定 1-羟基芘（李晓华等，1993）。与酸水解法类似，碱水解法也有可能改变目标物的性质或造成二次结合。

3.2.4　酶　解　法

酶解法又称酶消化法，是在特定 pH 及温度条件下，采用酶使生物样品中结合态的目标物解离、释放出来的过程。酶解不会改变物质的化学形态，常用的酶有葡萄糖醛酸酶等。含羟基、羧基、氨基和巯基的化合物可与葡萄糖醛酸形成葡萄糖醛酸苷缀合物，由于这些缀合物较原形极性更大，不易被有机溶剂提取，在萃取分离之前，需要将缀合物中的目标物释放出来。酶解法广泛应用于生物样品测定，有较好的应用前景。例如，尿液经 β-葡萄糖醛酸酶酶解后，可通过液相色谱–质谱法测定邻苯二甲酸酯代谢物（高慧等，2015）。酶解法的缺点是酶解时间较长，酶试剂较贵且不易保存。

3.2.5　湿式消解法

湿式消解法常用于无机元素测定，是指在特定压力和一定温度条件下，以无机强酸（硝酸、盐酸、硫酸等）或其混合物为消解试剂，对于含有机物的样品还要加入氧化剂（如过氧化氢溶液或高锰酸钾），通过破坏样品基质，将目标元素释放出来。消解方式主要有常压消解和高压消解，加热方式有电热板加热、石墨加热、微波加热等（黄山梅等，2007）。

常压消解法是指在加热条件下、开放的反应容器中，通过无机酸与样品的反应，破坏或去除基质，并将目标元素释放到溶液中。加热温度一般设定为低于或接近消解试剂的沸点。常压消解法便于处理大批量样品，但用时较长，试剂用量大，敞开式环境易污染样品，操作人员需做好防护。

高压消解法是指样品和消解试剂在高于常压的条件下反应，压力的提高伴随着消解试剂沸点的升高，因此反应温度也高于常压消解法，反应速度明显加快，消解效率极大提升。高压条件带来的优势还包括显著降低砷、硼、铬、汞、锑、硒、锡等元素的挥发损失；反应在密封罐中进行，避免了溶液蒸发，消解试剂用量和废液排放量明显减少；与环境空气隔离，降低了样品污染风险等。高压消解法的缺点是装置造价较高，单次样品处理量受限。

3.2.6　高温灰化法

高温灰化法一般是将样品称重后置于马弗炉中，在 400℃以上保持数小时，残留物呈灰色或白色后，再用盐酸或硝酸溶解，多用于无机元素测定。例如，头发经高温灰化后,通过电感耦合等离子体质谱法测定稀土元素(Ming et al., 1998);血液样品经高温灰化后,通过石墨炉原子吸收光谱法测定血铅(曹丽玲等,2008)。高温灰化可使样品完全消解,溶解后可直接测定,避免基质干扰。但是,高温灰化适用的目标元素范围较窄,容易造成元素的挥发损失,且长期使用马弗炉,炉体吸附的杂质易干扰样品测定。

3.3　萃 取 分 离

萃取分离是生物样品前处理过程中最重要的环节之一,主要目的是将目标物选择性地从复杂基质中提取出来。萃取分离过程需要综合考虑萃取分离技术和条件对测定结果的影响,保证目标物的萃取效率。萃取分离方法非常多,本节只介绍内暴露检测中常用的几种方法。

3.3.1　液液萃取法

生物样品中常含有的蛋白质、磷脂等干扰物会对测定产生较强的基质干扰,必须对样品进行提取、富集、纯化。液液萃取(liquid-liquid extraction,LLE)法操作简便,是有机污染物测定过程中最常用的前处理方法之一,该方法利用样品中不同组分在两种互不相溶的溶剂中溶解度或分配比的差异,达到分离、提取或纯化的目的。LLE 过程中,应根据目标物的极性强弱,选择合适的有机溶剂作为提取溶剂,常用的有二氯甲烷、乙酸乙酯、正己烷等。

LLE 过程中分配系数受多种因素的影响,如通过调节水相的 pH,可有效抑制酸性或碱性目标物的离子化;加入离子对试剂有利于将离子型目标物变成中性离子对;加入螯合剂可使水溶性金属离子变成疏水性物质;加入中性无机盐,可降低目标物在水中的溶解度,这些方式均有利于提高目标物的分配系数,并针对不同的水相选择相匹配的有机溶剂。例如,采用 LLE-液相色谱法测定尿液中马尿酸和甲基马尿酸时,使用乙腈萃取,同时加入氯化钠和盐酸,可显著提高萃取效率(丘静静等,2016)。

3.3.2　固相萃取法

固相萃取(solid phase extraction,SPE)法采用选择性吸附和洗脱的方式对样品进行富集、分离、净化,广泛应用于复杂样品的前处理,可降低基质干扰,提高检测灵敏感。SPE 根据作用机制的不同,可分为反相固相萃取法、正相固相萃取法、离子交换固相萃取法、分散固相萃取法等。

1. 反相固相萃取法

反相固相萃取法利用的是固定相中非极性或弱极性功能团与目标物中非极性基团之间的疏水相互作用，样品溶液或洗脱溶剂的极性大于固定相的极性，反相固相萃取法适合从强极性溶剂中萃取非极性到中等极性的化合物。从固定相上洗脱目标物时，需要选择非极性溶剂破坏固定相与目标物之间的作用力。根据目标物极性的不同，可适当加入甲醇、乙腈等极性溶剂，以改变洗脱溶剂的极性，且有利于后续分析。

2. 正相固相萃取法

正相固相萃取法是利用固定相与目标物中极性官能团的相互作用，将非极性样品溶液中的极性组分吸附到固定相中，而非极性组分流出用于进一步分析，正己烷、二氯甲烷、石油醚等非极性溶剂常用作正相固相萃取法的样品溶剂。正相固相萃取法常用的固定相包括非键合硅胶、活性氧化铝、弗罗里硅藻土等。从固定相上洗脱目标物时，极性溶剂可以破坏目标物与固定相之间的作用力。高极性化合物（如糖类或氨基化合物）在非键合硅胶或氧化铝固定相上强结合，即便使用极性溶剂也无法破坏其相互作用，采用氰丙基或氨丙基固定相可得到较好的回收率。例如，使用气相色谱–质谱法测定尿液中吗啡含量时，采用填料为氰基的固相萃取柱富集和净化后上机测定（袁增平等，1997）。

3. 离子交换固相萃取法

离子交换固相萃取法是利用目标物与固定相之间的静电引力，使样品溶液中具有相同电荷的溶质离子发生可逆的离子交换，适用于萃取样品溶液中可离子化的目标物。常用的固定相一般为硅胶和聚合物，按照基质上键合的离子基团的性质可分为阳离子交换固定相和阴离子交换固定相。

对于弱酸性、弱碱性目标物，可调节样品溶液的 pH，使目标物尽可能以阴离子或阳离子的状态与固定相中的官能团离子进行交换，反之洗脱时则使目标物尽可能以中性分子的形式存在，提高洗脱效率。对于强酸性、强碱性目标物，不能通过调节 pH 来优化萃取效率，而需要选择合适的固定相和离子强度。

4. 分散固相萃取法

分散固相萃取法是将固定相颗粒分散在样品溶液中，使基质或共存干扰物质吸附在固定相上，达到除杂、净化的目的，因具有快速（quick）、简单（easy）、便宜（cheap）、有效（effective）、可靠（rugged）和安全（safe）的特点，而常被称为 QuEChERS 技术，是近年来国际上最新发展起来的一种快速样品前处理技术。分散固相萃取法中固定相吸附的是样品溶液中的杂质,而不是目标物。目前应用最成熟的固定相为 N-丙基乙二胺,可以吸附极性脂肪酸、糖类及色素等杂质。此外,C₁₈键合硅胶、弗罗里硅土、中性氧化铝、活性炭等也可用于分散固相萃取法。随着新型材料的发展,碳纳米管等新材料在分散固相萃取法中得到逐步应用,并具有广阔的应用前景。

与常规固相萃取法相比,分散固相萃取法对极性和非极性目标物的回收率均较高,溶剂使用量少。同时,虽然该方法可去除有机酸,避免影响后续的仪器分析,但尚无法做到基质的完全净化,使其在痕量及超痕量污染物测定中的应用受到一定限制(刘敏等,2006)。

3.3.3 微萃取技术

传统萃取技术需要使用大量的有机溶剂,且容易产生乳化现象,难以适应现代快速准确的分析要求。近年来,微萃取技术作为一种重要的前处理手段,取得了快速发展,主要包括液相微萃取(liquid phase microextraction,LPME)和固相微萃取(solid phase microextraction,SPME)。微萃取技术大幅度降低了样品前处理的工作量,节约了分析时间,使检测过程迅速且高通量,内暴露检测中多用于挥发性和半挥发性有机物的测定。

1. 液相微萃取技术

目前 LPME 模式主要包括单液滴微萃取、顶空 LPME、中空纤维 LPME、分散 LPME、三相 LPME 等。

(1)单液滴微萃取利用有机溶剂液滴将样品中的目标物萃取出来,分离、富集一步完成,可直接进入色谱仪进行测定。由于该模式溶剂用量极少,富集倍数非常高,可极大提高检测灵敏度。单液滴微萃取简单、易于操作,但也存在可选用的萃取溶剂有限、操作过程中液滴容易脱落、重复性差等缺点。

(2)顶空 LPME 与单液滴微萃取类似,唯一的区别是液滴和样品溶液不直接接触,适用于目标物容易进入样品上方空间的挥发性或半挥发性有机物的测定。

(3)中空纤维 LPME 以中空纤维作为萃取溶剂的载体,可防止萃取溶剂脱落,提高稳定性和重复性,同时由于中空纤维的多孔性结构,一定程度上增加了萃取溶剂和样品溶液的接触面积,减少了有机溶剂的损失,提高了萃取效率,降低了对样品溶液的要求,适用于血液、尿液、唾液等复杂基质中目标物的萃取。例如,以甲苯为萃取剂,使用中空纤维膜 LPME-气相色谱–质谱法测定尿液中苯丙胺类兴奋剂(张文文等,2013)。

(4)分散 LPME 主要是向样品溶液中注入微升级的萃取溶剂和一定体积的分

散溶剂，混合液经过振荡形成萃取体系对目标物进行萃取，再通过离心分离达到对痕量目标物进行富集的效果。相较于中空纤维 LPME，分散 LPME 萃取溶剂与样品的接触面积大，萃取时间短，效率高，但易受基质干扰和影响，在基质复杂的生物样品中的应用受到一定限制。

（5）三相 LPME 是指中空纤维膜壁孔中的有机相与其空腔中的接收相不是同一种溶剂，即为三相 LPME 体系，主要原理是利用质子化和去质子化、络合作用和离子对作用，先将样品溶液中的目标物通过质子化作用提取到有机相中，再经去质子化作用反萃取到接收相中，最后测定接收相中的目标物（师琪，2016）。

2. 固相微萃取技术

SPME 是在 SPE 基础上发展起来的一种微萃取分离新技术，主要有直接萃取、顶空萃取和膜保护萃取等模式。与 SPE 相比，SPME 操作更简单，可避免 SPE 回收率低、易堵塞等缺点。

（1）直接萃取模式是将涂有萃取固定相的石英纤维直接插入唾液、尿液、血液等液体样品中或暴露于气体样品中，目标物直接从基质转移到萃取固定相，适用于基质较干净的样品。

（2）顶空萃取模式是先将目标物从液相扩散穿透到气相，再从气相转移到萃取固定相，可避免萃取固定相受到样品基质中高分子物质和非挥发性物质的污染，适用于基质较复杂的液体样品和固体样品，可使色谱柱不被大分子物质、非挥发性物质污染。

（3）膜保护萃取模式的主要目的是，分析很脏的样品时，保护萃取固定相免遭损伤，与顶空萃取模式相比，膜保护萃取模式有利于难挥发性物质的萃取、富集。由特殊材料制成的保护膜对萃取过程提供了一定的选择性，通过增加萃取相体积和表面积可极大提高灵敏度，解决了传统 SPME 过程中存在的吸收速率和吸收能力限制问题，如采用聚离子液体膜进行 SPME，采用液相色谱–质谱法测定尿液中五氯酚等（庄立等，2017）。

3.3.4　凝胶色谱法

凝胶色谱法以多孔结构的凝胶作为固定相填料，根据体积排阻的原理，基于目标物的相对分子质量和分子体积差异进行分离、纯化。流动相以环己烷等非极性有机溶剂为主，固定相以疏水性高分子凝胶为主，其中最常用的填料是交联聚苯乙烯。例如，以环己烷为萃取剂，凝胶渗透色谱–气相色谱–质谱法用于测定吸烟者尿液中的苯并[a]芘（司晓喜等，2016）。

与传统萃取分离技术相比，凝胶色谱法具有高效、试剂使用量少、用时短等优点，是人体生物样品前处理方法的研究热点。

3.4 样品净化

样品净化的目的是对萃取出来的物质进行分类分离,排除共萃物(如脂肪、色素、大分子化合物等)对目标物的干扰。一般需要一次或多次净化才能进行仪器分析。对于目标物含量较低的样品,净化有利于进一步浓缩。生物样品的复杂性使得净化技术占据前处理中的重要地位,常用的净化方法包括沉淀分离法和柱层析法。

3.4.1 沉淀分离法

沉淀分离法是基于选择性的沉淀反应,并通过过滤、离心等相分离操作,使能沉淀的组分与不能沉淀的组分分别处于固、液两相而实现相互分离。通常通过加入适当的沉淀剂或调节样品溶液的条件,选择性地使目标物或干扰组分生成沉淀,从而实现目标物与基质或干扰组分的分离。沉淀分离常用的方式包括直接沉淀、共沉淀和离心分离等。

1. 直接沉淀法

在内暴露检测中,直接沉淀法多用于使基质或含量比较高的共存杂质形成沉淀而除去,将目标物留在样品溶液中,从而消除基质或共存杂质的干扰。沉淀的条件通常比较容易控制,操作也比较简单。例如,向尿液等样品中加入乙腈等有机溶剂作为沉淀剂,沉淀脂质、蛋白等干扰物,再通过离心分离的方式获得预处理样品。基质生成的沉淀量大,容易造成目标物的包裹或吸附损失。直接沉淀法在消除基质干扰方面没有明显优势,而额外引入的组分却有可能增加基质效应并影响目标物的色谱分离及质谱响应,不适合作为单一的样品前处理操作,更适合与其他前处理方法配合使用。

2. 共沉淀法

共沉淀是指在某种沉淀的生成过程中,原本在此条件下不能生成沉淀的组分,因为吸附、包裹或形成混晶等原因一起沉淀出来的现象。共沉淀法利用共沉淀现象使目标物从样品溶液中沉淀出来,达到从复杂基质或大体积稀溶液中分离或富集痕量目标物的目的。如加入5%硝酸溶液使人血白蛋白沉淀,采用电感耦合等离子体质谱法测定人血白蛋白沉淀中的铝残留量(赵沁等,2019)。

3. 离心分离法

离心分离是利用旋转运动产生的离心力达到分离的目的。离心分离法在比较温和的条件下对样品进行处理，具有物理和化学影响小、样品损失少、分离后样品可以得到浓缩等优点，是被广泛采用的分离方法之一，在对生物样品进行前处理时，该方法常被用于从样品提取溶液中分离目标物，一般后续还需进行其他净化操作。

3.4.2　柱层析法

柱层析法利用各组分在固定相和流动相之间的分配差异，经多次反复分配，达到分离混合物中各组分的目的。流动相是影响分离效果的重要因素，采用梯度洗脱可提高分离效率。与基于相同原理的 SPE 和凝胶色谱相比，柱层析法可以根据目标物的需求同时使用不同类型的固定相，可处理更大量的样品和进行更精确的分离，适用于痕量目标物和同分异构体的检测。根据分离机制的不同，柱层析法可分为吸附柱层析、离子交换柱层析、凝胶柱层析、分配柱层析、亲和柱层析、疏水柱层析及等电聚焦柱层析等多种类型。其中，前三种类型在生物样品净化中的应用最为广泛。

1. 吸附柱层析

利用吸附剂对不同物质吸附能力的差异，使样品中的各组分达到分离，吸附力越大的物质，移动速率越慢。常用的吸附剂有吸附树脂、硅胶、氧化铝、活性炭、硅藻土等。吸附柱层析法的优点是成本较低、易于操作。如血液样品经 LLE 后，经硅胶柱层析净化，可通过气相色谱-质谱法测定合成麝香（胡正君等，2010）。

2. 离子交换柱层析

利用离子交换剂对各种离子的离子交换亲和力差异，将目标离子固定在固定相中，再通过洗脱液洗脱而使各组分得以分离。常用的离子交换剂有离子交换树脂、离子交换纤维素、离子交换凝胶等。离子交换柱层析法的优点是填充介质种类多、分离物质范围广、操作便利、分离效果好等。

3. 凝胶柱层析

凝胶柱层析的固定相是多孔凝胶，该方法利用分子大小不同的各组分在凝胶上受阻滞的程度不同，从而达到分离。常用的凝胶有葡聚糖凝胶、琼脂糖凝胶等。凝胶柱层析法的优点是分离条件温和、回收率高、分离的分子质量范围广。

3.5　衍生化技术

衍生化技术适用于难以直接测定的场景。气相色谱法无法直接测定热稳定性差或高沸点的目标物，通常需要先转换为稳定性好、沸点低的衍生物后再进行测定。液相色谱测定一些强极性物质时，通常需先对目标物进行衍生化使其变为可被检测的物质。生物样品中化学污染物的代谢物多含有羟基或醛酮等官能团，进行质谱检测时，由于缺乏可电离的官能团，为提高离子化效率，常通过衍生化反应引入可电离的基团。此外，生物样品中目标物的含量一般较低，衍生化操作可提高色谱适用性和灵敏度，从而满足检测要求。

3.5.1　柱前衍生化

柱前衍生化是目前使用较为广泛的衍生化方法，一般是指检测前目标物与衍生化试剂反应，但实际检测的是衍生物。常用的衍生化试剂有烷基化试剂、硅烷化试剂、酰化试剂类和羟基衍生化试剂等。如以 4-二甲氨基苄胺二盐酸盐作为衍生化试剂，可采用液相色谱–质谱法测定血浆中丙戊酸及其代谢物（Hao et al.，2007）。

柱前衍生化的优点是反应条件和反应速率不受限制，对流动相没有特殊要求，过量的衍生化试剂容易去除等。缺点是操作烦琐，容易影响定量准确性；复杂样品经过衍生化，可能产生多种衍生化产物给色谱分离带来困难；有时重现性较差。

3.5.2　柱上衍生化

柱上衍生化一般指生物样品在使用 SPE 柱前处理时，加入衍生化试剂，同步进行衍生化反应。如测定尿液和血浆中氰化钠时，样品中加入氯胺-T，经加入 1-丁基硫醇的 C_8 柱进行柱上衍生化，得到衍生产物硫氰酸丁酯，可使用气相色谱–质谱法测定（李晓森等，2017）。柱上衍生化步骤相对简便，可以缩短实验时间，但存在衍生化效率较低、易引入其他杂质等缺点，在内暴露检测中应用较少。

3.5.3　柱后衍生化

柱后衍生化一般指在检测过程中实现分离后，在衍生池内与衍生化试剂反应，但实际检测的是衍生物。如以氢氧化钠溶液为衍生化试剂，通过液相色谱柱后衍生荧光法测定人尿液和血浆中的河豚毒素（蔡欣欣等，2015）；以盐酸羟胺为衍生化试剂，通过液相色谱–质谱法测定尿液中己醛和庚醛（陈迪等，2017）。柱后衍生化的优点是重现性好，影响因素少，引入物质比较少；缺点是可供选择的反应条件有限，需对现有仪器进行改造。

3.6 前处理方法展望

样品前处理技术的发展目标是将前处理过程简单化、高效化、小型化，使实验人员从繁重的体力劳动中解脱出来，并减少误差。自动化和在线化是实现这一目标最直接的体现。随着前处理技术的日益发展，目前已有许多前处理过程实现了非常成熟的自动化。例如，无机分析样品前处理中的自动微波辅助消解、自动电热消解、自动熔融等；有机分析样品前处理中的自动索氏提取、自动压力溶剂提取、自动微波辅助溶剂萃取、自动 SPE、自动凝胶净化等。部分样品前处理装置也已实现了与分析仪器的在线联用，如在线微波消解、在线 SPE、在线凝胶净化等。

3.6.1 自动化前处理技术

不同基质的生物样品前处理的要求各不相同，有时是一个非常复杂、烦琐和漫长的过程，常伴随偶然和系统误差，工作量也非常大。自动化技术应用于样品前处理过程，可以有效缓解这些问题，优势主要体现在以下几个方面（王开森等，2011）：①与人工操作相比，自动化装置可以在很大程度上减少偶然误差，提高重复性和准确性，对于样品稀缺、工作量大的内暴露检测工作尤为适宜；②在检测过程中，使用和排放化学试剂最多的环节就是样品前处理，自动化装置不仅可减少化学试剂的用量，而且可以避免实验人员接触有毒有害化学试剂和高温高压等危险环境；③自动化装置以稳定速度、平行方式处理样品，使样品前处理通量显著提高；④对于日常需处理大量生物样品的实验室而言，自动化装置的前期购置费用可以被高样品通量分摊，同时节省人工费用，提高试剂利用率，降低运行成本。

样品前处理技术的自动化是当前的研究热点，且正朝着装置小型化、溶剂用量少、与分析仪器联机使用、机器人技术广泛应用等方向发展，并开发出集多功能于一体的样品前处理自动化平台，具有良好的应用前景。

3.6.2 在线前处理技术

离线前处理技术是指前处理过程相对仪器分析来说，完全独立工作，传统的样品前处理都以离线方式进行。对于内暴露检测而言，由于生物样品基质复杂，前处理过程涉及样品分解、萃取、分离、净化、浓缩等多个步骤，目前也主要采取离线方式，加上样品量少，目标物含量低等原因，严重影响了检测速度及分析结果的准确度、精密度。

在线前处理技术是将前处理过程和仪器分析结合在一起，可连续同步进行。

与离线前处理技术相比，该技术可避免手动处理的烦琐和交叉污染，减少前处理过程中溶剂的用量，省去中间转移步骤，提高操作的重复性和样品的回收率。例如，近年来在液相色谱上广泛应用的在线柱切换技术，色谱系统由预柱和分析柱组成，采用柱切换技术，使样品进入分析柱进行分离之前，先在预柱上进行富集并去除杂质，再通过分析柱对目标物进行分离检测。该方法可不用溶剂而直接进行分析，避免了前处理操作可能造成的目标物损失，提高了检测效率和准确度。在线凝胶色谱技术和气相色谱–质谱仪联用可使前处理后的样品无须浓缩定容而直接进样，有效缩短了前处理时间，且凝胶色谱采用大体积进样模式，联用后相较于传统方法降低了检出限，提高了灵敏度（曹敏忆等，2017）。在线 SPE 技术已实现了与液相色谱–质谱仪联用，在美国生物监测项目中成功应用于邻苯二甲酸酯代谢物、双酚 A 类物质的内暴露检测。

3.6.3 芯片技术

芯片技术是指采用微细加工技术，在一块数平方厘米的玻璃、硅片、石英或有机聚合物基片上制作出微通道网络结构和其他功能单元，将样品制备、分离和检测等基本操作单元集成在一个很小的操作平台上，以完成各种分析的技术，具有巨大的潜力。芯片技术的主要优点在于样品和试剂的消耗量明显减少，分析速度明显提高，可进行多样品的同时操作（李大雷，2014）。例如，常规的 LLE 是根据目标物在不同溶剂中分配比的差异实现分离，根据此原理制造的微流控芯片 LLE 分离系统具有萃取速度快、有机溶剂用量少、样品用量少、易于实现在线自动化的特点。基于不同原理制造的芯片可进行联用，如 LLE 芯片完成后的样品溶液可直接导入具有 SPE 功能的芯片中进行下一步处理。随着芯片技术的发展，不同功能可整合在同一芯片上，实现所有样品前处理过程的自动化，但由于生物样品基质复杂，开发出适用于所有组分的芯片系统难度较大，并且成本较高，不利于推广应用。

（陆一夫 朱 英）

参 考 文 献

蔡欣欣，张秀尧，张晓艺，等. 2015. 免疫亲和柱净化–液相色谱柱后衍生荧光法测定人尿液和血浆中河豚毒素. 卫生研究，44（5）：863-866.

曹丽玲，何燕，杨立学. 2008. 测定血铅的石墨炉原子吸收光谱法. 职业与健康，24（22）：2416，2417.

曹敏忆，王勇，刘俊宁，等. 2017. 在线凝胶色谱–气相质谱联用法同时快速测定全血样中 10 种有机磷. 分析试验室，36（10）：1219-1223.

陈迪，丁俊，漆楚波，等. 2017. 基于管内固相微萃取与柱后衍生技术的尿液中己醛和庚醛的高效液相色谱–质谱分析方法. 成都：第 21 届全国色谱学术报告会及仪器展览会会议论文集，147.

高慧，许媛媛，孙丽，等. 2015. 高效液相色谱–串联质谱法同时测定人尿液中 7 种邻苯二甲酸酯代谢物. 色谱，33（6）：622-627.

胡正君，史亚利，蔡亚岐. 2010. 气相色谱–质谱法测定人体血液样品中合成麝香. 环境化学，29（3）：530-535.

黄山梅，彭锦荷，梁铘. 2007. 湿消解法处理塑料样品的研究. 广东化工，34（10）：115-116，123.

江桂斌. 2016. 环境样品前处理技术. 2 版. 北京：化学工业出版社.

李大雷. 2014. 微流控芯片生物样品前处理技术及微装置的研究. 北京：北京理工大学博士学位论文.

李晓华，缐引林，王敢峰. 1993. 碱水解高效液相色谱法测定尿中 1-羟基芘. 中华劳动卫生职业病杂志，11（3）：52-54.

李晓森，邢中方，吴姬娜，等. 2017. 柱上巯基化衍生–气相色谱/串接质谱对水样、尿样及血浆中氰化钠的分析检测. 厦门：第三届全国质谱分析学术报告会.

刘敏，端裕树，宋苑苑，等. 2006. 分散固相萃取–液相色谱–质谱检测蔬菜水果中氨基甲酸酯和有机磷农药. 分析化学，34（7）：941-945.

丘静静，阮小林，吴邦华，等. 2016. 尿中马尿酸、甲基马尿酸测定的乙腈萃取–高效液相色谱法. 中华劳动卫生职业病杂志，34（4）：304-307.

师琪. 2016. 微萃取技术综述. 科学与财富，8（4）：429，430.

司晓喜，朱瑞芝，刘志华，等. 2016. 在线凝胶渗透色谱–固相萃取–气相色谱/质谱法测定吸烟者尿液中的苯并[a]芘. 北京：中国烟草学会 2016 年学术年会，1-8.

孙传强，龚子珊，郭广宏，等. 2018. 直接稀释/电感耦合等离子体质谱法测定人血清中微量元素. 分析测试学报，37（3）：346-349，354.

王开森，牛爱军，孙晓，等. 2011. 自动化样本前处理系统在实验室质量管理中的应用. 实用医药杂志，28（10）：883，884.

袁增平，张大明. 1997. 应用 GC/MS-SIM 技术对尿液中吗啡五种固相萃取方法的研究. 北海：全国毒品检验技术交流会.

张文文，孟品佳，孟梁，等. 2013. 中空纤维膜液相微萃取–气相色谱/质谱法检测尿液中的苯丙胺类兴奋剂. 分析试验室，32（1）：44-47.

赵沁，周勤，倪骏，等. 2019. 人血白蛋白中铝残留量电感耦合等离子体质谱测定法的优化. 中国药师，22（2）：363-366.

朱冰峰，高媛. 2018. 尿中拟除虫菊酯类农药代谢物 GC-MS 测定方法分析. 临床检验杂志（电子版），72：222，223.

庄立，闵剑青，陈晓红，等. 2017. 超声辅助固相微萃取–超快速液相色谱串联质谱法测定尿液中五氯酚. 中国卫生检验杂志，27（22）：3209-3211.

Hao C，Liu Z，Blum W，et al. 2007. Quantification of valproic acid and its metabolite 2-propyl-4-pentenoic acid in human plasma using HPLC-MS/MS. Journal of Chromatography B，850（1-2）：206-212.

Ming Y，Bing L. 1998. Determination of rare earth elements in human hair and wheat flour reference materials by inductively coupled plasma mass spectrometry with dry ashing and microwave digestion. Spectrochimica Acta Part B Atomic Spectroscopy，53（10）：1447-1454.

Mitra S. 2003. Sample preparation techniques in analytical chemistry. Hoboken：Wiley.

第四章　分析检测技术

环境中广泛存在的化学污染物通过膳食摄入、吸入和皮肤接触等途径进入人体，对健康产生危害。进入体内的化学污染物以原形或代谢物的形式存在于体内或通过各种途径排出体外。采用分析化学特别是仪器分析的基本理论和实验技术，准确测定人体生物样品中化学污染物及其代谢物的内暴露水平是评估其对人体健康影响的重要方法。常用于环境污染物内暴露检测的技术方法包括色谱技术、光谱技术、质谱技术和色谱–质谱联用技术等。

4.1　色 谱 技 术

色谱法是利用不同化合物与固定相和流动相之间的作用力（分配、吸附、离子交换等）差异，当两相做相对移动时，各化合物在两相间进行多次平衡，使其达到相互分离的目的。根据流动相的不同，色谱法常分为四大类：气相色谱法、液相色谱法（高效液相色谱法、离子色谱法）、超临界流体色谱法和电色谱法。环境污染物内暴露检测中应用最广泛的是气相色谱法和液相色谱法。

4.1.1　气相色谱法

气相色谱法（gas chromatography，GC）是利用气体作为流动相的色谱分析方法。样品气化后由载气带入色谱柱中，由于各组分与色谱柱中固定相的作用力不同，从色谱柱中流出的时间也会不同，从而实现各组分的彼此分离。各组分依次从色谱柱中流出，进入检测器产生信号，这种信号被记录下得到色谱峰。根据色谱图上各色谱峰的保留时间进行化合物定性分析，根据各色谱峰的峰高或峰面积进行化合物定量分析。GC 适用于测定挥发性和半挥发性有机物，对于难挥发性有机物，可通过衍生化使其具有挥发性后，采用 GC 进行测定。GC 仪器系统一般包括载气、进样系统、色谱柱和检测器。

载气常用的是氦气、氮气和氢气。氦气的优点是相对分子量小、热导系数大、黏度小、使用时线速度大、安全性高，缺点是价格高昂。氮气的优点是扩散系数小、价格便宜，可用于热导检测器外的其他检测器。氢气的特性和氦气接近，主要用于热导检测器。

进样系统一般由自动进样器、进样口及气路组成，进样方式分为不分流进样和分流进样。不分流进样将气化样品全部载入色谱柱，可提高分析灵敏度，消除分流歧视。分流进样时大部分样品被放空，只有一小部分样品进入色谱柱，这在很大程度上防止了柱污染。实际工作中随着毛细管色谱柱的广泛应用，分流进样方式的使用更为普遍。分流进样在发挥毛细管色谱柱高柱效的同时，克服了其载气流速小、载样量低的缺点。

色谱柱是影响有机物分离的最重要的因素。GC 柱根据固定相极性的不同，分为非极性柱、弱极性柱、中等极性柱和强极性柱。不同极性的固定相对不同目标物的影响不同，根据相似相溶原理，性质越相近，固定相对目标物的流动阻力越大，其保留时间越长。因此，应结合目标物的极性，选择合适的色谱柱，获得最佳分离效果和最短保留时间。

检测器包括电子捕获检测器（electron capture detector，ECD）、氢火焰离子化检测器（flame ionization detector，FID）、热导检测器（thermal conductivity detector，TCD）、火焰光度检测器（flame photometric detector，FPD）、氮磷检测器（nitrogen phosphorus detector，NPD）、质谱检测器（mass spectrometer detector，MSD）等。不同的检测器适用于不同化合物的分析。例如，ECD 属于浓度型选择性检测器，对负电性化合物有很高的响应信号，适用于卤素化合物、某些金属螯合物和甾族化合物；FID 属于质量型破坏性通用检测器，广泛应用于有机物的常量和微量分析；TCD 属于浓度型非破坏性通用检测器，理论上可用于任何有机物的检测，但因灵敏度较低，一般用于常量分析；FPD 属于质量型选择性检测器，主要用于测定含硫、含磷化合物，其信号强度比碳氢化合物几乎高 1 万倍，特别适合有机磷农药的测定；NPD 主要用于测定含氮和含磷的有机化合物；MSD 作为通用检测器，具有灵敏度高、鉴别能力强的特点，广泛用于复杂样品的分离、鉴定和定量。

GC 具有分离效率高、检测灵敏度高、选择性好等特点，在环境污染物内暴露检测中广泛应用。宋爱英等（2018）采用 GC-FID 法测定尿液中 6 种苯丙胺类兴奋剂，分析时间为 18min，检出限达到 μg/L 级水平；叶海朋等（2017）采用 LLE 前处理 GC-ECD 法测定职业暴露人群血液中三氯乙烯和三氯乙醇水平，采用 1ml 血液样品时，检出限达到 0.56μg/L，方法简单实用且具有很高的灵敏度；Naksen 等（2016）采用 GC-FPD 法测定人血浆和母乳中 11 种有机磷杀虫剂，具有良好的线性范围和准确度，检出限达到 0.18～1.36ng/ml（血浆中）和 0.09～2.66ng/ml（母乳中）。

4.1.2 高效液相色谱法

高效液相色谱法（high performance liquid chromatography，HPLC）是利用液体作为流动相的色谱分析方法，适用于高沸点不易挥发、受热不稳定、分子量大、不同极性的有机化合物的测定。

HPLC 系统一般包括 5 个部分，即流动相前处理系统、输液系统、进样系统、分离系统和检测系统。流动相前处理系统的主要作用是对液体流动相进行过滤和脱气处理。输液系统的关键是高压恒流泵，为流动相提供稳定、准确的流速。进样系统分为手动进样阀和自动进样器，用于准确控制进样量。分离系统和检测系统是 HPLC 技术的两大核心。

根据分离原理的不同，HPLC 分为液固色谱法、液液色谱法、离子交换色谱法、离子对色谱法、空间排阻色谱法等。环境污染物内暴露检测中应用最广泛的是液液色谱法，包括正相色谱法和反相色谱法。

（1）正相色谱法采用极性固定相（如聚乙二醇、氨基与腈基键合相）。流动相为相对非极性的疏水性溶剂（如正己烷、环己烷等烷烃类化合物），常加入乙醇、异丙醇、四氢呋喃、三氯甲烷等有机溶剂调节流动相的极性，进而影响不同目标物的保留时间。正相色谱法常用于分离中等极性和强极性的化合物。Zhong 等（2001）采用硅胶色谱柱测定血浆和尿液中的法莫替丁，流动相中加入三氟乙酸可实现有效分离，该方法采用质谱检测器，尿液中法莫替丁的检出限为 50ng/ml，血浆中的检出限为 0.5ng/ml。

（2）反相色谱法应用最为广泛，占整个 HPLC 应用的 80%左右。反相色谱法一般用非极性固定相（如 C_{18}、C_8 等），流动相为水或缓冲液，常加入甲醇、乙腈、异丙醇、丙酮等与水互溶的有机溶剂调整流动相的极性及目标物的保留时间，适用于分离非极性和极性较弱的化合物。随着柱填料的快速发展，反相色谱法的应用范围逐渐扩大，现已应用于某些无机样品或易解离样品的分析。为控制样品在测定过程中的解离，常用缓冲液控制流动相的 pH。需要注意的是，C_{18} 和 C_8 色谱柱的 pH 适用范围通常为 2～8，太高的 pH 会使硅胶溶解，太低的 pH 会使键合的烷基脱落。笔者所在课题组用 HPLC 测定人血清中 9 种多环芳烃，采用反相 C_{18} 色谱柱分离，以乙腈和水为流动相梯度洗脱，荧光检测器测定，取 1ml 血清，方法检出限在 0.05～0.10ng/ml，灵敏度较高（丁昌明等，2012）。

HPLC 仪的常用检测器有紫外可见光检测器、二极管阵列检测器和荧光检测器。

（1）紫外可见光检测器适合对紫外可见光有吸收的物质，其特点是灵敏度较高、线性范围宽、噪声低，适用于梯度洗脱，对强吸收物质检测限可达 1ng，检测后不破坏样品，可用于制备，并能与任何检测器串联使用。紫外可见光检测器常以氘灯作为光源，波长选择范围宽（190～800nm），对流动相的选择有一定要求，具有紫外吸收的溶剂不能作为流动相。

（2）二极管阵列检测器是一种新型的光吸收式检测器，采用光电二极管阵列作为检测元件，构成多通道并行工作，同时检测由光栅分光，再入射到阵列式接收器上的全部波长的光信号，然后对二极管阵列快速扫描采集数据，得到吸收值、保留时间和波长函数的三维色谱光谱图。与紫外可见光检测器相比，二极管阵列检测器可获取每一组分完整的光谱图，有一定的定性鉴别能力。

（3）荧光检测器适用于检测能产生荧光的化合物，是一种高灵敏度的选择性检测器。一般情况下，荧光检测器的灵敏度比紫外可见光检测器高约 2 个数量级，但线性范围不如紫外可见光检测器宽。近年来，采用激光作为荧光检测器的光源而产生的激光诱导荧光检测器极大增加了荧光检测的信噪比，使其具有更高的灵敏度。孙卓鑫等（2017）采用 HPLC 激光诱导荧光法测定克拉维酸钾中的黄曲霉毒素，与常规的荧光检测器方法相比，灵敏度提高了 1 个数量级。

4.1.3　离子色谱法

离子色谱法（ion chromatography，IC）是 LC 的一个分支，该方法基于离子交换原理分离离子型化合物，主要以离子交换树脂为固定相。根据树脂上引入的活性基团不同，可分为阳离子交换树脂和阴离子交换树脂。流动相一般选择缓冲溶液。目标物在色谱柱中的保留时间与离子交换基团作用的强弱、流动相的 pH 和离子的强度等因素有关。

IC 仪的基本结构与 HPLC 仪相同，包括流动相系统、进样系统、分离系统、检测系统等。不同之处在于，IC 仪使用的流动相是碱性或酸性溶液，凡是流动相通过的管道、阀门、泵、色谱柱、接头等元器件不仅要耐高压，还要耐酸碱腐蚀。

IC 最常用的检测器是电导检测器。在色谱柱和检测器之间增加信号抑制器装置，用于降低流动相的背景信号，增强目标离子的信号，使检测灵敏度明显提高。带抑制器的电导检测器属于通用型高灵敏度检测器，适合各种强酸、强碱、阴阳离子及有机酸的测定。

张福钢等（2017）采用 IC 法测定人尿中氟离子含量。样品经离心、稀释、C_{18} 固相萃取小柱处理后，以氢氧化钾溶液为流动相梯度洗脱，经阴离子交换色谱柱分离，电导检测器检测，当尿液样品为 3ml 时，方法检出限达 0.06mg/L，不仅能测定职业人群，也能测定普通人群尿液中的氟含量。刘晓东等（2016）采用 IC 法测定人尿中氯乙烯代谢物亚硫基二乙酸，采用固相萃取法提取、净化尿液，经阴离子色谱柱分离，方法检出限为 0.1μg/ml，适用于职业暴露人群尿液中亚硫基二乙酸的检测。

4.2 光 谱 技 术

光谱分析是指在电磁辐射条件下，物质内部发生能级改变形成光谱，利用光谱特征进行定性、定量分析的技术。光谱分析的优点是灵敏度高、易操作。根据能级跃迁方向，光谱分析分为发射光谱分析和吸收光谱分析；根据被测成分粒子类型，分为原子光谱分析和分子光谱分析。用于人体生物样品中元素分析的技术主要是原子光谱技术。

4.2.1 原子吸收光谱法

原子吸收光谱法（atomic absorption spectrometry，AAS）是一种根据特定物质基态原子蒸气对特征辐射的吸收来对元素进行定量分析的方法。AAS 首先需要通过高温或化学反应将待测元素转变成原子蒸气，然后由光源灯辐射出该待测元素特征波长的光，当基态原子蒸气对特征辐射产生共振吸收时，其吸光度在一定范围内与基态原子蒸气浓度成正比，依此测定样品中该待测元素的含量。AAS 适用于多种微量、痕量金属和类金属元素的测定。

AAS 系统主要由四部分组成，即光源、原子化器、光路系统和检测系统，其核心部件是光源和原子化器。

（1）光源用于发射待测元素的特征谱线，要求发射锐线光谱，辐射强度足够大、稳定性好、噪声小、背景低、干扰少，常用的有空心阴极灯、无极放电灯等。空心阴极灯由待测元素材料制成圆筒形空心阴极，由钨材料制成棒型阳极。工作时，阴极发出的电子在电场作用下加速，与惰性气体碰撞使其电离，电离后的正离子向阴极加速运动，轰击阴极表面，使阴极材料的原子溅射出来聚集在电极附近，电子不断接受能量，由低能级跃迁到高能级，再从高能态返回基态，同时发射出与待测元素相同的特征光谱。无极放电灯是一个石英管，管内放进数毫克金属化合物并充有氩气。工作时，将灯置于高频电场中，氩气激发伴随着管内温度升高，金属化合物蒸发出来，并进一步离解、激发，从而辐射出元素的特征谱线，一般用于蒸气压较高元素的测定，如砷、硒、镉、锡等。

（2）原子化器的作用是提供一定能量，将样品中的待测元素转变成基态原子蒸气，并使其进入光源的辐射光程。常见的原子化器有火焰原子化器、石墨炉原子化器等。火焰原子化器通过雾化器将样品溶液变成高度分散状态的雾滴，并进入燃烧器，借助燃烧火焰的热量使待测元素原子化。火焰原子化器操作简便、检测快速、稳定性好、精密度高，但因原子化效率低，灵敏度也相对较低。石墨炉原子化器中最常用的是管型高温石墨炉，石墨炉通过高温将样品蒸发、分解，进而原子化。为防止石墨管和原子化的原子被氧化，加热时，石墨管内外均用惰性气体加以保护。使用过程中先在等于或稍高于溶剂沸点的温度下将样品溶液加热干燥，再在低于原子化温度下将样品中的有机物尽可能去除，减少基质干扰，最后在原子化温度下进行原子化。石墨炉原子化器的原子化效率高，试样用量少，可直接进样，灵敏度高，但基质效应大、重现性较差。

AAS 广泛应用于人体生物样品中元素的测定。居红芳（2002）采用氢氧化钠对头发和指甲进行消解，然后采用火焰 AAS 和石墨炉 AAS 测定 Ca、Zn、Fe 等 9 种元素，方法回收率在 90%～110%。何邦平等（2004）采用 AAS 测定高血压合并高脂血症患者血清中的 Cu 和 Zn。孙瑞霞等（2006）采用 AAS 测定脑脊液中的微量元素。该方法取脑脊液样品，不经过消化处理，直接进样测定，Zn、Cu、Fe、Cd 的回收率为 97.6%～104.8%，RSD＜5%。

4.2.2　原子荧光光谱法

原子荧光光谱法（atomic fluorescence spectrometry，AFS）的基本原理是基态原子蒸气吸收特征波长的辐射后，原子的外层电子从基态或低能态跃迁到高能态，处于激发态的原子不稳定，以辐射的形式释放能量发射荧光，通过测定待测元素的原子蒸气在一定波长的辐射能激发下所发射的荧光强度进行定量分析。

AFS 仪包括光源、原子化器、光路系统和检测系统。光源要求具有发射强度高、无自吸、稳定性好、噪声小，发射光谱谱线窄、适用元素广、价格便宜、寿命长等优点。常用的有高性能空心阴极灯、高压氙弧灯、碘钨灯、氙灯及激光光源。原子化器的要求是原子化效率高、待测元素原子密度大、原子在光路中的停留时间长、测量波长处背景发射低、均匀性及稳定性好、荧光猝灭少、操作简便，常用的有氢化物发生原子化器、电感耦合等离子体原子化器、电热原子化器等。

AFS 的灵敏度高、谱线简单，适用于测定微量砷、锑、铋、汞、硒、碲、锗等元素。陈宇鸿等（2017）采用 AFS 法测定头发样品中的硒含量，方法检出限达 $0.095\mu g/g$，RSD 为 1.32%～2.48%，平均回收率为 93.4%～98.2%。该方法采用微波消解前处理并在前处理过程中加入铁氰化钾作为掩蔽剂，有效减少了硒元素的损失，避免了交叉污染，且能消除其他金属离子的干扰。周乐舟等（2020）将 HPLC 与 AFS 串联，用于测定人尿液中 6 种不同形态的砷，通过优化液相色谱分离条件和原子荧光检测条件，使方法检出限达 $1.3\sim3.9\mu g/L$，加标回收率达 91.2%～103.5%，批内精密度和批间精密度均小于 5%。

4.2.3　电感耦合等离子体光谱法

电感耦合等离子体光谱法（inductively coupled plasma atomic emission spectrometry，ICP-AES）是以高频电感耦合等离子体为激发源的原子发射光谱法。电感耦合等离子体（ICP）是由高频电流经感应线圈产生高频电磁场，使工作气体形成等离子体，并呈现火焰状放电（等离子体焰炬），达到 10 000K 的高温，是具有良好的蒸发、原子化、激发和电离性能的光源。ICP-AES 根据处于激发态的待测元素原子回到基态时发射的特征谱线对待测元素进行分析，根据发射谱线的特征进行定性分析，根据发射谱线的强度差异进行定量分析。

ICP-AES 仪主要由激发光源、光路系统、检测系统等组成。激发光源是 ICP-AES 仪的核心部件，包括射频发生器和感应线圈、炬管与供气系统、进样系统。射频发生器为等离子体提供能量，炬管用于形成稳定的 ICP 焰炬。电感耦合等离子体光源具有高温、环状通道、惰性气体气氛、自吸现象少见等特点，是分析液体样品的最佳光源。

ICP-AES 具有多元素同时测定、分析速度快、灵敏度高、线性范围宽、精密度高等优点。尽管相对于其他光谱分析方法，ICP-AES 的选择性好，元素间的相互干扰较小，但在测定过程中仍不可避免地出现干扰。根据干扰机制不同，ICP-AES 的分析干扰可分为两类，一类是光谱干扰，主要包括连续背景干扰和光谱线重叠干扰。连续背景干扰与基质及 ICP 光谱本身所发射的强烈杂散光的影响有关，可利用背景校正技术扣除。光谱线重叠干扰是由于光谱仪色散率和分辨率的不足，使某些共存元素的谱线重叠产生的干扰，即便采用高分辨率的分光系统，也不能完全消除，只能尽量减轻至最小强度，最常用的方法是选择另外一条干扰少的谱线作为分析线，或应用干扰因子校正法予以校正。另一类是非光谱干扰，主要包括与分析物挥发、原子化、激发和电离等有关的特征干扰和与溶液雾化等有关的非特征干扰。其中，最重要的是基质效应的影响，可通过稀释、基质匹配、标准加入法、内标校正等手段进行部分消除、抑制或校正。

ICP-AES 在内暴露检测中应用较多，如在血液、尿液、乳汁、头发、组织、器官、骨质等生物样品测定中均有应用。例如，乳汁经酸消化后可用 ICP-AES 测定 Ca、Cu、Fe 等 7 种元素，仅需 2ml 乳汁，即可达到 0.004～1.2μg/g 的检出限（Silva et al.，1998）。沈珉等（2000）采用 ICP-AES 测定血清中 16 种元素，该方法取 0.7ml 血清加热消解后进行测定，检出限为 0.87～88μg/L。

4.3 质 谱 技 术

质谱技术（mass spectrometry，MS）是应用电磁学原理，利用带电粒子在电场或磁场中运动行为的不同，按其质荷比（ m/z ）大小进行分离和检测，通过测定离子质量及其强度实现样品定性、定量和结构分析的方法。质谱法具有定性能力强、准确度高、灵敏度高、检测快速、应用范围广等特点，逐渐成为非常重要的现代分析技术。质谱系统主要包括真空系统、进样系统、离子源、质量分析器、检测系统等。其中，离子源和质量分析器是影响质谱性能的重要部件。

4.3.1 离 子 源

离子源的功能是将目标物电离成离子，用于后续的质谱分析。有机质谱的离子源主要包括电子轰击电离（electron impact，EI）源、化学电离（chemical ionization，CI）源、电喷雾电离（electrospray ion，ESI）源、大气压化学电离（atmospheric pressure chemical ionization，APCI）源等。其中，EI 源和 CI 源常用于气相色谱–质谱联用仪，ESI 源和 APCI 源常用于液相色谱–质谱联用仪。无机质谱最常用的电离源则是 ICP 离子源。

1. 电子轰击电离源

电子轰击电离源（EI 源）利用高能电子束使气态样品分子或原子电离，属于硬电离方法。EI 源的特点是结构简单、电离效率高、性能稳定、操作方便、重现性高，标准质谱图基本都是通过 EI 源得到的。EI 源的缺点是在标准电离能量（70eV）下，有些物质不能获得稳定的分子离子峰，得不到分子量信息。

2. 化学电离源

化学电离源（CI 源）利用电子先将通入离子源的反应试剂（常为甲烷气体）离子化产生气相分子离子，再使目标物与气相分子离子发生反应，变成带电离子。由于目标物不是直接被加速电子轰击，因而可获得准分子离子峰且产生的碎片少，有利于确定化合物的分子量及定性信息。CI 源属于软电离方法。

3. 电喷雾电离源

电喷雾电离源（ESI 源）属于大气压电离源的一种，在大气压条件下完成离子化过程。样品溶液在强电场作用下形成静电喷雾，并在干燥气流中形成带电雾滴，并随着溶剂的蒸发，通过离子蒸发等机制由很小的带电雾滴生成气态离子。

ESI 源在常压状态下即可方便地与液相色谱联用，适用于热不稳定或难以气化的极性化合物的分析。

4. 大气压化学电离源

大气压化学电离源（APCI 源）也属于大气压电离源，借助电晕放电启动一系列气相反应以完成离子化过程。样品溶液进入具有雾化气套管的毛细管，被氮气流雾化，通过加热管时被气化。在加热管端进行电晕尖端放电，溶剂分子被电离，充当反应气，与气态样品分子碰撞，经过复杂的反应过程，样品分子生成准分子离子。APCI 源的优点是适用于极性较低的小分子化合物的离子化，缺点是不适用于难挥发性大分子化合物。

4.3.2 质量分析器

质量分析器的作用是将具有不同质荷比的离子进行分离，得到根据质荷比按一定顺序排列而成的质谱图。不同的质量分析器构成了不同类型的质谱仪器。常用的质量分析器有磁质量分析器、四极杆质量分析器、离子阱质量分析器、飞行时间质量分析器、静电场轨道阱质量分析器等。根据分辨率的不同，质量分析器分为低分辨质量分析器（分辨率在 10 000 以下）和高分辨质量分析器（分辨率在 10 000 以上）。

1. 磁质量分析器

单聚焦磁质量分析器是最早用于质谱仪的质量分析器，属于低分辨质量分析器，主要部件是具有一定半径的圆形管道和扇形磁铁，可产生均匀稳定的磁场。从离子源射入的离子束在磁场作用下，由直线运动变成弧形运动。不同质荷比的离子运动曲线半径不同，因此可以被质量分析器分开。单聚焦质量分析器结构简单，操作方便，但分辨率低。为了提高分辨率，通常采用双聚焦质量分析器，即在磁质量分析器之前加一个扇形电场，通过扇形电场和磁场的适当结合，实现速度和方向的双聚焦。双聚焦磁质谱仪属于高分辨质谱，分辨率最高可达 150 000。

2. 四极杆质量分析器

四极杆质量分析器属于低分辨质量分析器，由 4 根平行的圆柱形金属极杆组成，构成正负两组电极。从离子源射入的加速离子在电场作用下，只有选定的具有合适质荷比的离子才能以限定的频率稳定地通过质量分析器，其他离子则碰到极杆被吸滤掉，达到分开的目的。四极杆质量分析器的优点是结构紧凑、性能稳定、体积小、扫描速度快，适用于色谱-质谱联用仪。三重四极杆质量分析器属于串联质谱。将三组四极杆串联起来的质量分析器，第一组和第三组作为质量分析器，第二组作为碰撞活化室。与单四极杆质量分析器相比，串联质谱排除干扰的能力更强、选择性更好、信噪比更高、检出限更低，作为定量分析的确证方法更有优势。

3. 离子阱质量分析器

离子阱质量分析器属于低分辨质量分析器。离子阱由 2 个端盖电极和位于它们之间的类似四极杆的环电极构成。端盖电极施加直流电压，环电极施加射频电压，根据射频电压的大小，离子阱可捕捉某一质量范围内的离子，待离子累积到一定数目后，升高射频电压，离子按质量从高到低的次序依次离开离子阱，达到分开的目的。离子阱质量分析器的优点是可实现多级质谱的功能、结构简单、性价比高、价格便宜、扫描质量范围大，广泛应用于定性分析。

4. 飞行时间质量分析器

飞行时间质量分析器属于高分辨质量分析器，其核心部件是无场真空管（漂移管）。离子源中的离子被加速引出后，进入漂移管，离子在漂移管中飞行的时间与离子质荷比的平方根成正比。对于能量相同的离子，质荷比越大，达到检测器所需的时间越长，根据这一原理，可以将不同质荷比的离子进行分离。漂移管的长度越长，分辨率越高。飞行时间质量分析器具有较大的质量分析范围和较高的质量分辨率，尤其适合蛋白质等生物大分子分析。

5. 静电场轨道阱质量分析器

静电场轨道阱质谱俗称"轨道阱（Orbitrap）"。静电场轨道阱质量分析器是一种通过使离子围绕一中心电极的轨道旋转而捕获离子的装置，属于高分辨质量分析器。静电场轨道阱质量分析器形状如纺锤体，由纺锤形中心内电极和左右 2 个外纺锤半电极组成。工作时，中心电极逐渐加上直流高压，在静电场轨道阱质量分析器内产生特殊几何结构的静电场。离子进入静电场轨道阱质量分析器内，受到中心电场的引力，开始围绕中心电极做圆周轨道运动，同时受到垂直方向的离心力和水平方向的推力，沿中心内电极做水平和垂直方向的振荡。其中，水平振荡的频率与分子离子的质荷比相关。静电场轨道阱质量分析器具有高分辨多级质谱性能，功能灵活多样，运行稳定可靠，使用和维护方便，运行成本低，是一种可被用于常规分析检测的高端质谱仪器，是复杂基质中痕量有机物筛查、有机物结构鉴定的重要工具，在蛋白组学、代谢组学等研究领域获得广泛应用。

4.4 联 用 技 术

质谱技术能提供化合物的分子量、元素组成、分子结构等信息，具有定性专属性强的特点，但对待测样品的纯度要求非常高；色谱技术是分离有机混合物的重要手段，但定性能力较弱。两种技术有机结合，能够发挥各自优势，取长补短。这种将两种或多种方法结合起来的技术称为联用技术。色谱-质谱联用技术利用的是色谱的高效分离特点和质谱的准确定性能力，可实现对复杂混合物更准确的定性和定量分析。电感耦合等离子体质谱法以 ICP 为离子源，与质谱技术联用后，融合了等离子体光源和质谱检测器的优点，常用于多元素的同时测定。

4.4.1 气相色谱-质谱法

气相色谱-质谱法（gas chromatography-mass spectrometry，GC-MS）融合了气相色谱和质谱的优点，被广泛应用于复杂样品的分离与鉴定，适合易挥发、热稳定、能气化的小分子化合物分析。

GC-MS 仪是最早实现商品化的联用仪器，包括 3 个部分，即气相色谱仪、接口和质谱仪。

GC-MS 的检测模式包括全扫描（full scan）和选择离子监测（selective ion monitoring，SIM）。全扫描是指对指定质量范围内的离子全部扫描并记录，得到的是正常完整的质谱图，可以提供未知化合物的分子量和结构信息，便于谱库检索。一个典型的气相色谱四极杆质谱扫描质量范围可以是质荷比（m/z）为 50～400。扫描质量范围的确定取决于待测物质的分子量和碎片离子，同时要考虑气体干扰，如氮气（$m/z=28$）和二氧化碳（$m/z=44$）等，因此质量范围的下限不应设定太低。另外，如果选择一个很大的扫描范围，所消耗的时间必然会长，每秒扫描的次数会减少，从而会降低仪器灵敏度。SIM 是指只对选定的特征离子进行选择性扫描，而其他离子不被记录，其优点是由于每次扫描时仅扫描少量特征离子片段，因此可以有效消除干扰离子，基质干扰小；每秒能进行更多次的扫描，检测灵敏度更高（比全扫描模式一般高 1～2 个数量级）。SIM 的缺点是不能获得目标物的整体信息。全扫描模式适用于未知化合物的定性分析，方法开发阶段可以先用全扫描模式确定样品中不同待测组分的保留时间和质量碎片指纹图，再采用 SIM 针对性地进行定量分析。

与 GC 相比，GC-MS 具有分辨率高、灵敏度高、定性能力强的优点，广泛应用于生物样品中挥发性、半挥发性有机物的测定。采用衍生化方法后也可用于某些难挥发性有机物的测定。Ceballos 等（2019）采用 GC-MS 测定美甲师血液中的挥发性有机物，采用 SPME 进行前处理，能同时测定 43 种挥发性有机物，方法检出限为 0.008~0.4ng/ml。美国疾病预防与控制中心（Centers for Disease Control and Prevention，CDC）采用 SPME-GC-MS 测定全血中 5 种苯系物，方法检出限为 24~49pg/ml（Chambers et al.，2006）。实验发现，真空采血管的橡胶塞会产生甲苯、乙苯和苯乙烯的释放，导致血液样品污染，需要对橡胶塞进行处理。Butryn 等（2015）采用气相色谱–质谱法测定人血清和母乳中的多溴联苯醚及其类似物，包括 12 种多溴联苯醚、12 种羟基多溴联苯醚和 13 种甲氧基多溴联苯醚。样品采用加速溶剂萃取和去除脂肪前处理，提取液再经过衍生化后测定。

4.4.2　液相色谱–质谱法

液相色谱–质谱法（liquid chromatography-mass spectrometry，LC-MS）可用于检测不挥发性化合物、极性化合物、大分子化合物和热不稳定化合物，广泛应用于生物样品中环境化学污染物内暴露检测。

LC-MS 和 GC-MS 的基本组成相似，包括液相色谱仪、接口和质谱仪，常用的质量分析器有单四极杆、离子阱、飞行时间及多种串联质谱等。

单四极杆质谱顺次分时监测离子，全扫描范围越宽，灵敏度越低，尤其是对体内代谢物进行分析鉴定时，由于复杂基质的本底干扰，常导致微量或痕量物质的漏检。以三重四极杆质谱为代表的串联质谱，对于分析复杂样品具有更高的选择性和灵敏度，采用同位素标记的内标物可校正液相色谱–谱法常见的基质效应，使其成为内暴露检测最常用的仪器。串联质谱多反应监测（multiple reaction monitoring，MRM）模式能定量分析复杂生物基质中的痕量化合物，极大缩短样品制备和分析时间。MRM 的关键是找到有特异度的母离子，将其打碎，选择其中信号最强的几个子离子进行监测。MRM 具有特异度、灵敏度和准确度高，以及重现性好、线性范围宽、高通量的突出优点。

LC-MS 的电离方式能够提供正、负离子检测模式。正离子检测模式常在液相色谱流动相中加入酸，以利于分析物的离子化，适合于碱性样品。负离子检测模式常在液相色谱流动相中加入氨水或三乙胺等对样品进行碱化，适合于酸性样品。

很多环境化学污染物进入体内，经酶催化或非酶作用转化为代谢物。大多数的转化过程是将亲脂性的毒性物质转化为极性较强的亲水性物质后从尿液排出，适合用 LC-MS 测定。美国 CDC 采用液相色谱–质谱法测定人尿液中 4 种有机磷杀虫剂和 2 种杀菌剂代谢产物。该方法先将尿液样品冻干，再用二氯甲烷提取，仪器分析离子源选择的是 APCI 源，测定 2ml 尿液样品的检出限为 0.03~0.28ng/ml，方法灵敏度高，前处理过程简单（Montesano et al.，2007）。Kuklenyik 等（2005）

采用在线 SPE-LC-MS/MS 测定血清中 18 种全氟化合物，采用 C_{18} SPE 小柱和 C_8 色谱分离柱，仅需要 100μl 血清即可达到 0.05～0.8ng/ml 的检出限。

4.4.3 电感耦合等离子体质谱法

电感耦合等离子体质谱法（inductively coupled plasma mass spectrometry，ICP-MS）以 ICP 为离子源在高温下将待测元素原子化并电离成离子，产生的离子经过光学透镜聚焦后进入质量分析器按荷质比分离，既可以按照荷质比进行半定量分析，也可以按照特定荷质比的离子数目进行定量分析。ICP-MS 既可以作为独立仪器用于元素总量分析，也可以和 LC、GC、IC 等分离技术串联，完成元素的形态分析。

ICP-MS 仪主要包括进样系统、离子源、接口装置、离子聚焦系统、质量分析器、检测系统等。进样系统的作用是将样品有效地引入离子源，可以通过蠕动泵直接将样品溶液引入雾化器，也可以将雾化器接在液相色谱柱后以流动注射方式进样，或与气相色谱柱相连以气体形式进样，实现 ICP-MS 与色谱的联用。ICP-MS 的离子源与 ICP-AES 大致相同，不同之处是其原子化后还需要更多的能量使待测元素进一步离子化。接口装置的作用是将待测元素的离子有效地提取并引入质量分析器，既要克服 ICP 的高温影响，又要维护分离系统的真空度，既要使 ICP 中产生的待测离子尽可能多地进入质量分析器，提高灵敏度，又要阻止其他干扰离子及分子进入，减少干扰，是 ICP-MS 的重要环节。离子聚焦系统采用离子透镜将待测离子聚焦成离子束，并将中性粒子和电子排除，实现待测离子的提取、偏转、聚焦和加速。一些仪器在其后还增加了一个碰撞/反应池，利用一些气体分子与多原子干扰离子碰撞或发生反应，进一步消除干扰。用于 ICP-MS 的质量分析器有四极杆、飞行时间、双聚焦质量分析器等，其中最常用的是四极杆质量分析器。

与传统的无机分析技术相比，ICP-MS 具有非常明显的优势，主要体现在以下几个方面。①多元素快速分析能力。可在几十秒内定性及定量分析质量数在 6～260 的几乎所有金属元素及部分非金属元素。②灵敏度高、检出限低。ICP-MS 被公认是目前检出限最低的多元素检测技术，大部分元素的检出限比 ICP-AES 低 2～3 个数量级，测定质量数在 100 以上的元素时，检出限低于 0.01ng/ml，特别是在稀土元素检测方面具有独特的优势。③选择性好，干扰较少。ICP-MS 的谱图比较简单，每个元素只产生一个或几个同位素的单电荷离子峰，以及少量双电荷离子和简单的多原子组合离子峰，其中多原子组合离子产生的干扰可以通过碰撞反应模式去除。④具有非常宽的动态线性范围，高达 10^8～10^9。⑤仪器稳定，检测精密度和准确性高。以四极杆质量分析器为例，短期稳定性为 1%～2%，长期稳定性低于 5%。⑥样品的引入和更换方便，便于与其他进样方式或在线分离技术联用，如 GC、LC 或 IC 等。

ICP-MS 及其联用技术在人体生物样品金属、类金属元素的检测方面具有广泛应用。笔者所在课题组采用 ICP-MS 测定人全血中的 13 种元素，血液样品采用酸稀释法处理，方法检出限为 0.04～5.00μg/L（张淼等，2020）；测定指甲和头发样品，采用水浴消解前处理，方法简单、快速，适用于大批量样品检测，检出限为 0.001～0.03μg/g（郑磊等，2020）。LC 与 ICP-MS 联机可用于元素的形态分析，选择合适的色谱柱，可进行 As、Cr、Hg、Se 等元素不同形态的定量分析。Souza 等（2013）采用 HPLC-ICP-MS 法测定血浆中的二价汞、乙基汞和甲基汞，采用 C$_8$ 色谱分离柱，以甲醇、巯基乙醇和甲酸的混合溶液为流动相等度洗脱，检出限达 4～12ng/L。

4.5 分析检测技术展望

目前，联用技术是开展环境污染物内暴露检测的主要手段。随着进样、分离、检测等分析技术中各关键环节的不断发展，出现了一些新的技术方法。这些技术方法的应用，有的提高了方法的灵敏度，如大体积进样技术；有的提高了样品的分离效率，如二维色谱技术；还有的提高了定性、定量结果的准确性，如高分辨质谱法、同位素内标定量法等。

4.5.1 大体积进样技术

大体积进样技术是在 GC 基础上发展起来的一种用于提高 GC 分析灵敏度的进样方法，主要通过改进进样器提高样品的进样量来提高检测灵敏度。大体积进样的体积在几十至几百微升，相较于常规进样量，灵敏度提高了 1～2 个数量级，可检测 10^{-9}（ppb）甚至 10^{-12}（ppt）级的化合物。采用大体积进样可减少样品取样量，适用于超痕量有机污染物测定。大体积进样器有 4 种类型：程序升温进样器、冷柱头进样器、柱上进样器、胃袋式大体积进样器（郭永泽等，2010）。目前，最常用的是程序升温进样器，即在较低温度下，注射大量样品，打开分流阀，在载气吹扫下，大部分溶剂气化并由分流口排出，高沸点目标物被定量冷捕集，吸附在衬管或填充材料上，待溶剂挥发完全后，调小或关闭分流阀，进样器以急速升温的方式使被吸附的目标物瞬间脱附气化，并被载气转移到色谱柱进行分离。

Tsakalof 等（2012）采用大体积进样 GC-MS/MS 测定人血浆中 17β-雌二醇及其代谢物 2-甲氧雌二醇。血浆样品经蛋白沉淀、SPE、衍生化后制成提取液，吸取 10μl 进行分析，17β-雌二醇及 2-甲氧雌二醇方法检出限分别为 18.4pg/ml 和 5.5pg/ml，方法回收率为 94.9%～104.5%。文献报道采用大体积进样 GC-MS 测定消防员唾液中 16 种多环芳烃，用 750μl 乙酸乙酯萃取 500μl 唾液，取 30μl 提取液进行分析，方法前处理简单易操作，对 16 种多环芳烃的检出限低于 0.057ng/ml（Santos et al.，2019）。Ferrari 等（2018）采用分散 SPE 大体积进样 GC-MS 测定尸体血液中 14 种药品和农药，包括氟哌啶醇、地西泮、卡马西平、溴西泮、卡巴呋喃、特丁磷、西维因等。取 1ml 全血，用 N-丙基乙二胺进行净化，乙腈洗脱，取 25μl 进样，14 种物质的定量限达 0.03μg/ml 以下。

4.5.2 全二维气相色谱法

传统的 GC 分离采用 1 根色谱柱，长度在几米至几十米，只能分离性质相似的一大类物质，无法完全分离性质差异较大的几类物质。多维色谱利用 2 根或多根分离机制不同而又相互独立的色谱柱对复杂样品进行分离。其中，发展比较成熟的是采用 2 根色谱柱的全二维气相色谱法（GC×GC）。在 2 根色谱柱之间装一个调制器，起捕集、聚焦、再传送的作用。各组分经第 1 根色谱柱完成一维分离后，进入调制器聚焦，再以脉冲方式送到第 2 根色谱柱进行第二维分离，最后进入检测器，得到以第 1 根色谱柱上的保留时间为第一横坐标，第 2 根色谱柱上的保留时间为第二横坐标，信号强度为纵坐标的三维色谱图。GC×GC 中第二维分离速度非常快，必须在脉冲周期内完成，否则前一脉冲的后流出组分可能会与后一脉冲的前面组分交叉或重叠引起混乱。因此，对检测器响应速度的要求非常高，数据采集频率应至少达到 100Hz。质谱是 GC×GC 分离的化合物最好的鉴定工具，能精确处理快速 GC 得到的窄峰，大幅提高定性能力。

GC×GC 的特点主要表现在以下几个方面。①分辨率高、峰容量大。在一个正交的全二维色谱中，峰容量是 2 根色谱柱峰容量的乘积，分辨率为 2 根色谱柱各自分辨率平方和的平方根。②灵敏度高。目标物经过第 1 根色谱柱分离后，聚焦在调制器里，再以脉冲形式进入第 2 根色谱柱，此时的信号强度比调制前放大了几十倍。③分析时间短，检测效率高。GC×GC 使用了 2 根不同极性的色谱柱，使得样品中性质不同的化合物更容易分离，总的分析时间反而比一维色谱短，而且原来要几种方法才能完成的分离任务用一种方法就能完成，提高了检测效率。④定性可靠性明显增强。每一种组分有 2 个保留值，可明显区别于其他组分。⑤可以实现族分离。二维的保留值分别代表组分的不同性质，具有相近性质的组分在二维平面上能聚集成一族，成为族分离。

GC×GC 适合测定人体生物样品中多种环境化学污染物。Focant 等（2004）利用 DB-1 色谱柱和 HT-8 色谱柱串联成全二维气相色谱并与飞行时间质谱联用，测定人血清中 38 种多氯联苯、10 种多溴联苯醚和 11 种有机氯农药，方法的仪器检出限达 0.5～10ng/ml。该方法测定 3 类 59 种化合物仅需一次进样，而传统的气相色谱–高分辨质谱法测定这些物质需分 3 次进样，极大提高了分析效率。

4.5.3　高分辨质谱法

高分辨质谱法（high resolution mass spectrometry，HRMS）是指质量分析器的分辨率≥10 000 的质谱。HRMS 依据精确的质量数可对未知污染物进行准确定性。HRMS 包括双聚焦磁质谱、飞行时间质谱、静电场轨道阱质谱等。磁质谱主要用于持久性有机污染物的靶向定量检测，飞行时间质谱、静电场轨道阱质谱主要用于非靶向定性分析。

高分辨双聚焦磁质谱具有分辨率高、检测灵敏、稳定性好、定量能力强等优点，用于已知半挥发性有机物的定量分析。目前，气相色谱–高分辨磁质谱法（GC-HRMS）是检测痕量二噁英、多氯联苯的金标准。Barr 等（2003）采用 GC-HRMS 同时测定人血清中 38 种多氯联苯和 11 种有机氯农药，采用 SPE 处理样品，30m DB5-MS 气相色谱柱进行分离，高分辨质谱 SIM 模式进行检测，方法灵敏度高、选择性好，49 种物质的检出限达到 pg/ml 级水平。代谢组学研究采用 HRMS 非靶向检测技术测定人体内代谢小分子的变化，主要用于疾病的分子研究，如生物标志物的发现、疾病的分型、治疗效果评价等。Zhao 等（2010）采用 HRMS 进行糖尿病患者前期血液和尿液代谢组学研究，通过非靶向检测技术测定糖耐量受损人群和糖耐量正常人群血液和尿液中代谢物，发现两组人群中代谢物存在明显差异。糖耐量受损人群体内的脂肪酸代谢、色氨酸代谢、尿酸代谢、胆汁酸代谢、溶血磷脂酰胆碱代谢及三羧酸循环发生改变。实验还发现糖耐受异常的个体也表现出肠道菌群相关代谢物异常，主要是马尿酸、甲基黄嘌呤、甲基尿酸和 3-羟基马尿酸水平下降。该研究为糖尿病前期无症状患者体内代谢改变提供了新的视角。

4.5.4　酶联免疫吸附法

与传统化学分析方法不同，酶联免疫吸附法（enzyme linked immunosorbent assay，ELISA）是把抗原和抗体的特异性免疫反应和酶的高效催化作用有机结合起来的免疫测定技术，在有毒有害物质检测领域应用较为广泛。

ELISA 的基本原理是将抗原或抗体结合到某种固相载体（如聚苯乙烯微量反应板），并保持其免疫活性，将抗原或抗体与某种酶连接成酶标抗原或抗体，这种酶标抗原或抗体既保留其免疫活性，又保留酶的活性。常用的标记酶有辣根过氧化物酶、碱性磷酸酶等。在测定时，让待测样品和酶标抗原或抗体按不同的步骤与固相载体表面的抗原或抗体反应。用洗涤的方法使固相载体上形成的抗原抗体复合物与其他物质分开，最后结合在固相载体上的酶量与样品中目标物的量成一定比例。加入酶反应的底物后，底物被酶催化变为有色产物，产物的量与样品中目标物的量直接相关，可根据反应颜色的深浅进行定性或定量分析（孙永江和任立新，2003）。

ELISA 具有高灵敏度和特异度，几乎所有的可溶性抗原抗体系统均可用于检测，具有干扰小、操作简便快捷、安全性高、污染少的优点。但 ELISA 也存在一些缺陷，如对试剂的选择性要求很高，不能同时分析多种成分，对结构类似的化合物有一定程度的交叉反应，分析分子量很小的化合物或很不稳定的化合物有一定困难等。ELISA 的这些不足限制了其在多组分环境化学污染物检测中的应用。

ELISA 主要用于农药残留、药物、毒素等的检测。Chen 等（2020）采用 ELISA 测定尿液中的 1-萘酚，在 90min 内即可完成样品检测，方法检出限达 2.2ng/ml，测定范围为 4.02～33.15ng/ml，回收率为 102%～123%。Chuang 等（2005）采用 ELISA 测定尿液中 2,4-滴的农药残留，将样品用缓冲溶液稀释后直接测定，方法检出限为 30ng/ml，回收率为 70%～130%，精密度＜30%，各项方法学指标与标准的 GC-MS 法具有可比性，检测效率是 GC-MS 法的 2 倍。

（胡小键　丁昌明）

参 考 文 献

陈宇鸿, 陈海红, 王益萍. 2017. 微波消解–原子荧光光谱法测定发硒. 中华地方病学杂志, 36 （8）：598-601.

丁昌明, 郑磊, 林少彬. 2012. 高效液相色谱法测定血清中的 9 种多环芳烃. 卫生研究, 41（5）：850-853.

郭永泽, 刘磊, 张玉婷, 等. 2010. 大体积进样/气相色谱技术在农药残留分析中的应用. 天津农业科学, 16（4）：30-36.

何邦平, 李东方, 马建伟, 等. 2004. 原子吸收光谱法测定高血压合并高血脂症患者血清铜和锌. 光谱学与光谱分析, 24（6）：741-743.

居红芳. 2002. 碱溶法原子吸收光谱直接测定人发、指甲的微量元素. 光谱学与光谱分析, 22（4）：681-684.

刘晓东, 赵玮, 潘兴富, 等. 2016. 尿中氯乙烯代谢产物亚硫基二乙酸测定的固相萃取–离子色谱法. 中华劳动卫生职业病杂志, 34（4）：297-299.

沈珉, 张朝阳, 刘桂华, 等. 2000. ICP-AES 法同时测定了人血清中 16 种元素含量. 光谱实验室, 17（5）：582-585.

孙瑞霞, 苏永祥, 孙剑辉. 2006. 原子吸收光谱法测定脑血管病患者脑脊液中微量元素. 光谱学与光谱分析，26（4）：720-722.

孙永江，任立新. 2003. ELISA 在食品动植物及其产品安全检测中的应用. 口岸卫生控制，8（5）：16-18.

孙卓鑫，马海艳，任晓蕾，等. 2017. 高效液相–激光诱导荧光法测定克拉维酸钾中的黄曲霉毒素. 中国医药工业杂志，48（11）：1634-1637.

叶海朋，邵吉，谈思维，等. 2017. 血中三氯乙烯和三氯乙醇同时测定的液液萃取–气相色谱法. 中华劳动卫生职业病杂志，35（10）：780-782.

张福钢，闫慧芳，潘亚娟，等. 2017. 人尿中氟测定的离子色谱法. 中华劳动卫生职业病杂志，35（8）：622-624.

张森，郑磊，丁亮. 2020. 全血中 13 种元素的电感耦合等离子体质谱快速测定法. 环境化学，39（9）：2421-2429.

郑磊，张森，丁亮. 2020. 指甲和头发中 13 种金属的湿法水浴消解–电感耦合等离子体质谱测定法. 环境与健康杂志，37（1）：66-69.

周乐舟，杨露，付胜. 2020. 高效液相色谱–原子荧光光谱法测定人尿中 6 种形态砷. 中国职业医学，47（2）：204-208.

Barr J R，Maggio V L，Barr D B，et al. 2003. New high-resolution mass spectrometric approach for the measurement of polychlorinated biphenyls and organochlorine pesticides in human serum. Journal of Chromatography B，794（1）：137-148.

Butryn D M, Gross M S, Chi L H, et al. 2015. "One-shot" analysis of polybrominated diphenyl ethers and their hydroxylated and methoxylated analogs in human breast milk and serum using gas chromatography-tandem mass spectrometry. Analytica Chimica Acta，892：140-147.

Ceballos D M，Craig J，Fu X，et al. 2019. Biological and environmental exposure monitoring of volatile organic compounds among nail technicians in the Greater Boston area. Indoor Air，29（4）：539-550.

Chambers D M，McElprang D O，Waterhouse M G，et al. 2006. An improved approach for accurate quantitation of benzene, toluene, ethylbenzene, xylene, and styrene in blood. Analytical Chemistry，78（15）：5375-5383.

Chen Z J，Liu X X，Xiao Z L，et al. 2020. Production of a specific monoclonal antibody for 1-naphthol based on novel hapten strategy and development of an easy-to-use ELISA in urine samples. Ecotoxicology and Environmental Safety，196：110533.

Chuang J C，Emon J，Durnford J，et al. 2005. Development and evaluation of an enzyme-linked immunosorbent assay（ELISA）method for the measurement of 2，4-dichlorophenoxyacetic acid in human urine. Talanta，67（3）：658-666.

Ferrari J E，Caldas E D. 2018. Simultaneous determination of drugs and pesticides in postmortem blood using dispersive solid-phase extraction and large volume injection-programmed temperature vaporization-gas chromatography-mass spectrometry. Forensic Science International，290：318-326.

Focant J F，Sjödin A，Turner W E，et al. 2004. Measurement of selected polybrominated diphenyl ethers，polybrominated and polychlorinated biphenyls，and organochlorine pesticides in human serum and milk using comprehensive two-dimensional gas chromatography isotope dilution time-of-flight mass spectrometry. Analytical Chemistry，76（21）：6313-6320.

Kuklenyik Z，Needham L L，Calafat A M. 2005. Measurement of 18 perfluorinated organic acids and amides in human serum using on-line solid-phase extraction. Analytical Chemistry，77（18）：6085-6091.

Montesano M A，Olsson A O，Kuklenyik P，et al. 2007. Method for determination of acephate，methamidophos，omethoate，dimethoate，ethylenethiourea and propylenethiourea in human urine using high-performance liquid chromatography-atmospheric pressure chemical ionization tandem mass spectrometry. Journal of Exposure Science & Environmental Epidemiology，17(4)：321-330.

Naksen W，Prapamontol T，Mangklabruks A，et al. 2016. A single method for detecting 11 organophosphate pesticides in human plasma and breastmilk using GC-FPD. Journal of Chromatography B，1025：92-104.

Santos P M，Del Nogal Sánchez M，Pérez Pavón J L，et al. 2019. Liquid-liquid extraction-programmed temperature vaporizer-gas chromatography-mass spectrometry for the determination of polycyclic aromatic hydrocarbons in saliva samples. Application to the occupational exposure of firefighters. Talanta，192（15）：69-78.

Silva P R M，Dorea J G，Boaventura G R. 1998. Multielement determination in small samples of human milk by inductively coupled plasma atomic emission spectrometry. Biological Trace Element Research，59（1-3）：57-62.

Souza S S，Campiglia A D，Barbosa F. 2013. A simple method for methylmercury，inorganic mercury and ethylmercury determination in plasma samples by high performance liquid chromatography-cold-vapor-inductively coupled plasma mass spectrometry. Analytica Chimica Acta，761：11-17.

Tsakalof A K，Gkagtzis D C，Koukoulis G N，et al. 2012. Development of GC-MS/MS method with programmable temperature vaporization large volume injection for monitoring of 17β-estradiol and 2-methoxyestradiol in plasma. Analytica Chimica Acta，709：73-80.

Zhao X，Wang J，Rittig K，et al. 2010. Metabonomic fingerprints of fasting plasma and spot urine reveal human pre-diabetic metabolic traits. Metabolomics，6（3）：362-374.

Zhong L，Eisenhandler R，Yeh K C. 2001. Determination of famotidine in low-volume human plasma by normal-phase liquid chromatography/tandem mass spectrometry. Journal of Mass Spectrometry，36（7）：736-741.

第五章　内暴露检测的质量保证

在环境污染物内暴露检测过程中，为保证检测数据的准确性和可靠性，实验人员需要不断完善分析方法，规范实验操作，优化实验分析程序，尽可能减少和控制分析误差，有效提高实验室分析质量，使检测结果更具有科学意义和学术价值。质量保证是为确保实验室检测结果的准确可靠而可能采取的所有步骤/程序，是分析工作的重要特性之一。检测数据的质量取决于质量保证体系的建立和质量保证措施的实施。

5.1　基本要求

不同于一般环境样品，生物样品复杂而特殊，样品中的环境污染物或代谢物含量极低，且干扰组分多，本部分从实验室的组织管理、人员、仪器设备、实验用品、检测环境、安全防护及废弃物处理等方面介绍环境污染物内暴露检测的基本要求。

5.1.1　组织管理

实验室良好的质量管理是数据质量的重要保证，进行环境污染物内暴露检测工作的实验室应建立、实施和维持与其检测工作相适应的质量管理体系和质量保证制度，这也是实验室质量管理的核心。质量管理体系描述了实验室如何执行内部审核以确保实验室检测结果的可接受性、完整性和可追溯性，主要包括质量保证和质量控制，两者都是质量管理体系所必需的元素。

5.1.2　人　员

人员是决定实验室检测正确性和可靠性的第一要素，从事环境污染物内暴露检测的人员经培训后应熟练掌握生物样品前处理、仪器分析、数据处理、质量保证等方面的知识和技术。一般而言，实验人员应接受的培训内容包括分析相关专业知识、仪器设备的使用、实验室安全管理、计算机操作、生物样品分析及数据保密要求等。

5.1.3　仪　器　设　备

用于生物样品分析的仪器设备主要包括标准样品及生物样品存储需要的冷藏、冷冻设备，如超低温冰箱等；生物样品前处理设备，如无机分析常用的微波消解系统，有机分析常用的 SPE 设备、LLE 设备等；针对生物样品中目标物的分析仪器，如元素分析常用的 ICP-MS，形态分析常用的 LC-ICP-MS，有机化合物及其代谢物分析常用的 GC-MS、LC-MS/MS 等。

用于生物样品中目标物测定的大型仪器设备通常具有较高的灵敏度和特异度，为保证测量结果的溯源性，实验室使用的仪器要定期检定和校准，不能使用未经检定和校准或检定和校准不合格的计量器具。当仪器设备的检测性能发生变化或损坏时，必须维修维护，并重新检定和校准合格后才能使用。

5.1.4　实　验　用　品

环境污染物内暴露检测涉及的实验用品繁多，主要包括实验用水、试剂、样品采集管、各种器皿、实验耗材等。对一些目标物而言，实验用品可能带来的污染是分析中最重要的误差来源。污染对测定结果的影响程度取决于目标物的含量水平，当其浓度较高时，轻微的污染不一定影响测定结果的可靠性，但如果其浓度本身就很低，即使是微小的污染也可能使测定结果完全无效。环境污染物的内暴露浓度通常处于微量甚至痕量水平，因此在检测过程中实验用品的筛选至关重要。

实验用水和试剂应满足检测要求，所含杂质不能影响样品检测。试剂应置于适宜的存放环境和条件下，不能使用过期、变质、被污染的试剂。对于易燃易爆、有毒有害试剂的存放应遵守《中华人民共和国危险化学品安全管理条例》的相关规定。实验室应尽可能使用国家或国际认可的标准物质或标准溶液、信誉较高的商业公司提供的标准物质、其他分析实验室或非商业公司特别合成的有纯度证明的物质。实验过程中使用的器皿、耗材应按要求进行筛查和预处理，其本底空白应低于方法检出限。如采用 LC-MS/MS 测定尿液中的双酚 A 时，含有橡胶成分的耗材空白值较高，实验时应避免使用，尽量选择玻璃材质的耗材（Ye et al.，2013；张卓娜等，2020）。

5.1.5　检　测　环　境

检测环境应满足相关法律、法规和标准的要求。实验室可按工作内容和仪器类别进行有效隔离或分区，分析方法或程序对环境条件有要求或环境条件对检测结果的质量有影响时应控制并记录环境条件。

生物样品中环境污染物或代谢物测定需要用到许多大型精密仪器设备，实验环境首先应满足仪器正常工作的需求，有温度、湿度控制要求的应进行相关记录。另外，生物样品中环境污染物或代谢物分析多为微量或痕量分析，样品前处理环境应干净、整洁、无交叉污染。痕量或超痕量分析需具备净化实验室、超净柜或采取局部防尘措施。例如，采用 LLE–同位素内标–气相色谱–高分辨双聚焦磁质谱联用法测定人尿液中的 1-羟基萘等 9 种多环芳烃代谢物时，实验室环境周围若有人吸烟，则空白样品中 2-羟基萘的信号会明显升高，从而影响样品检测（付慧等，2020）。

5.1.6 安全防护与废弃物处理

保护分析人员的安全和健康是至关重要的。生物样品分析人员需要接受化学安全和生物安全方面的培训。为保护人员安全，实验室应装备紧急喷淋设施、洗眼器、通风罩、通风橱、安全柜等设备。实验人员应熟知各种安全装置和灭火器等消防器材的使用方法，以便在紧急情况下能正确使用，并应定期检查设施设备的有效性。实验室还应配备适当的个人防护用品，如手套、口罩、护目镜、防护服、急救箱等。

此外，实验废弃物带来的安全隐患也不容忽视，实验完毕应及时处置实验废弃物。实验过程中使用的废弃溶剂和试剂应存放于适当的容器中，并进行适当的处置，还应有明显的废弃物标识。废弃的生物样品及实验过程中与生物样品直接接触的材料应通过灭菌等方式进行无害化处置。对于无法在实验室妥善处理的废弃物应由专业机构统一处理，并做好处置记录。实验完毕还应采用次氯酸钠溶液等消毒剂对操作环境进行消毒。

5.2 方法的选择与证实

分析方法是生物样品检测的基础，若分析方法选择不当，则检测结果会不准确，严重的甚至会导致整个项目的失败。生物样品检测可选择不同的分析方法，但不同分析方法的灵敏度、准确性、稳定性、实用性及成本差别会很大，应根据具体条件和要求选择适宜的分析方法，建议优先选择国际、区域、国家标准中发布的方法或权威机构推荐使用的方法。实验室在应用某一分析方法前，应进行方法验证或确认，以证实分析方法的准确性和稳定性适用于预期用途。方法的验证或确认是实验室建立可靠分析系统的基础，也是分析工作的必要程序，根据《化学分析方法验证确认和内部质量控制要求》（GB/T 32465—2015）需要验证或确认的内容一般包括方法适用性、空白检测、检出限和定量限、线性及校准范围、准确度、精密度等指标，根据实验结果形成方法验证或确认报告，并按要求编写实验室标准作业指导书（standard operation procedure，SOP），以规范指导实验室生物样品的检测工作。

5.2.1　分析系统适应性

分析系统（analytical system）是指影响检测结果质量的条件范围，包括仪器、试剂、操作程序、检测样品、工作人员、环境和质量保证措施等。分析系统适应性（suitability of analytical system）指的是分析系统满足相关要求的能力。对选择的分析方法，实验室应详细研究方法所要求的相关条件，并最终固定分析系统所需要的最佳条件。实验室应重点研究并确定适合分析的样品类型、目标物种类及其含量范围。

5.2.2　选　择　性

方法的选择性（selectivity of analytical method）是方法能够区分目标物和样品中其他成分（如基质、可能的干扰物）的程度。在方法验证和确认过程中，如果方法提供了干扰情况的所有信息，则实验室无须进一步研究干扰情况。如果方法未提供干扰情况的信息或信息不完整，则实验室需要对可能存在的干扰情况进行研究。

方法的选择性通常通过分析多个不同来源的生物基质的空白样品来证明。当使用 LC-MS 时，研究者应确定基质对离子抑制、离子增强或萃取效率的影响，也应评估内标以避免其干扰目标物。如果在样本采集过程中使用了稳定剂或酶抑制剂，还应评估其影响目标物定量的可能性。如果目标物是多组分的，应单独或全面检测这些组分，考察组分之间是否存在相互干扰。如果存在干扰，需研究去除干扰的方法以消除其影响，若干扰对测量结果影响较小，可不采取去除措施。

5.2.3　校　准　曲　线

校准曲线（calibration curve）是指表示目标物浓度（或含量）和响应信号之间关系的数学函数表达式或图形。研究应使用最简单的模型，充分描述浓度响应关系。

在对分析方法进行验证或确认之前，应了解预期的浓度范围，实验室可根据校准曲线的测量范围和样品前处理后预计的浓度（或含量）范围确定校准曲线的工作范围。一般而言，校准曲线应由空白样品及若干已知浓度的标准溶液按照与样品相同的测定步骤（包括前处理步骤）制成。如已经过充分的验证，确认某些操作步骤对校准曲线无明显影响，可免除这些步骤。校准曲线最低浓度点应远离检出限，位于定量限附近，中间点位于目标物日常检测平均浓度水平，最高浓度点为工作范围的最高点或接近最高点。在计算校准曲线参数时，应不考虑空白样。

5.2.4　检　出　限

检出限（limit of detection，LOD）是指样品中可被（定性）检测，但并不需要准确定量的最低浓度（或含量），是在一定的置信水平下，从统计学上能够与空白样品区分的最低浓度（或含量）水平。检出限的计算和表示方法较多，如空白标准偏差的倍数法、信噪比法、逐步稀释法、仪器灵敏度法等。同一个目标物选用不同的方法表示检出限，差异可能会很大，有的甚至会超过 1 个数量级。因此，在方法验证或确认过程中，实验室应尽可能研究比较多种表示方法，最终选择最佳方法表示该方法的检出限。

此外，在生物样品分析中，定量下限（lower limit of quantification，LLOQ）定义了方法的灵敏度，更受人们关注。定量下限是样品中能够被可靠定量的目标物的最低浓度，具有可接受的准确度和精密度。一般而言，定量下限是校准曲线的最低点，应适用于预期的浓度和实验目的。

5.2.5　准　确　度

分析方法的准确度（accuracy）描述了该分析方法测得值与目标物标示浓度的接近程度，其与分析方法的原理、分析仪器的性能及测定条件等有关，一般用绝对误差和相对误差表示。准确度可通过选择基质相同或相近的标准物质、质量控制样品及加标样品进行评估。

准确度一般通过多次重复分析（至少 5 次）进行测试，测试应包括涵盖校准曲线范围的至少 4 个浓度水平，即定量下限、定量下限浓度 3 倍处的低浓度、校准曲线范围中部约 50% 处的中浓度和校准曲线范围上限约 75% 处的高浓度。准确度均值与标示值的相对误差一般应在 ±15% 之内，定量下限的相对误差应在 ±20% 之内。准确度应通过单一分析批（批内准确度，within-run accuracy）和不同分析批（批间准确度，between-run accuracy）获得的数据进行评估。批内准确度验证了单批次运行的准确度，而批间准确度则反映了一段时间的准确度。

5.2.6　精　密　度

分析方法的精密度（precision）描述了目标物重复测定的一致程度，定义为测量值的相对标准偏差。精密度与待测样品的均匀程度、样品中目标物含量水平、分析人员的技术水平、平行测定次数、实验环境等因素有关，精密度的大小反映了测量结果中随机误差的大小。

评估精密度时，可使用与评估准确度相同分析批样品的测定结果，从而获得在同一批内和不同批间的定量下限，以及低、中、高浓度的精密度。一般而言，批内或批间 RSD 不得超过 15%，定量下限的 RSD 不得超过 20%。

5.2.7　稀　　释

环境污染物内暴露检测过程中，可能需要对样品进行稀释（dilution），以降低背景信号。当样品中目标物浓度超过校准曲线范围时也需要对样品进行稀释。样品的稀释不应影响检测的准确度和精密度。常用的稀释的可靠性评价方法为：向基质中加入目标物配制成高浓度样品，然后稀释该样品进行测定（每个稀释因子至少 5 个测定值），计算稀释后测定结果的准确度和精密度。此外，方法验证或确认过程中应根据实际样品的预期浓度对稀释度进行模拟研究，稀释的可靠性评价应覆盖样品所有可能的稀释倍数。

5.2.8　基　质　效　应

基质（matrix）是生物样品中除目标物之外的其他组分。基质效应（matrix effect）是指样品基质中的一种或多种成分对目标物测定结果的影响。相比于没有基质成分的溶剂中目标物的测定结果，基质效应可能会导致实际样品提取液中目标物的测定结果偏低或偏高。生物样品基质复杂，特别是在使用 LC-MS 测定时普遍存在基质效应，其影响不容忽视。LC-MS 产生基质效应的主要原因是，其电离源（ESI 源或 APCI 源）属于软电离源，易受到样品中其他基质的影响。测定过程中，色谱柱共洗脱物质对目标物离子化过程产生影响，导致离子化信号升高或降低，从而出现基质效应（韩南银等，2012；贾彦波等，2011；魏敏吉等，2015）。

基质效应可影响目标物的检出限、定量限、线性、准确度和精密度等特性指标，其影响可能是整体的，也可能是局部的。影响基质效应大小的因素有很多，如生物样品中基质的种类及内源性物质成分、抗凝剂、样品前处理方法、目标物的分析条件（包括流动相、色谱条件、离子化方式、质谱条件）等。血浆是常测定的生物材料，也是最易产生基质效应的样品类型。目前普遍认为样品经处理后还残存的磷脂成分是造成基质效应的主要因素。比较常用的生物样品前处理方法去除磷脂的效率，LLE 高于 SPE，SPE 高于蛋白沉淀。不同的离子化模式及电离极性条件下，基质效应也不同。一般认为，ESI 源的基质效应高于 APCI 源，ESI 源正离子模式的基质效应要高于负离子模式。为保证数据准确可靠，在分析方法开发阶段应对基质效应进行评估，采取适宜的方式方法消除或减少基质效应对分析结果的影响（韩南银等，2012；贾彦波等，2011；魏敏吉等，2015）。

基质效应的评价方法主要包括柱后灌注法和提取后添加法。美国食品药品监督管理局（Food and Drug Administration，FDA）在生物样品分析方法确证中对基质效应进行了规定，凡是用 LC-MS 建立生物样品分析方法时，必须考察基质效应对目标物测定的影响，当基质效应的影响可控制在定量下限的 20%以下时，这种方法才能被接受。我国生物样品定量分析方法验证指导原则也指出采用质谱方法时，应考察基质效应（钟大放等，2011）。

5.2.9　稳　定　性

稳定性（stability）反映的是在给定的时间间隔内，在特定的储存和使用条件下，目标物在特定基质中的完整性（无降解性）。方法应进行稳定性评价，以确保在样品制备和测定期间所采取的每一步及所用的储存条件不影响目标物的浓度。任何偏离初始浓度的情况都必须在可接受的范围内。

在方法开发过程中，应研究确定特定基质中目标物的化学稳定性，包括样品采集、处理和储存过程对目标物的影响。具体而言，应评估样品中的目标物在自动进样器或工作台上的放置过程、加工或提取过程、储存及冻融过程中的长期稳定性。此外，还应评估与实际样品基质一致程度的稳定性。如果基质难获取（如人血清），研究者可以探索使用合适的替代基质（如动物血清）。

5.2.10　残　　留

残留（carryover）是指前一个样品中的分析物在后续样品中出现的现象。如果某一样品（A）中目标物的浓度较高，则需要对其后续样品（A+1）的测定结果进行检查。在方法验证或确认过程中，可通过注射高浓度样品或校准标样后注射空白样品来评估残留。高浓度样品之后在空白样品中目标物的残留应不超过定量下限的 20%，内标的残留不超过 5%。如果残留不可避免，应考虑采取特殊措施，在方法验证时证实其有效性并在实际样品测定时予以应用，以确保残留不影响准确度和精密度。这些措施包括在高浓度样品后注射空白样品，然后测定下一个样品。

5.3　质　量　控　制

质量保证（quality assurance，QA）是指为确保实验室检测结果准确可靠而采取的一整套措施，涉及质量控制（quality control，QC）和质量评价（quality evaluation）。质量控制即采取一系列措施将分析误差降至最低水平，一般可分为内部质量控制和外部质量控制；质量评价即对分析结果的质量进行评价。质量评价贯穿于所有的质量控制过程，用于评价质量控制措施的有效性。

5.3.1　内部质量控制

内部质量控制（internal quality control，IQC）是指建立并确认系列质量控制程序，通过实施此程序，对检测操作和检测结果实施连续监控的过程，旨在判断检测结果是否足够可靠。实验室内部质量控制是对分析方法和操作程序所进行的持续、严格的评估，反映分析质量的稳定性，是质量控制的基础和核心。实验室应详细制定质量控制程序，明确内部质量控制的内容、方式和要求。

检测过程一般以分析批为内部质量控制对象。一个分析批一般包括空白样品、至少 6 个浓度水平的校准溶液、多个浓度的质量控制样品、平行样及待测样品。一个分析批的所有样品应在同一实验环境，同一时间使用相同的试剂、耗材及处理方法进行制备，并在相同仪器上进行测试。每个分析批均应建立校准曲线，需要 2 个或 2 个以上的空白样品。质量控制样品应分散到整个分析批，即在分析批的开始、中间及结束部分。

实验室常用的内部质量控制方法包括空白分析、平行样分析、加标样分析、标准物质或质量控制样品分析、比对分析、质量控制图法等。

1. 空白试验

空白值在某种程度上较全面地反映了实验环境的清洁程度、实验用水和试剂的纯度、耗材中杂质的影响、器皿的洁净度、仪器设备的使用残留及分析人员的水平和经验。此外，空白值的大小及离散程度亦对检出限、精密度、准确度等方法学特性指标及样品测定产生较大影响。

实验用试剂、耗材、器皿等应经过空白筛查，确保其所致的背景值低至可接受水平方可使用。每批样品测定时应同时进行空白试验，原则上其控制值应低于方法检出限。

2. 校准曲线

校准曲线至少由不包括空白值在内的 6 个浓度水平组成，测量范围应覆盖全部待测样品中目标物浓度，浓度高于定量上限的样品需稀释至校准曲线测量范围内。样品每一分析批应重新配制校准曲线，校准曲线与样品测定同时进行，其测量范围、相关系数、标准回读浓度应满足操作规程相关要求。

3. 准确性

准确性可通过选择基质相同或相近的标准物质、质量控制样品及加标样品进行评估。在实验分析中质量控制样品最为常用。质量控制样品（quality control sample）简称质控样品，是指满足储存条件要求、数量充足、稳定且充分均匀的材料，其物理或化学特性与实际样品相同或充分相似，可用于评估实际样品检测的精密度、准确度及样品的稳定性。

4. 平行样

平行样测定可作为精密度检查的一种方法，其具有两个明显的优点：一是基质匹配；二是无须产生额外费用。实验室可根据样品总量来确定平行样数量，原则上应不少于总样品量的 10%。平行样测定所得的相对误差不得大于分析方法规定的 RSD 的 2 倍或不得大于有关规定所列标准偏差。

5. 质量控制图

控制图（control chart）是实验室内部质量控制最重要的工具之一，其基础是将控制样品与实际样品放在同一个分析批次中一同分析，将控制样品的测定结果绘制在控制图上，实验室可从控制图中控制值的分布及变化趋势评估分析过程是否受控、分析结果是否可接受。

控制图将内部质量控制数据图形化，便于比较和解释。其中，休哈特（Shewhart）图是使用最广泛的控制图。一般 X 轴表示时间或测定批次，Y 轴表示控制样品中目标物的浓度。目标线、警戒线和行动线与 X 轴平行。将通过控制样品获得的数据绘制在休哈特图上，目标线位于控制样品中变量的平均值或参考值处，警戒线位于目标线两侧的 2 倍标准偏差处。在服从正态分布的情况下，95%的实验数据将落在两条警戒线之间。行动线通常在目标线两侧的 3 倍标准偏差处。在服从正态分布的情况下，99%的实验数据将落在两条行动线之间。在日常使用休哈特图时，对每一批样品分析适当的质控样品，正常情况下，不应有超过 5%的连续结果超出警戒线。如果超过这个频率，或结果落在行动线之外，方法就失去控制。

5.3.2 外部质量控制

外部质量控制（external quality control，EQC）是内部质量控制的重要补充，也是质量管理的一部分，主要通过实验室间的测试检查实验室能力，是对可比条件下实验室检测结果准确性的客观监测，一般包括能力验证、实验室间比对及测量审核。

1. 能力验证

能力验证（proficiency testing）也称实验室能力验证，一般通过实验室间比对的方法实施，并按照预先制定的准则评价参加者的能力。在医学领域，能力验证也称外部质量评估（external quality assessment）。

能力验证的目的是确定实验室的检测能力，保证实验室间检测结果具有可比性。此外，能力验证还用于鉴别参与者存在的问题、新方法的有效性和可比性、为标准物质赋值并评价其对特定方法的适用性等。能力验证虽具有其不可替代的自身优势，但也有一定的局限性，主要表现在两个方面：①基于技术特性或者成本的考虑，很多项目不适宜开展能力验证，因此其覆盖范围有限；②能力验证技术本身具有局限性。例如，理想情况下，能力验证样品在性质上应与实验室日常所用样品相似，并具有充分的均匀性和稳定性。但实际上，有时从获得稳定的能力验证样品等因素考虑，需对该样品事先进行处理（如冻干）。能力验证样品与实验室日常所用样品之间的不同，可能会对实验室的能力评价产生不利影响。

2. 实验室间比对

实验室间比对（interlaboratory comparison）是按照预先规定的条件，由 2 个或多个实验室对相同或类似测量对象进行测量或检测的组织、实施和评价。其目的是确定实验室检测方法的可靠性和检测结果的准确性。在某些情况下，其中 1 个参加比对的实验室可以作为提供测量对象指定值的实验室。

3. 测量审核

测量审核（measurement audit）是使用已知参考值的测量对象，按照预先确定的评价标准评判单一实验室的测量能力，即对被测物品（材料或制品）进行实际测定，将测定结果与参考值进行比较的过程，是一个参加者进行的一对一能力验证计划。根据参加者、测量方法及测量物品的具体情况，选择合适的方式评价测量审核结果的符合性。

5.4　标　准　物　质

标准物质是化学测量量值溯源的基础，用于测量过程的质量控制和测量结果的评价。了解标准物质对于改进检测质量、提高检测水平、保证检测结果的有效性具有重要意义。在环境污染物内暴露检测过程中，除了使用可靠的分析方法，还必须对检测结果的质量进行控制和评价，选择和使用合适的标准物质是保证检测结果准确、有效和可比的关键。

5.4.1　标准物质的基本概念

根据我国《标准物质常用术语和定义》（JJF 1005—2016），标准物质（reference material，RM）是指具有足够均匀和稳定的特定性质的物质，其特性适用于测量或标称特性检查中的预期用途；有证标准物质（certified reference material，CRM）是附有认定证书的标准物质，提供使用有效程序获得的具有不确定度和溯源性的一个或多个特性值。标准物质证书（reference material certificate）又称认定证书，是指陈述标准物质一种或多种特性量值及其不确定度，证明已执行保证其有效性和溯源性必要程序的有证标准物质的文件。

5.4.2　标准物质的特性值

标准物质的特性值（property value）是指与标准物质的物理、化学或生物特性有关的值。这些特性值通常伴有相关特性的清晰说明、不确定度声明、计量溯源性声明和证书的有效期。

标准物质的特性值包括特性量值和标称特性值。在检测过程中，特性量值更为常用，常用的有认定值和指示值。认定值（certified value）是指赋予标准物质特性的值，该值附带不确定度及计量溯源性的描述，并在标准物质证书中陈述。指示值（indicative value）又称信息值（information value），是指标准物质的量或特性的值，仅作为信息提供。指示值不能用作计量溯源性链中的参考对象。

5.4.3　标准物质的基本要求

特性量值的均匀性、稳定性和准确性是标准物质的主要特征，也是标准物质的基本要求。此外，标准物质还具有计量溯源性。环境污染物内暴露检测中的标准物质一般为生物样品，实验室使用生物样品制备标准物质时除需符合上述基本要求外，还应考虑：①生物样品涉及的伦理问题及法律责任，如果使用患者的剩余样品存在伦理问题和法律责任，需签署知情同意相关文件；②生物样品潜在的安全风险，特别是未知生物样品中可能含有传染性的病原体，具有潜在的健康风险，因此在制备过程中应采用适当的灭菌方式以降低生物安全风险；③稳定性，如某些目标物在生物样品中不稳定，在制备中需要进行稳定化处理。不同的样品需要采取不同的措施，如加入抗氧化剂、防腐剂或稳定剂等。生物样品一般需要冷藏或冷冻，制备标准物质时还应考虑冻融循环对目标物稳定性的影响。

5.4.4　标准物质的选择

标准物质在校准测量仪器和装置、评价测量分析方法、测量物质或材料特性值、考核分析人员的操作技术水平，以及在生产过程中产品的质量控制等领域起着不可或缺的作用。正确选择标准物质是标准物质使用的关键环节。一般而言，选择标准物质需要考虑含量水平、基质、形态、不确定度、稳定性和储存等因素。在环境污染物内暴露检测中，标准物质的技术要求和选择的关键是基质和特性值应尽可能接近实际样品，从而有效消除基质和干扰引入的系统误差，如测定普通人群尿液中的邻苯二甲酸酯类代谢物，可选择美国国家标准与技术研究院的非吸烟者尿液中有机污染物的标准物质，该标准物质与实际样品的基质和含量水平基本一致，有助于样品测定中准确性的质量控制。

5.4.5　标准物质的应用

标准物质是保证检测结果准确、可靠的重要基础。一些国家和国际组织生产并销售各种标准参考物质。美国国家标准与技术研究院（National Institute of Standards and Technology，NIST）成立于 1901 年，是世界上开展标准物质研制最早的机构。NIST 在研究权威化学及物理测量技术的同时，还提供以 NIST 为商标的各类标准参考物质（standard reference material，SRM），并以使用权威测量方法和技术而闻名。

在生物材料领域，NIST 也提供大量的标准物质。为支持对人类接触特定环境有机污染物的评估研究，NIST 与美国 CDC 合作开发了吸烟者尿液中有机污染物（organic contaminants in smokers' urine）和非吸烟者尿液中有机污染物（organic contaminants in non-smokers' urine）两种标准物质（Schantz et al.，2015）。标准物质提供的特性量值包括 11 个羟基多环芳烃的认证值、11 个邻苯二甲酸酯代谢物、8 个环境酚类和苯甲酸酯类物质、24 个挥发性有机化合物代谢物的参考值，以及肌酐、布洛芬、可可碱、咖啡因、尼古丁、可替宁和 3-羟基可替宁的参考值。

这是第一个认证的以环境有机污染物及其代谢物为特征的尿液标准物质。

我国生物监测工作中标准物质或质控样品的研制始于 20 世纪 80 年代，在卫生行政部门的支持下，先后开展了全血中的铅、镉，母乳中的有机氯化合物，血清中的钾、钠、钙、镁、铜、铁、锌、硒等，尿液中的砷、铬、硒、锌、铜等标准物质的研制，这些标准物质及质控样品的研制为开展相关监测及健康评价研究提供了质量传递的介质，为生物监测结果的准确性、有效性和可比性提供了必要的手段。与国外在此方面的研究相比，我国在有机污染物及其代谢物的基质标准物质研制方面还有较大差距，且随着时间的流逝，以往研制的一些生物基质标准物质已不能连续供应。国外研制的标准物质价格昂贵、运输周期长，因此根据我国生物监测工作的特点及需求研制适用的标准物质迫在眉睫。

5.5 能 力 验 证

在公共健康风险评估中，一般要求使用认证标准物质来证明实验室检测工作的准确可靠。但是，对于环境污染物内暴露检测而言，只有少数污染物及其代谢物指标有足够的认证标准物质可供使用。因此，参与内暴露检测的实验室间开展比对活动，成为获得大多数检测指标测定结果可比性和准确性的唯一可行的方式。为满足这一要求，许多国家开展了相关工作，如德国外部质量评估计划、加拿大魁北克国家公共卫生研究所的外部质量评估计划、北极监测和评估项目、美国铅和多元素能力验证项目、英国微量元素外部质量保证计划等（Menditto et al.，2000；Sciacovelli et al.，2006）。

5.5.1 德国外部质量评估计划

根据德国劳动部 1979 年颁布的《危险物质技术指南》（TRGS 410），生物材料的毒理学分析必须在"统计质量控制"的条件下进行。因此，德国职业和环境医学协会受委托组织了德国外部质量评估计划（the German External Quality Assessment Scheme for Analyses in Biological Materials，G-EQUAS）（Schaller et al.，2002）。

自 1982 年以来，G-EQUAS 一直在从事生物材料中职业医学和环境医学毒理分析的统计质量控制评价和认证的相关工作。起初，生物控制材料中添加的金属和有机分析物指标浓度较高，在职业暴露水平范围内，并随着时间的推移，根据毒理学和国际要求进行了调整。自 1992 年以来，G-EQUAS 对较低环境暴露范围内的生物监测指标开展了比对活动，其方案、评估和认证均以德国职业和环境医学协会的指导方针为基础。其方案包括对职业浓度和环境浓度范围的血液、血浆、血清和尿液中毒理学指标的测定。G-EQUAS 向全球所有感兴趣的实验室开放。该计划一般每年进行 2 次，一次在春季，一次在秋季。自 G-EQUAS 开始以来，来自 35 个国家的约 200 个实验室定期参加了这一计划。

5.5.2　加拿大魁北克外部质量评估计划

魁北克毒理中心（CTQ）是魁北克国家公共卫生研究所（INSPQ）的一部分，自 1972 年以来一直向魁北克省卫生网络和世界各地的外部客户提供人类毒理学专业服务。CTQ 通过 ISO/IEC 17025 和 CAN-P-43 认证，是加拿大首批获得认证的组织之一。自 1979 年以来，CTQ 一直组织实施外部质量评估计划，目前来自30 个国家的约 250 个实验室参与了这些计划。

CTQ 提供的生物测试材料（biological proficiency testing material，PTM），如血液、尿液、血浆、头发均取自非暴露人群志愿者，经过均匀性和稳定性测试，以非快速冷冻干燥方式制备，与采用快速冷冻干燥方式制备的测试材料有很大不同，与人类生物样品更为接近，更适宜用作生物样品测试中的参考材料。另外，CTQ 还可以根据参与者的需要，在每个计划中添加新的分析成分。除外部质量评估计划外，向外部实验室提供用于实验室内部质量控制的参考材料也是 CTQ 的一项服务。以下是 CTQ 提供的 6 个外部质量评估计划。

（1）血清中持久性有机污染物北极监测与评估计划（AMAP ring test for persistent organic pollutants in human serum）：由参与国际北极监测和评估项目（AMPA，www.amap.no）的实验室于 2001 年发起。该计划主要针对开展人体血清中持久性有机污染物（如多氯联苯、有机氯杀虫剂、溴化阻燃剂、全氟化合物和血脂）测定的实验室展开。该计划的实施确保了项目参与实验室提供的数据具有可比性。目前，约有 30 个实验室参与了这一计划。该计划每年 3 个周期，每个周期包含 3 个非冻干血清。

（2）血清中肌酐测量实验室间比对项目（interlaboratory comparison program for measurement of serum creatinine）：于 2013 年由 CTQ 与魁北克生物研究院（SQBC）合作创建。该项目的目的是满足医院实验室的需要，提高其血清肌酐测量的准确性，以评估肾小球滤过率。该项目每年 4 个周期，包括 5 个测试样品，认定值由参考方法决定。

（3）血清中二噁英和二苯并呋喃的实验室间比对项目（interlaboratory comparison program for dioxin furans in serum）：主要针对在人体血清中测定二噁英和二苯并呋喃的实验室展开。该项目每年 2 个周期，每个周期包含 2 个测试样品。

（4）尿中有机物的外部质量评估计划（external quality assessment scheme for organic substance in urine，OSEQAS）：始于 2015 年夏天。尿液中的有机物主要

包括双酚类物质、三氯生、氯酚和羟基多环芳烃。

（5）生物基质中金属元素的实验室间比对项目（interlaboratory comparison program for metals in biological matrices）：自 1979 年以来，为参与者提供非冻干生物基质，通过实验室间比对评估其金属元素分析结果的准确性。目前有约 120 个实验室参与了这一项目。该项目每年 5 个周期，包括 3 个测试材料。参与者可以使用任何分析方法。为评估分析的重现性，同一测试材料在不同周期被发送 2 次。

（6）魁北克多元素外部质量评估计划（Québec multielement external quality assessment scheme，QMEQAS）：于 1996 年启动，与生物基质中金属元素的实验室间比对项目不同，该项目针对具有多元素同时分析能力的实验室提供非冻干生物基质进行多元素分析，生物基质包括头发、全血、血清和尿液。目前约有 60 个实验室参与了这一计划。该计划每年 3 个周期，包含 6 个测试材料。每个测试材料均包含所有分析指标（锶除外，锶只添加在血液中）。

5.5.3 美国铅和多元素能力验证项目

1990 年，美国 CDC 启动了血铅实验室参比系统（blood-lead laboratory reference system，BLLRS），以帮助实验室确保持续、高质量的血铅测定。该项目取得成功后，2006 年被扩大并重新命名为铅和多元素能力验证项目（lead and multi-element proficiency，LAMP）（US CDC，2017）。美国 CDC 将该项目视为其在全球消除接触无机毒物导致中毒工作的一部分。

LAMP 是一个致力于保证全血中多元素分析质量的项目。自 LAMP 启动以来至少 120 个实验室参与了这一项目，包括 37 个国际实验室。美国 CDC 每年向参与实验室发送 4 次通过 ICP-MS 分析制备的含有已知环境污染物的牛血液样品，实验室使用其常规分析程序，在 2 天或 2 次不同的运行中重复分析样品，然后将结果报告至美国 CDC。实验室报送结果的同时也被要求报告其所使用分析方法的检出限。美国 CDC 通过计算 Z 比分值，对参与实验室之间的结果进行比较，对所有结果进行评估后，将项目结果报告发送给参与者。除了质量控制材料，美国 CDC 还可为实验室提供分析指南、技术培训和咨询。

（杨艳伟　朱　英）

参 考 文 献

付慧，陆一夫，胡小键，等. 2020. 液液萃取–高分辨气相色谱–高分辨双聚焦磁质谱法测定尿中羟基多环芳烃代谢物. 色谱，38（6）：715-721.

韩南银，徐秉玖. 2012. 生物样品分析中基质效应和准确度的确定. 中国新药杂志，21（14）：1607-1610，1626.

贾彦波，王清清，宋海峰. 2011. 高效液相色谱–串联质谱法（HPLC-MS）分析生物样品时的基质效应研究. 军事医学，35（2）：149-152.

魏敏吉，李丽，张玉琥，等. 2015. 液相色谱–串联质谱在生物样品定量测定中存在的不准确因素分析和对策. 中国药学杂志，50（11）：925-930.

张卓娜，朱英，林少彬，等. 2020. 固相萃取/超高效液相色谱–串联质谱法测定尿液中6种双酚类及烷基酚类物质. 分析测试学报，39（3）：371-376.

钟大放，李高，刘昌孝. 2011. 生物样品定量分析方法指导原则（草案）. 药物评价研究，34（6）：409-415.

Menditto A，Minoprio A，Rossi B，et al. 2000. Quality assurance in biological monitoring of environmental exposure to pollutants：from reference materials to external quality assessment schemes. Microchemical Journal，67（1-3）：313-331.

Schaller K H，Angerer J，Drexler H. 2002. Quality assurance of biological monitoring in occupational and environmental medicine. Journal of Chromatography B Analytical Technologies in the Biomedical and Life Sciences，778（1-2）：403-417.

Schantz M M，Benner B A，Alan H N. 2015. Development of urine standard reference materials for metabolites of organic chemicals including polycyclic aromatic hydrocarbons，phthalates，phenols，parabens，and volatile organic compounds. Analytical and Bioanalytical Chemistry，407（11）：2945-2954.

Sciacovelli L，Secchiero S，Zardo L，et al. 2006. External quality assessment：an effective tool for clinical governance in laboratory medicine. Clinical Chemistry & Laboratory Medicine，44（6）：740-749.

U.S. Department of Health and Human Services Centers for Disease Control and Prevention. 2017. Lead and multielement proficiency program updated tables. https：//www.cdc.gov/labstandards/lamp.html.

Ye X，Zhou X，Hennings R，et al. 2013. Potential external contamination with bisphenol A and other ubiquitous organic environmental chemicals during biomonitoring analysis：an elusive laboratory challenge. Environmental Health Perspectives，121（1/3）：283-286.

第六章　金属、类金属

　　自然界发现的元素中金属和类金属占比较大，且大部分金属、类金属具有重要的经济价值，是工农业生产、国防建设、科学发展及日常生活中必不可少的材料。金属、类金属以不同的形态存在于环境介质、矿石及各种产品中，可通过呼吸、皮肤接触、饮食等途径进入人体，并以多种方式影响人体健康。一些金属、类金属元素含量虽低，却是人体生命存在和发展的重要物质基础，其在一定浓度范围对人体正常生长、发育发挥重要作用，如铁、锌、铜、硒等，可保持人体血液的酸碱度和电解质平衡，促进性腺发育和糖代谢等，协助人体器官、组织将人体必需的物质运往全身。除部分人体必需的微量元素外，一些重金属，如铅、镉、汞等会对人体产生有害影响。金属、类金属对生物体的毒性及效应不仅与其含量相关，还与其存在形态有较大关系。人体生物样品中金属、类金属的含量测定及形态分析可在不同程度上反映其暴露水平，为评估环境暴露对人群健康的影响，阐释生物分子和细胞水平的金属、类金属结构、转运、功能和代谢机制，预防疾病、维护人群健康提供科学依据。本章结合国内外开展的人体生物监测工作，介绍不同生物样品中受到广泛关注的一些代表性金属、类金属的内暴露检测技术。

6.1　金属、类金属的含量测定

6.1.1　暴露来源、途径及健康风险

1. 镉

　　镉（Cd）是一种柔软、延展性强的蓝白色金属，主要以硫化物形式储存于各种锌、铅及铜矿中。环境中的镉主要来源于镉的生产加工过程，包括选矿作业、有色冶炼，以及玻璃、陶瓷电镀等工业生产加工过程中产生的含镉烟尘、废气、废水、废渣等。

　　镉主要通过呼吸和食物进入人体，如吸入烟草烟雾是吸烟者镉暴露的主要途径，其镉的身体负担约为不吸烟者的 2 倍。对于不吸烟的成年人和儿童，镉暴露主要来源于食物，包括长期食用污染环境中生长的农作物。成年人每日经口摄入镉的量为 10～35μg。在人体富集的镉离子会取代人体内部重要酶中的锌离子，导

致相应酶失活，其健康风险表现为摄入后可导致人体多器官系统损害。日本在 20 世纪中叶出现的"痛痛病"就是大量人群因长期摄入被镉污染的稻米和水而发生的慢性镉中毒所致。

2. 铬

铬（Cr）在自然界分布广泛，主要存在于铬铁矿中。铬元素有二价、三价和六价之分。环境中铬的天然来源主要是岩石风化，二价铬不稳定，大气、水体中均含有天然来源的微量三价铬。人为来源主要包括金属加工、电镀、制革等行业排放不当的含铬（六价）废气、废水。

铬通过消化道、呼吸道和皮肤吸收等进入人体，主要靶器官是肺和皮肤。人体每日会从自然界吸收一定量的铬，而暴露和接触人为来源的铬（包括铬铁矿及金属铬、耐火材料、铬酸盐、镀铬工业用到的铬酸、冶金工业产生的含铬烟尘等），则会明显增加人体对铬的摄入量。金属铬和二价铬化合物一般无毒，三价铬毒性较小，而六价铬毒性较大。皮肤接触六价铬可引起过敏性皮炎。长期接触铬化合物还会引起肝、肾及血液系统病变，出现黄疸、肝功能异常、低分子蛋白尿、红细胞增多等临床症状。流行病学调查表明，铬酸和铬酸盐接触人群的肺癌发生率明显升高。国际癌症研究机构将金属铬、三价铬化合物暂列为 2B 类致癌物（对人类是可能致癌物），但将六价铬化合物归为 1 类致癌物（对人类是致癌物）。

3. 铅

铅（Pb）在自然界主要以硫化物形式存在于方铅矿中，其他矿物如硫酸铅矿、白铅矿、砷铅矿也包含铅化合物。环境中铅天然来源于火山喷发物、地球风化、海底火山喷发释放物及氡的衰减等，而人为来源主要包括矿物加工、冶炼、煤炭燃烧等。日常生活中常用到的颜料、油漆、塑料制品、搪瓷或陶瓷制品的釉彩，以及室内尘土中的铅是人体铅暴露的重要来源。

个人可通过食物、饮用水、土壤和一些消费品接触到微量的铅。一般成年人的主要暴露途径是食物和饮用水的摄入。对于婴儿和儿童来说，主要的暴露途径还有含铅的非食物物品，如房屋灰尘和含铅涂料。铅是一种累积性毒物，通过消化道、呼吸道进入人体后会迅速进入血液循环，损害人体各系统的器官，尤其是骨髓造血系统和神经系统。国际癌症研究机构将无机铅化合物列为 2B 类致癌物，而有机铅化合物为 3 类致癌物（基于现有证据还不能对人类致癌性进行分类）。长期接触较高浓度的铅可导致慢性铅中毒，最常见的症状是轻度贫血和神经衰弱综合征。

4. 锑

环境中锑（Sb）主要来源于锑矿的冶炼、焙烧、熔炼过程产生的大量金属锑、硫化锑或氧化锑粉尘、烟雾。锑可用于合金制造以增加金属的硬度及强度，如锑铅合金用于铅蓄电池的栅极；我国首创的锑剂（没食子酸锑钠）在医学上用于早期慢性血吸虫病治疗，酒石酸锑钠是治疗黑热病的特效药。

锑主要以粉尘或蒸气状态经呼吸道或经消化道摄入，引起人体组织和功能损害，其毒性作用与锑及其化合物的种类和染毒途径有关。低剂量长期摄入锑会引起慢性中毒，可引起锑末沉着症，高剂量吸入锑及其化合物粉尘或烟雾可引起急性锑中毒，造成呼吸道损伤，甚至急性肾衰竭。

5. 锰

土壤、水体及生物体内均富含锰（Mn），食物中也大都含有锰，一些特殊的谷类、茶叶、贝类中锰含量超过 30mg/kg。环境大气中也有一定量的锰存在。环境中锰污染主要来自钢铁冶炼工业、采矿生产，以及化肥、杀菌剂的生产和使用。锰可以通过锰含量较高的食物或含锰蒸气、粉尘等进入人体。

一方面，锰是人体必需微量元素，是人体多种酶的组成成分，可促进骨骼发育，保护细胞中线粒体完整，保持正常脑功能，维持正常的糖代谢和脂肪代谢；另一方面，人体内过量的锰具有一定的毒性和健康危害，可导致疲倦、乏力、记忆力减退、肌肉疼痛、语言不清等。

6. 铊

铊（Tl）在自然界分布并不广泛，多以微量存在于黄铁矿及锌、铅、铜等的硫化矿中。环境中铊主要来源于电子工业、冶金工业（如汞铊合金制造）等，以及灭虫剂、颜料、染料及有机反应的催化剂。接触上述工业产生的含铊烟尘、蒸气是人体铊暴露的主要途径。吸入大量含铊蒸气或误食含铊食物会引起急性铊中毒。

铊的短期健康影响表现为胃肠道刺激和神经系统损伤，长期健康影响表现为血液化学组成的改变，以及肝、胃、肠和睾丸组织损伤及毛发脱落等。铊属于高毒类物质，是强烈的神经毒物。含铊烟尘或蒸气经呼吸道吸收，可溶性铊盐可被胃肠道、皮肤吸收，经血液循环转运至体内各脏器，蓄积于肾，并能穿透血脑屏障、胎盘屏障等；此外，铊对甲状腺有明显的毒性作用，可影响骨骼系统生长发育与脑的发育。

6.1.2　生物材料与监测指标选择

一般而言，金属、类金属总量分析以测定血液、尿液等生物材料中的原形为主，血液作为测定对象时还可以细分为全血、血清、血浆等。例如，全血铅测定是评估铅暴露及其对人体健康影响的首选方法，在职业接触方面，我国、美国等国家职业接触铅的限值也以血铅为标准。尿液是肾脏的排泄物，通常可反映短期体内相关元素的代谢、排泄情况。尿液因易收集、可采集样本量大、采样具有无损性等特点，在金属、类金属测定中应用广泛。例如，我国职业接触汞、可溶性铬盐等的限值均以尿液中总汞、尿液中总铬为标准。但与血铅相比，尿铅具有更大的个体差异和更多的潜在污染。因此，尿液中金属、类金属元素的浓度需通过尿肌酐或尿比重进行校正。尿液样品的测定结果还受肾功能影响，对于肾脏疾病患者不宜使用尿液样品进行测定。头发也是某些金属、类金属检测时常用的生物材料，其易于取样、储存和运输，如汞、砷等痕量元素在人发中的积累量比在人体血液、尿液等样品中高且稳定，因此国际原子能机构、美国国家环境保护局（USEPA）等也选定人发作为环境污染的可靠指示物。

6.1.3　前处理方法

1. 直接稀释法

直接稀释法较多用于血液、尿液等液态基质生物样品的处理，通常使用稀释液将待测样品稀释一定倍数后直接测定。一般稀释液中除超纯水和硝酸外，还常加入表面活性剂或有机试剂，起到增加灵敏度的作用。曲拉通是较常用的表面活性剂，可加入适量稀硝酸溶液将之配制成稀释液，用于全血样品的测定。张学等（2018）用 0.01%曲拉通+1%硝酸混合液对妊娠女性全血样品进行直接稀释，并对样品中 V、Cr、Mn 等 13 种元素进行检测，得到了可靠的实验结果。直接稀释法通常适合有机质较少的液态生物样品，对于有机质含量较多的样品宜选择其他方法进行样品前处理。

2. 湿式消解法

传统的湿式消解法常采用电热板加热的方式。电热板加热一般属于敞开式消解方法，易造成汞等挥发性元素的损失。硝酸-过氧化氢体系是使用较多的消解溶液，加热消解至溶液近干时通常加入适量的过氧化氢，可得到澄清、透明且无悬浮物的消解液。张秀武等（2010）采用硝酸-过氧化氢电热板湿式消解法进行全血样品前处理，ICP-MS 测定了 Pb、Cd、As、Se 和 Hg 5 种元素，检出限为 2～40ng/ml，测定全血铅、镉成分分析标准物质[GBW（E）090034—090036]和人发成分分析标准物质（GBW09101B）中的相应元素，结果均在有证标准物质证书参考范围内，保证了实验结果的精确度和准确性。

随着科技的进步，全自动消解仪已逐步取代传统的电热板消解方式，被越来越多的实验室采用。笔者所在课题组采用全自动石墨消解法处理指甲样品，ICP-MS 测定 Pb、Cd 等 14 种金属、类金属，方法检出限为 0.008～0.243μg/g，加标回收率为 85.8%～111.4%，日间精密度和批间精密度分别为 1.4%～5.4% 和 1.5%～5.6%，充分说明了全自动消解仪用于大批量生物样品消解的适用性。

3. 微波消解法

微波消解法可快速消解血液、尿液、头发、指（趾）甲、组织和脏器等多种生物材料，较湿式消解法更快速和完全，有逐渐取代传统湿式消解法的趋势，如张帅（2016）分别采用直接稀释法、湿式消解法和微波消解法处理全血样品，结果表明，采用微波消解法时，Co、Cu、Zn、As、Se、Rb、Sr、Mo、Cd、I 等元素检测的精密度和准确度最好，且 I 元素只有用微波消解法才能够准确测定。

6.1.4 检 测 方 法

1. 原子吸收分光光度法

原子吸收分光光度法（AAS）可测定的元素达 70 余种，但与其他分析技术相比，火焰 AAS 法灵敏度不足，仅适用于生物样品中含量较高的 K、Na、Ca、Mg、Fe、Cu、Zn 等元素的测定。我国《血清中铜的火焰原子吸收光谱测定方法》（WS/T 93—1996）规定了火焰 AAS 法测定职业接触人群血清中 Cu 的浓度。当试样较少且对元素灵敏度要求较高时，可用火焰脉冲雾化技术进行分析。唐晓凤（2001）将自制的简单微量进样装置与火焰脉冲雾化技术结合测定微量耳血中的 Zn 元素，每次测定血液采集量只需 25μl，特别适合婴幼儿全血中元素含量测定。

一般而言，石墨炉 AAS 法可测定 Pb、Cd、Cr、Co 等含量较低的元素。刘雅茹等（2004）将样品以 2500r/min 离心 10min，采用石墨炉 AAS 法测定血清中的微量 Mn，检出限为 7.7×10^{-10}g/ml，相对标准偏差（RSD）为 6.5%。我国《血中镍的测定　石墨炉原子吸收光谱法》（GBZ/T 314—2018）、《血中铬的测定　石墨炉原子吸收光谱法》（GBZ/T 315—2018）、《血中铅的测定　第 1 部分：石墨炉原子吸收光谱法》（GBZ/T 316.1—2018）分别规定了石墨炉 AAS 法测定职业接触人群血中的 Ni、Cr 和 Pb。传统的 AAS 仪使用锐线光源，即每分析一个元素就要更换一个元素灯，若配备高聚焦短弧氙灯的连续光源可实现多种元素的顺序同时分析。游慧圆等（2018）应用连续光源 AAS 仪，通过直接稀释法同时测定样品中的 Pb 和 Cd，Pb 的检出限为 1.0μg/L，Cd 的检出限为 0.1μg/L，加标回收率为 92%～106%，提升了传统 AAS 法的分析效率。

2. 原子荧光光谱法

原子荧光光谱法（AFS）是在荧光分析法和 AAS 法的基础上发展起来的。其中，氢化物发生原子化器与荧光光谱的联用技术对不同基质中 As、Hg、Se、

Bi、Sb 等元素的测定有独特应用。张子群等（2018）建立了人血中 Sb 的氢化物发生原子荧光光谱法，血中 Sb 在 0～50.00μg/L 范围内线性关系良好，相关系数为 0.9999，检出限为 0.05μg/L，加标回收率为 91.90%～97.80%，批内 RSD 为 1.40%～3.67%，批间 RSD 为 1.45%～4.15%。

3. 原子发射光谱法

原子发射光谱法（AES）的发展很大程度上依赖于激发光源的改进，采用 ICP 作为激发光源的发射光谱法称为 ICP-AES。

ICP-AES 测定生物样品时，通常采用双向观测，即垂直和水平观测，可同时测定样品中痕量、微量及常量元素。对于基质较简单的生物样品及微量、痕量元素的测定宜采用水平观测方式，高舸等（2002）使用水平观测 ICP-AES，通过提高射频功率、优化气溶胶载气压力，有效克服了尿液中 Na 的基质干扰，成功地建立了直接测定尿液中 As、Cd、Co、Cr、Cu、Mn、Ni、Pb、Se 和 Zn 10 种元素的 ICP-AES 法，最佳射频功率为 1350W，气溶胶载气压力为 $2.07×10^5$Pa。对于基质较复杂，特别是有机基质、盐分含量较高的生物样品宜采用垂直观测方式。2014 年推出的双向观测 ICP-AES 可以满足日常常规及复杂样品分析，使 ICP-AES 的分析能力有了新的提升与发展。

4. 电感耦合等离子体质谱法

电感耦合等离子体质谱法（ICP-MS）作为一项多元素测定分析技术，在很大程度上可以取代 ICP-AES、AAS 等方法，在生物样品中金属、类金属元素分析方面应用广泛。易海艳等（2020）用 0.10%曲拉通+0.50%硝酸溶液对全血样品进行 20 倍稀释，以 Sc、Rh、Ir 元素作为内标，建立了人全血 Be、Mg、Ca 等 41 种元素的 ICP-MS 测定方法，41 种元素的线性相关系数均大于 0.999，检出限为 0.006～247μg/L，加标回收率为 84.0%～109.4%，批内 RSD 为 0.66%～7.34%，批间 RSD 为 0.56%～8.22%。此外，国内外还制定了生物样品中金属、类金属的 ICP-MS 标准检测方法，如我国《尿中多种金属同时测定 电感耦合等离子体质谱法》（GBZ/T 308—2018）采用 ICP-MS 法测定职业接触人群尿液中 V、Cr、Co、Cd、Tl、Pb 等元素。

生物样品基质复杂，由此带来的质谱干扰和非质谱干扰增加了测定难度。质谱干扰即干扰成分的质谱与目标元素的质谱发生重叠，是 ICP-MS 测定尤其是低分辨四级杆质谱分析应用中一直存在的问题。表 6-1 列出了几种常见元素的多原子分子干扰。

非质谱干扰可分为基质效应和物理效应两类。基质效应的程度取决于基质元素的绝对量，可通过样品稀释将其影响减小到不干扰测定的水平。全血、尿液等生物样品稀释 20 倍基本可以满足 ICP-MS 高灵敏度测定且降低基质效应的效果。对于无法通过稀释校正基质效应的样品，还可使用内标法进行校正，若两者结合能获得更理想的基质校正效果。物理效应通常是指 ICP-MS 的记忆效应，这种效应在测定过程中是无法避免的，可以通过增加冲洗液流速、延长冲洗时间予以改善。典型的冲洗时间可按目标物响应信号值降至接近空白溶液水平的冲洗时间为准，一般生物样品测定的冲洗时间设定为 60~240s 为宜。

表 6-1　几种常见元素的多原子分子干扰

元素	多原子分子干扰	元素	多原子分子干扰
^{28}Si	$^{14}N_2$, $^{12}C^{16}O$	^{63}Cu	$^{47}Ti^{16}O$
^{39}K	$^{38}Ar^1H$	^{66}Zn	$^{50}V^{16}O$
^{40}Ca	^{40}Ar	^{75}As	$^{40}Ar^{35}Cl$
^{51}V	$^{35}Cl^{16}O$	^{80}Se	$^{40}Ar_2$, ^{80}Br
^{52}Cr	$^{40}Ar^{12}C$, $^{36}Cl^{16}O$	^{111}Cd	$^{95}Mo^{16}O$
^{55}Mn	$^{39}K^{16}O$	^{138}Ba	^{138}La, ^{138}Ce
^{56}Fe	$^{40}Ar^{16}O$, $^{40}Ca^{16}O$	^{202}Hg	$^{186}W^{16}O$
^{59}Co	$^{43}Ca^{16}O$	^{206}Pb	$^{166}Er^{40}Ar$

6.1.5　应用实例

本应用实例来源于笔者所在课题组，介绍了全血中 Cr、Mn、Co、Ni、As、Se、Mo、Cd、Sn、Sb、Hg、Tl 和 Pb 13 种金属、类金属元素的 ICP-MS 测定方法。

1. 样品前处理

实验前一天将冷冻在 –70℃冰箱中的待测全血样品放入 4℃冰箱储存，临用前再取出放至常温，用涡旋振荡器混匀，取 500μl 于 15ml 塑料离心管中，加入 9.50ml 0.1% HNO_3+0.01%曲拉通 X-100 稀释溶液，混匀。4500r/min 离心 5min，待测。同步处理空白样品和质控样品。

2. 分析条件

射频发生器功率 1400W，雾化器流速 1.02L/min，辅助气流速 0.84L/min，冷却气流速 15.0L/min，采样深度 5.00mm，测定模式为动能歧视（KED）模式。

3. 样品测定

在上述分析条件下，依次测定空白样品、标准曲线系列、样品溶液和质控样品。以目标元素响应计数值与内标响应计数值的比值为横坐标，标准系列质量浓度为纵坐标，绘制校准曲线，计算样品中待测元素含量。

4. 方法特性

13 种元素的方法检出限为 0.04～1.2μg/L，日内精密度为 1.1%～16.4%，日间精密度为 0.8%～20.2%，平均回收率为 78.7%～109.3%，高、低两种浓度质控样品的测定结果均在有证标准参考物质可接受范围内，平行样相对偏差＜10%。表 6-2 列出了 13 种元素的对应内标、方法检出限及质控样品测定结果。

表 6-2 13 种元素的对应内标、方法检出限及质控样品测定结果

目标元素	内标元素	方法检出限（μg/L）	低浓度质控样品测定结果（μg/L）		高浓度质控样品测定结果（μg/L）	
			参考值范围	测定值	参考值范围	测定值
^{52}Cr	Sc	0.10	0.27～0.63	0.59	8.5～12.8	10.80
^{55}Mn	Sc	0.20	14.7～22.1	20.90	25.1～37.7	31.60
^{59}Co	Ge	0.04	0.12～0.28	0.17	4.13～6.22	5.16
^{60}Ni	Ge	0.40	1.10～1.66	1.33	12.7～19.2	14.50
^{75}As	Ge	0.08	1.7～2.5	2.40	11.3～17.0	14.70
^{78}Se	Ge	1.20	48.0～72.0	69.90	128～193	181.00
^{98}Mo	Ge	0.09	0.41～0.61	0.53	4.24～6.37	5.34
^{111}Cd	Rh	0.06	0.17～0.40	0.29	4.00～6.02	5.70
^{118}Sn	Rh	0.40	0.15～0.22	ND	4.19～6.30	5.56
^{121}Sb	Rh	0.07	1.06～1.60	1.57	20.7～31.1	29.50
^{202}Hg	Lu	0.30	1.18～1.77	1.43	13.6～20.4	15.30
^{205}Tl	Lu	0.05	0.003～0.011	ND	8.1～12.2	10.40
^{208}Pb	Lu	0.07	7.9～11.9	9.60	269～405	343.00

5. 质量保证措施

由于 ICP-MS 的检出限很低，标准溶液配制和样品前处理时必须使用高纯度试剂。每批次样品（不多于 100 个）均需测定校准曲线，要求各元素校准曲线的线性相关系数应大于 0.999。每测定 20 个样品应对多元素混合标准系列中的浓度点进行回读测定，回读浓度与理论浓度相对误差应小于 10%。有证标准物质的测定结果应在参考值允许误差范围内。每 10 个样品中随机挑选 1 个重复测定，平行样相对偏差应小于 10%。每批次样品最少测定 3 个试剂空白和 3 个现场空白，空白样品的测定结果应小于方法检出限。当样品中某元素浓度超出校准曲线的测量范围时，应减少取样量或增加稀释倍数后，重新测定，不能直接稀释已处理的样

品溶液。实验结束后，吸入一定浓度的四甲基氢氧化铵溶液于进样泵管中清洗仪器管路。定期使用稀硝酸对雾化器、样品锥等进行浸泡清洗。

6. 方法应用

采用该方法，测定了我国某省 20～79 岁健康人群全血样品 100 份（男性和女性样品各 50 份），结果见表 6-3。

表 6-3　全血中 13 种元素含量范围（μg/L，$n=100$）

目标元素	性别	测定结果范围	P_{10}	P_{25}	P_{50}	P_{90}
Cr	男性	0.05～1.20	0.05	0.05	0.14	0.61
	女性	0.05～1.36	0.05	0.26	0.39	0.69
Mn	男性	0.50～19.0	8.20	10.4	12.5	17.4
	女性	0.53～21.9	7.53	10.0	12.7	16.1
Co	男性	0.11～1.15	0.19	0.22	0.29	0.56
	女性	0.09～0.88	0.12	0.14	0.17	0.35
Ni	男性	0.20～0.86	0.42	0.50	0.58	0.79
	女性	0.20～1.42	0.42	0.51	0.70	1.03
As	男性	0.04～2.54	0.52	0.70	0.93	1.60
	女性	0.11～15.2	0.43	0.56	0.91	2.32
Se	男性	0.6～114	61.6	66.8	75.3	105
	女性	0.6～165	63.1	75.9	91.2	136
Mo	男性	0.05～2.60	0.43	0.74	1.13	2.08
	女性	0.05～1.30	0.33	0.57	0.85	1.36
Cd	男性	0.03～4.93	0.03	0.24	0.45	3.28
	女性	0.03～20.5	0.03	0.24	0.42	3.06
Sn	男性	0.20	0.20	0.20	0.20	0.20
	女性	0.20	0.20	0.20	0.20	0.20
Sb	男性	1.15～3.52	1.26	1.34	1.57	2.38
	女性	1.28～2.87	1.37	1.58	1.80	2.39
Hg	男性	0.45～2.72	0.60	0.72	0.85	1.22
	女性	0.50～3.75	0.65	0.73	0.93	1.92
Tl	男性	0.03～0.07	0.03	0.03	0.03	0.06
	女性	0.03～0.07	0.03	0.03	0.03	0.06
Pb	男性	0.04～30.6	5.87	8.92	12.3	27.7
	女性	0.04～51.4	7.80	11.6	16.0	35.1

注：小于方法检出限的测定结果以方法检出限的 1/2 计。

6.2 常见金属、类金属的形态分析

一般而言，形态涉及价态、化合态、结合态和结构态 4 个方面。元素的生理活性或毒性不仅与其总量有关，很大程度上更取决于其不同的化学形态，如甲基汞、乙基汞等有机汞化合物的毒性远大于无机汞，砷甜菜碱等有机砷化合物的毒性远小于无机砷，六价铬的毒性远超过三价铬等。金属、类金属的形态分析对于考察元素在生物体和环境中的化学行为具有重要意义，形态分析也成为当前化学分析的热点研究领域之一。

6.2.1 暴露来源、途径及健康风险

1. 汞和汞化合物

汞（Hg）在自然界中主要以元素汞、无机汞化合物和有机汞化合物三种形式存在。常见的无机汞化合物有硫化汞、氯化汞及其他汞盐，有机汞化合物主要有甲基汞、乙基汞等。元素汞、无机汞和有机汞可通过生物转化等过程相互转化，如元素汞和无机汞在微生物的作用下会直接或间接地转化为有机汞，这也是汞污染环境会造成严重危害的重要原因。

自然源的汞主要通过释放到大气中的汞随雨雪降落重新返回地面、地表水，进而沉降到底泥、土壤，并被微生物、植物吸收，再经生物转化及食物链富集（最高可达万倍数量级）进入动物体及人体。环境中汞的另一个重要来源是人类生产活动，如石油炼制及燃烧、矿石开采和冶炼，以及耗汞性工业生产和医疗器械生产等。

汞化合物可通过饮水、呼吸或皮肤接触等途径进入人体，食物是非职业人群汞暴露的主要途径，据 WHO 估计，每人每日从饮食中摄入的汞为 2.0～20.0μg。相较于元素汞和无机汞，有机汞消化吸收率更高，易被消化道吸收。毒性较强的甲基汞的摄入主要来自鱼类和其他海产品。通过饮食摄入体内的有机汞化合物会损伤神经系统，引起神经麻痹、精神障碍等。动物数据显示甲基汞化合物与某些癌症，特别是肾癌有关。国际癌症研究机构根据这些动物研究数据将甲基汞化合物列为 2B 类致癌物，而将单质汞和无机汞化合物归为 3 类致癌物。

2. 砷和砷化合物

砷（As）是广泛分布在地球表面的微量元素，属于类金属。在自然界中，以晶体或矿物形式存在，如毒砂、雄黄等。砷可与氧、硫等非碳元素结合形成砷化

物、亚砷酸盐、砷酸盐等无机砷化合物，也可与有机物结合形成砷胆碱、砷甜菜碱、氧化三甲砷等有机砷化合物。砷及其化合物的毒性因其存在形态不同各有差异。以小鼠半数致死量计，砷化合物的毒性顺序从大到小依次为砷化氢、亚砷酸盐、砷酸盐、一甲基砷酸（monomethylarsonic acid，MMA）、二甲基砷酸（dimethylarsinic acid，DMA）、三甲基砷氧化物（trimethylarsine oxide，TMAO）、砷胆碱（arsenocholine，AsC）和砷甜菜碱（arsenobetaine，AsB）。

　　一般人群可通过食物、饮用水、空气、土壤等途径暴露于砷。食物是砷摄入的主要来源，其中谷物、肉类、乳制品中主要是无机砷，海鲜、水果、蔬菜中主要是有机砷。总砷浓度最高的是海鲜。鱼、贝类、海带和其他一些海鲜都含有机砷，包括 AsB、AsC、TMAO 和砷糖。饮水也是砷的暴露来源之一，各种形式的无机砷可出现在地下水中，因此各国均对饮用水中的砷制定了限值并进行监测。砷的暴露还可能来自室内灰尘、吸烟。长期暴露在砷污染环境下，可导致急、慢性砷中毒，严重时甚至会导致人体基因突变、细胞癌变及胎儿畸形。FDA 将砷化合物列为致癌、致癮和致呼吸中毒的物质。国际癌症研究机构已将砷及无机砷化合物列为 1 类致癌物，MMA、DMA 为 2B 类致癌物，而 AsB 和人不能代谢的其他有机砷化合物为 3 类致癌物。

3. 硒和硒化合物

　　硒（Se）是在自然界广泛分布的一种微量元素。自然环境和生物介质中的硒主要以 Se^{2-}、Se^0、Se^{4+}、Se^{6+} 的价态存在，常见的无机硒为硒的金属化合物，如硒酸盐、亚硒酸盐等，单质硒较为少见。常见的有机硒化合物包括硒代甲硫氨酸（selenomethionine，SeMet）、硒代胱氨酸（selenocystine，$SeCys_2$）、硒代半胱氨酸（selenocysteine，SeCys）、甲基硒代半胱氨酸（methylselenocysteine，SeMeCys）、硒代乙硫氨酸（selenoethionine，SeEt）等，动物或微生物体内主要以 SeCys 形式存在，植物体内主要以 SeMet 形式存在。

　　环境自然源中，火山喷发可向大气中散发大量硒，经降水过程又回到地面进入土壤、水体。环境中的硒主要来源于金属冶炼的副产物、燃煤排放、电子元器件制造、工业催化剂，以及农药或医药原料的生产和使用过程。

　　人体一般可通过食物、饮用水、空气和保健品等途径暴露于硒及其化合物。有研究指出人体每日摄入的硒 99% 是通过饮食摄入。硒是人体必需的微量元素，可阻止体内自由基和过氧化物的过量生成和积累，从而避免细胞膜破坏而导致细胞和组织死亡。克山病和大骨节病等多种疾病都与缺硒密切相关。体内含有的适量硒具有抗肿瘤作用，有助于提高机体免疫功能和预防衰老。另外，硒具有微毒性，毒性大小与其在人体内的赋存形态有关。摄入过量硒会引起硒中毒，表现为胃肠功能障碍、乏力、眩晕、腹水、贫血及指甲变形等。若长期接触少量硒化合物的蒸气或粉尘，一般 2～3 年即可使人产生头晕、恶心、呕吐、乏力和神经功能紊乱等不适症状及尿硒含量增高。

4. 锡和锡化合物

锡（Sn）是一种稀少而贵重的两性金属，具有较好的延展性，主要以 Sn^{2+} 和 Sn^{4+} 的价态存在。锡元素能够通过共价键与碳连接，成为有机锡化合物（organotin compound，OTC），常见的 OTC 包括三甲基锡（trimethyl tin，TMT）、二苯基锡（diphenyl tin，DPT）、二丁基锡（dibutyl tin，DBT）、三丁基锡（tributyl tin，TBT）、三苯基锡（triphenyl tin，TPT）。其中，甲基锡、丁基锡、苯基锡在工业上较为常用，TBT 和 TPT 是迄今通过人为活动引入水环境中毒性最强的化学物质之一，也是目前已知内分泌干扰物中的金属化合物。

环境中的锡主要来源于矿石锡，其次是黄锡矿。锡的重要应用是制作合金和马口铁。某些食物中的锡含量较高，主要与使用镀锡容器有关，如使用镀锡的罐头瓶。OTC 被广泛用于塑料制品的稳定剂、船舶油漆的防污剂、工业催化剂、农林业杀虫杀菌剂，以及木材的防腐保存剂等，许多由聚乙烯等聚合物材料制成的家用商品如尿布、手套、卫生纸中也含有 OTC。

锡及其化合物主要通过呼吸道进入人体，经消化道和皮肤吸收的程度则与其种类有关。工业上经呼吸道摄入含锡烟尘或粉尘会引起锡尘肺。长期使用镀锡容器及食用罐头食品，也会使人体内锡的摄入量不断增加。OTC 主要通过饮食和接触含 OTC 的材料等途径进入人体。无机锡一般被认为是无毒的，而 OTC 的毒理学作用比较复杂。不同形态 OTC 的毒性和环境行为有明显差异。例如，二烷基锡化合物的毒性特点是刺激作用和对肝胆系统的损害，三烷基锡化合物则对中枢神经系统有明显的毒性。一些职业中毒病例研究表明，OTC 可引起急性肾病、皮肤黏膜刺激、肝损伤等。

6.2.2 生物材料与监测指标选择

1. 汞和汞化合物

一般使用尿汞评估元素汞和无机汞的长期暴露。尿汞可作为慢性汞中毒的生物标志物，WHO 规定的职业暴露人群尿汞最大允许值为 50μg/g（肌酐校正），一般人群尿汞应低于 5μg/g（肌酐校正）。血液中的汞总浓度主要反映近期通过饮食接触的有机汞，特别是甲基汞的情况。一般人群血液中汞的平均总浓度为 8μg/L。加拿大卫生部为一般成年人制定了 20μg/L 的总汞血液指导值。此外，头发也可以作为慢性汞暴露监测的生物材料，头发中总汞的 80%～98% 是甲基汞，无机汞不会通过头发排泄，因此头发中的汞主要反映的是有机汞的暴露，发汞不适合作为无机汞暴露的生物标志物。指（趾）甲中的汞也可作为汞暴露的生物标志物，多用于甲基汞对心血管影响的有关研究。

2. 砷和砷化合物

砷化合物经血流分布并存储于全身各组织中，其在毛发、指（趾）甲、皮肤中的浓度最高。大部分砷及其化合物在血液中的半衰期较短，几小时就能从血液中消除，血液中可检测到无机砷、一甲基砷化物、二甲基砷化物及AsC等。相较于血液，砷及其化合物在尿液中的半衰期较长，可达4日左右，尿液中可检测到无机砷、三价一甲基砷化合物和二甲基砷化合物、五价一甲基砷化合物和二甲基砷化合物等。头发和指（趾）甲中的砷可指示过往砷的暴露程度，时间长短与头发和指（趾）甲的生长速度有关。需特别指出的是，样品基质与环境条件的不同可导致各形态砷之间的转化，如室温条件下尿液中甲基亚砷酸（MMAⅢ）可在1周之内转化为MMA（Ⅴ），因此进行生物样品中砷的形态分析时需关注样品的储存条件（刘博莹等，2011）。

3. 硒和硒化合物

硒一旦进入人体，无论最初以何种形态存在，通常主要蓄积在肝和肾，也可以在指（趾）甲和头发中蓄积。50%～80%的硒可通过尿液排出。在短期和长期暴露后，通过测定血液和尿液可确定体内硒水平。当有大量硒排出时，人体呼出气中的硒也可作为硒暴露的生物标志物。不同形态的硒化合物对了解人体健康状况具有重要的指示作用，Rodréguez等（1995）研究表明人体摄入过量硒化合物后，尿液中可检测到三甲基硒化合物。硒及其化合物在某些条件下可相互转化，直接影响其生物活性及作用。有研究报道（范书伶等，2020）无机硒化合物在微生物作用下可生成单质硒及挥发性有机硒化合物，如二甲基硒（dimethyl selenium，DMSe）、二甲基二硒（dimethyl diselenium，DMDSe）等。生物体内硒化合物的甲基化被认为是一个解毒的过程，产生的DMSe、DMDSe可通过皮肤表层及呼吸系统排出。

4. 锡和锡化合物

人体血液、尿液、乳汁、肝脏等生物材料中不同OTC的检出提供了人群有机锡暴露的直接证据。三甲基氯化锡主要经尿液和粪便排出，丁基锡可与鱼类血液蛋白结合，因此血液应是丁基锡暴露的良好生物材料。Kannan等（1999）首次报道了丁基锡化合物在人体血液中的浓度，其对美国密歇根红十字会32位志愿者血液样品中的DBT、TBT和一丁基锡（monobutyl tin，MBT）进行检测，检出率分别为 81%，70% 和 53%，检出浓度分别为（4.31±3.00）ng/ml、（4.59±3.37）ng/ml 和（8.72±8.57）ng/ml。

6.2.3 前处理方法

1. 液液萃取法

元素形态分析中常用的有机萃取溶剂有二氯甲烷、乙腈、甲醇、己烷、乙酸乙酯（吴邦华等，2011；阮征等，2011）等。溶液中加入适量盐酸、乙酸、氯化钠和环庚三烯酚酮等（许欣欣等，2016；Dooley et al.，1986；Furuhashi et al.，2008；Bishop et al.，2015）可以增强离子对效应，提高萃取效率。Okina 等（2004）改进了尿液中三甲基砷的提取过程，取尿液 100μl，加入 20μl 0.1mol/L EDTA 和 260μl 0.2mol/L 乙酸钠缓冲溶液，再加入 20μl 二乙基二硫代氨基甲酸二乙铵与 400μl 四氯化碳进行萃取，用于测定大鼠尿液中三甲基砷含量。

2. 固相萃取法

固相萃取法（SPE）前处理的难点在于不同形态元素通常需要不同的 SPE 填料及洗脱溶剂，影响多形态的同时测定。Furuhashi 等（2008）采用混合型阳离子交换柱对尿液样品中的三甲基氯化锡进行净化萃取，5% 氨水甲醇溶液作为洗脱剂，目标物的回收率为 98.2%，检出限为 0.11mg/L（以 Sn 计）。SPME 保留了 SPE 的优点，消除了其弊端，被越来越多的实验室采用。Bueno 等（2009）采用 SPME 与 GC-ICP-MS 联用技术，测定人体正常尿液中 DMSe 的含量为 3.3～7.0ng。Mester 等（2000）建立了人体尿液中甲基化砷的 SPME-GC-MS 测定方法，DMA 和 MMA 的检出限分别为 0.12ng/ml 和 0.29ng/ml。

3. 超声萃取法

超声萃取法主要利用超声波增大物质运动频率和速度，增加溶剂的穿透力，使目标物进入溶剂，实现分离。Jairo 等（2010）采用超声波提取血液样品，LC-ICP-MS 测定汞及其形态，每 250μl 样品中加入含 0.1% 盐酸、0.05% L-半胱氨酸和 0.1% 2-巯基乙醇的提取溶液至 5ml，超声 15min，离心过滤取上清液进行分离测定，方法检出限为 0.25μg/L（无机汞）和 0.1μg/L（甲基汞）。林琳等（2018）将 500μl 血液或尿液与等体积含 0.1% 曲拉通的 50mmol/L EDTA 二钠溶液混合，涡旋 30s，超声 40min，离心后取上清液测定，血液中 AsC、AsB、As（Ⅲ）、DMA、MMA、As（Ⅴ）6 种砷形态化合物的检出限为 1.66～10ng/ml，定量限为 5～30ng/ml；尿液中 6 种砷形态化合物检出限为 0.5～10ng/ml，定量限为 5～30ng/ml，日内精密度及日间精密度均不超过 10%。

6.2.4　检测方法

1. 气相色谱-电感耦合等离子体质谱法

气相色谱-电感耦合等离子体质谱法（GC-ICP-MS）主要用于汞等挥发性元素的形态分析。Hippler 等（2009）比较了 GC-MS 和 GC-ICP-MS 测定人血中甲基汞的检测方法，结果表明两种方法的测定结果具有良好的一致性，42 份接触汞工人的血液样品中甲基汞的浓度为 0.3～9.0μg/L。Sommer 等（2014）开发了毛细管气相色谱结合碰撞反应池 ICP-MS 技术测定人全血中无机汞、甲基汞和乙基汞的方法，无机汞、甲基汞和乙基汞的检出限分别为 0.27μg/L、0.12μg/L 和 0.16μg/L，两名分析人员连续 10 个月对质控样品（NIST SRM 955c level 3）进行 60 次分析，其测定结果均在有证标准物质允许范围内。

2. 液相色谱-电感耦合等离子体质谱法

液相色谱-电感耦合等离子体质谱法（LC-ICP-MS）局限性小于 GC-ICP-MS，适用于 As、Se、Pb、Sn、Sb、Cr 等多种元素有机、无机形态的分析，是元素形态分析中比较理想的方法。Kokarnig 等（2011）分析血清中硒形态时，加入乙腈沉淀蛋白，取上清液离心冷冻浓缩至近干，用流动相稀释测定，硒糖、三甲基硒、SeMet、Se（Ⅵ）、SeMeCys 的加标回收率为 73%～103%。吴书凡等（2020）应用 LC-ICP-MS 测定血液和尿液中 2 种铅形态化合物（三甲基铅和三乙基铅），结果表明线性范围分别为 3～200ng/ml 和 5～400ng/ml，检出限为 0.85～1.31ng/ml，定量限为 3.00～5.00ng/ml，日内精密度及日间精密度为 1.8%～10%，提取回收率为 85.3%～104%，基质效应为 88.3%～117%。

3. 离子色谱-电感耦合等离子体质谱法

离子色谱-电感耦合等离子体质谱法（IC-ICP-MS）也是形态分析的常用手段。Sheppard 等（1992）在早期便将 IC 与 ICP-MS 联用，成功分离并检测了尿液中的 As（Ⅲ）、As（Ⅴ）、DMA 和 MMA，检出限分别为 0.16ng/ml、0.26ng/ml、0.073ng/ml 和 0.18ng/ml。Wang 等（2007）以碳酸铵和甲醇为流动相，IC 在 12min 内分离出 5 种砷形态和 2 种硒形态，以 ICP-MS 为检测器，CH_4 为动态反应池气体消除光谱干扰，Se 的检出限为 0.002～0.01ng/ml，As 不同形态的检出限为 0.002～0.01ng/ml。

6.2.5　应用实例 1

本应用实例来源于美国 CDC，介绍了全血中汞形态的 GC-ICP-MS 测定方法

（Tanner et al.，2000）。

1. 样品前处理

将全血样品从冰箱中取出，常温放置，用涡旋振荡器混匀，取 100μl 于 2ml 塑料离心管中，加入 100μl 无机汞、甲基汞和乙基汞三种形态汞的同位素标准溶液，混匀，再加入 500μl 四甲基氢氧化铵溶液，混匀，于 80℃烘箱中恒温消化 20h。

取 200μl 消化后的样品溶液于 20ml SPME 顶空样品瓶中，依次加入 7.70ml 乙酸钠缓冲溶液和 250μl 2%四丙基硼酸钠溶液（衍生化试剂），混匀，待测。

2. 分析条件

（1）GC 参考条件如下。进样口温度：250℃；进样方式：1∶28 分流进样，流量 2.0ml/min；柱温：程序升温，起始温度为 75℃，保持 1min，以 45℃/min 升至 250℃，保持 3min；载气流量：氩气 1.0ml/min。

（2）ICP-MS 参考条件如下。射频发生器功率：1450W；雾化器流速：1.50L/min；辅助气流速：1.20L/min；冷却气流速：15.0L/min；测定模式：动态反应池（DRC）模式。

3. 方法特性

无机汞、甲基汞和乙基汞的方法检出限分别为 0.27μg/L、0.12μg/L 和 0.16μg/L，测量上限为 30.00μg/L。

4. 质量控制措施

每批次样品插入 2 组质控样品进行测定，质控样品需涵盖每种形态汞的高、低两个浓度水平，不间断连续测定，根据测定结果计算质控样品的精密度和回收率，重复 20 次，以确定控制限。如果质控样品测定结果均在平均值±2 倍标准偏差（2SD）范围内，则可以正常进行；如果质控样品测定结果中有一个超出 2SD 控制限，则根据以下原则，属于以下任何一种情况都应停止测定：①每组质控样品测定结果的平均值超出 3SD 控制限；②每组质控样品测定结果的平均值超出 2SD 控制限，且对质控样品进行连续 10 次测定，前 9 次测定结果的平均值与 10 次测定结果的平均值均在 2SD 控制限的同侧，即均为正偏差或负偏差。

5. 方法应用

美国 2011～2012 年组织开展的 NHANES 项目，应用该方法测定了 7841 份美国人群全血样品中 3 种汞形态的浓度水平。结果表明，无机汞、乙基汞的中位值均小于方法检出限，甲基汞的中位值为 0.480μg/L。

6.2.6　应用实例 2

本应用实例来源于美国 CDC，介绍了尿液中砷形态的 HPLC-ICP-MS 测定方法（Verdon et al., 2000）。

1. 样品前处理

将尿液样品从冰箱中取出，取 200μl 于 5ml 塑料离心管中，加入 600μl 浓度为 1mol/L 的乙酸铵溶液，混匀，在冷冻离心机中以 14 000r/min（预设温度≤4℃）离心 5min。取 600μl 混匀样品溶液加入到 1.5ml 样品瓶中，上机测定，24h 内完成。

2. 分析条件

（1）LC 参考条件如下。色谱柱：手性柱（P-200X）；流动相：0.075mol/L 乙酸铵水溶液（A），5%乙腈水溶液（B），梯度洗脱程序见表 6-4；流速：1.0ml/min；柱温：35℃；进样量：100μl。

表 6-4　梯度洗脱程序

时间（min）	A（V, %）	B（V, %）
0.0	100	0
4.5	100	0
5.0	0	100
6.5	0	100

（2）ICP-MS 参考条件如下。射频发生器功率：1500W；雾化器流速：0.90L/min（最佳条件参数取决于调谐后的结果）；辅助气流速：1.20L/min；冷却气流速：15.0L/min；测定模式：DRC 模式。

3. 方法特性

AsB、AsC、TMAO、MMA、DMA、As（Ⅲ）和 As（Ⅴ）的方法检出限分别为 1.19μg/L、0.28μg/L、0.25μg/L、0.89μg/L、1.8μg/L、0.48μg/L 和 0.87μg/L，测量范围上限为 1000μg/L。

4. 质量控制措施

与全血中汞形态分析的质量控制措施相似，每批次样品插入 2 组质控样品进行测定，并制定质控样品浓度的控制限，按照控制限规则对测定结果进行判断。

当质控样品的测定结果超出控制限时，应尽可能采取以下措施：①检查空白样品、标准品、质控样品和实际样品的色谱图以确保峰积分正确；②通过检查内标原始峰面积的变化和漂移程度来检查仪器运行期间的稳定性，漂移不应超过 15%，若漂移大于 20%或内标峰面积突然大幅度变化，则提示等离子体稳定性存在问题；③务必使用刚解冻的新的质控样品，对受影响批次的样品重新测定。若上述 3 种措施仍不能纠正质控样品的测定结果超出控制限的问题，则测定结果应予以作废。

5. 方法应用

为评价方法的有效性，随机抽取 48 份尿液样品，测定 7 种砷形态。结果显示，DMA、AsB、MMA、As（Ⅲ）和 As（Ⅴ）均有检出，AsC 和 TMAO 未检出。

美国 2011～2012 年组织开展的 NHANES 项目，应用该方法测定 2500 余份尿液样品。结果表明，DMA 的浓度水平最高，中位值为 3.37μg/L（3.65μg/g 肌酐校正），AsB、AsC、TMAO、MMA、As（Ⅲ）、As（Ⅴ）的中位值均小于方法检出限。

（张　森　陈　曦　杨艳伟）

参 考 文 献

范书伶，王平，张珩琳，等. 2020. 环境中硒的迁移、微生物转化及纳米硒应用研究进展. 科学通报，65（26）：2853-2862.

高舸，陶锐，唐莉佳. 2002. 水平观测 ICP-OES 法直接测定尿中十种微量元素. 中国卫生检验杂志，12（4）：394-397.

林琳，张素静，徐渭聪，等. 2018. 血液和尿液中砷形态化合物的 HPLC-ICP-MS 分析. 法医学杂志，34（1）：37-43.

刘博莹，王达，姜泓，等. 2011. 保存条件与反复冻融对尿砷形态稳定性的影响. 环境与健康杂志，28（9）：771-773.

刘雅茹，田英，尚志航. 2004. 石墨炉原子吸收光谱法测定人血清中微量锰. 光谱实验室，21（2）：271-272.

阮征，唐红芳，刘丹华，等. 2011. 尿中三甲基氯化锡的顶空–气相色谱测定法. 中华劳动卫生职业病杂志，29（2）：141-144.

唐晓凤. 2001. 脉冲雾化火焰原子吸收法测定人耳微量全血中的锌. 微量元素与健康研究，18（3）：63-65.

吴邦华，谢玉璇，戎伟丰，等. 2011. 气相色谱–质谱法测定血样中三甲基氯化锡. 中国职业医学，38（3）：250-252，255.

吴书凡，骆如欣，张素静，等. 2020. 血液与尿液中铅形态化合物的 HPLC-ICP-MS 分析. 分析测试学报，39（6）：800-803.

许欣欣, 陈慧玲, 毛丽莎, 等. 2016. 超高效液相色谱–电喷雾串联质谱法测定食品包装材料中 3 种有机锡化合物的迁移量. 现代预防医学, 43（11）: 2036-2040.

易海艳, 杨露, 张晗林. 2020. 电感耦合等离子体–质谱法测定人全血中 41 种矿物质元素. 中国职业医学, 47（1）: 91-95.

游慧圆, 沈丽菲, 张琼, 等. 2018. 原子吸收光谱仪测定全血中铅、镉的方法研究. 大众科技, 20（4）: 21-23.

张帅. 2016. 采用不同前处理方法测定人血中多种元素比较. 当代化工研究, （9）: 144, 145.

张秀武, 李永华, 杨林生, 等. 2010. 温控湿法消解 ICP-MS 测定全血中铅镉硒砷汞 5 种微量元素. 光谱学与光谱分析, 30（7）: 1972-1974.

张学, 彭立核, 朱建民, 等. 2018. 碰撞池电感耦合等离子体质谱技术快速测定孕妇全血中的 13 种元素. 中国卫生检验杂志, 28（13）: 1557-1559, 1592.

张子群, 张爱华, 董明, 等. 2018. 氢化物发生–原子荧光光谱法测定人血中锑. 中国职业医学, 45（5）: 612-615.

Bishop D P, Hare D J, Grazia A D, et al. 2015. Speciation and quantification of organotin compounds in sediment and drinking water by isotope dilution liquid chromatography-inductively coupled plasma-mass spectrometry. Analytical Methods, 7（12）: 5012-5018.

Bueno M, Pannier F. 2009. Quantitative analysis of volatile selenium metabolites in normal urine by headspace solid phase microextraction gas chromatography-inductively coupled plasma mass spectrometry. Talanta, 78（3）: 759-763.

Dooley C A, Vafa G. 1986. Butyltin compounds and their measurement in oyster tissues. Oceans: 1171-1176.

Furuhashi K, Ogawa M, Suzuki Y, et al. 2008. Methylation of dimethyltin in mice and rats. Chemical Research in Toxicology, 21（2）: 467-471.

Hippler J, Hoppe H W, Mosel F, et al. 2009. Comparative determination of methyl mercury in whole blood samples using GC-ICP-MS and GC-MS techniques. Journal of Chromatography B, 877（24）: 2465-2470.

Kannan K, Senthilkumar K, Giesy J P, et al. 1999. Occurrence of butyltin compounds in human blood. Environmental Science & Technology, 33（10）: 1776-1779.

Kokarnig S, Kuehnelt D, Stiboller M, et al. 2011. Quantitative determination of small selenium species in human serum by HPLC/ICP-MS following a protein-removal, pre-concentration procedure. Analytical and Bioanalytical Chemistry, 400（8）: 2323-2327.

Mester Z, Pawliszyn J. 2000. Speciation of dimethylarsinic acid and monomethylarsonic acid by solid-phase microextraction-gas chromatography-ion trap mass spectrometry. Journal of Chromatography A, 873（1）: 129-135.

Okina M, Yoshida K, Kuroda K, et al. 2004. Determination of trivalent methylated arsenicals in rat urine by liquid chromatography-inductively coupled plasma mass spectrometry after solvent extraction. Journal of Chromatography B Analytical Technologies in the Biomedical and Life Sciences, 799（2）: 209-215.

Rodréguez E M, Alaejos M T S, Romero C D, et al. 1995. Urinary selenium status of healthy people. Clinical Chemistry and Laboratory Medicine, 33（3）: 127-134.

Rodrigues J L, Souza S S D, Souza V C D O, et al. 2010. Methylmercury and inorganic mercury determination in blood by using liquid chromatography with indactively coupled plasma mass spectrometry and a fast sample preparation procedure. Talanta, 80（3）：1158-1163.

Sheppard B S, Caruso J A, Heitkemper D T, et al. 1992. Arsenic speciation by ion chromatography with inductively coupled plasma mass spectrometric detection. The Analyst, 117（6）：971-975.

Sommer Y L, Verdon C P, Fresquez M P, et al. 2014. Measurement of mercury species in human blood using triple spike isotope dilution with SPME-GC-ICP-DRC-MS. Analytical and Bioanalytical Chemistry, 406（20）：5039-5047.

Tanner S, Baranov V I, Vollkopf U. 2000. A dynamic reaction cell for inductively coupled plasma mass spectroscopy（ICP-DRC-MS）. Journal of Analysis Atom Spectrom, 15：1261-1269.

Verdon C P, Caldwell K L, Fresquez M R, et al. 2009. Determination of seven arsenic compounds in urine by HPLC-ICP-DRC-MS：A CDC population biomonitoring method. Analytical and Bioanalytical Chemistry, 393（3）：939-947.

Wang R Y, Hsu Y L, Chang L F, et al. 2007. Speciation analysis of arsenic and selenium compounds in environmental and biological samples by ion chromatography-inductively coupled plasma dynamic reaction cell mass spectrometer. Analytica Chimica Acta, 590（2）：239-244.

第七章 挥发性有机物

挥发性有机物（volatile organic compound，VOC）是环境中普遍存在，且组成复杂的一类有机污染物，国际上主要基于挥发性和反应性特点定义 VOC。WHO 将其定义为"在常压下，沸点为 50～100℃至 240～260℃的各种有机化合物"；欧盟定义为"在 101.3kPa 的标准大气压下测得的任何初始沸点≤250℃的有机化合物"；美国国家环境保护局（USEPA）定义为"参与大气光化学反应的除一氧化碳、二氧化碳、碳酸、金属碳化物或碳酸盐和碳酸铵以外的任何碳化合物"。VOC 具有高度挥发性，且易与环境中其他污染物发生光化学反应，是影响人类健康的重要有机污染物。

VOC 种类繁多，一类是烷烃、烯烃、炔烃、环烷烃、芳香烃等碳氢化合物；另一类是有杂原子取代的有机物，常见的有甲醛、三卤甲烷（trihalomethan，THM）类消毒副产物等。苯、三氯甲烷等本身就是有毒有害物质；环境（尤其是大气）中的非甲烷碳氢化合物和醛、酮类 VOC 在强紫外线、低湿度和低风速等条件下，还会和氮氧化物发生光化学反应，形成以臭氧为主的光化学烟雾，是近地面臭氧生成的关键前体物质；含氧烃、苯系物和卤代烃等具有较强活性的 VOC 可通过吸收或吸附进入颗粒相，形成二次有机颗粒物，影响细颗粒物的质量浓度和组成。

7.1 暴露来源、途径及健康风险

7.1.1 暴露来源

VOC 的来源非常复杂，主要是自然来源（如森林火灾和生物前体转化），然而人类活动已成为有毒 VOC 排放到大气中的重要来源，占全球大气中 VOC 的 25%。室内空气中 VOC 的常见来源包括进入室内的室外污染物、燃烧产物（由烹饪、取暖和照明过程中固体燃料燃烧引起）、室内材料释放的气体（地板和墙壁覆盖物的废气排放、合成油漆、胶水、抛光剂和蜡）、烟草烟雾、干洗的衣服和室内除臭剂，以及淋浴、烹饪和饮用的水中的含氯消毒剂等（Menezes et al.，2012）。表 7-1 列出了一些 VOC 的常见暴露来源。

表 7-1 一些 VOC 的常见暴露来源

VOC 名称	常见暴露来源
丙烯醛	烟草烟雾、石油燃料燃烧、食物加热
丙烯酰胺	烟草烟雾、食用高温烹调的富含碳水化合物的食物、受污染的井水、生产或使用丙烯酰胺和含丙烯酰胺的产品
丙烯腈	烟草烟雾、塑料、腈纶和合成橡胶的制造
苯	烟草烟雾、汽车服务站、机动车尾气和工业排放物
1-溴丙烷	干洗、金属脱脂溶剂
1,3-丁二烯	合成橡胶的单独生产或作为与苯乙烯的共聚物、汽车尾气、取暖和烟草烟雾
巴豆醛	烟草烟雾、汽油和柴油发动机的废气、木材燃烧产生的烟雾
N,N-二甲基甲酰胺	电子产品、医药产品和纺织涂料生产、合成革、聚氨酯和聚丙烯腈纤维制造
乙苯	烟草烟雾、化石燃料燃烧、使用乙苯的工业、地毯胶、清漆和油漆
环氧乙烷	烟草烟雾、乙二醇和其他氧化物衍生物中间体的生产
氰化氢	烟草烟雾、食品、制造过程、内源
环氧丙烷	烟草烟雾、工业上生产丙二醇和乙二醇醚的化学中间体
苯乙烯	烟草烟雾、汽车尾气、建筑材料、制造业、聚苯乙烯容器包装食品
甲苯	烟草烟雾、矿物燃料、工业溶剂、油漆、油漆稀释剂
四氯乙烯	干洗、金属脱脂溶剂、地表水及地下水污染
三氯乙烯	干洗、工业溶剂
氯乙烯	烟草烟雾、塑料工业、危险废物场和垃圾填埋场污染的空气、受污染水井的饮用水
二甲苯	烟草烟雾、汽油、油漆、清漆、防锈剂

引自：Boyle E B，Viet S M，Wright D J，et al，2016. Assessment of exposure to VOCs among pregnant women in the national children's study. International Journal of Environmental Research and Public Health，13（4）：376。

7.1.2 暴露途径

1. 呼吸道摄入

呼吸道摄入是 VOC 进入人体的主要途径，占所有暴露途径的 50%～70%，也是室内空气中 VOC 暴露的主要途径。国内外研究人员在室内空气中已检出的最具典型性和代表性的 VOC 有甲醛、苯、甲苯和二甲苯等。呼吸道摄入也是 THM 的重要暴露途径，THM 可在洗澡、游泳和其他与水有关的室内活动场所的空气中累积。例如，淋浴比饮水更容易接触到 THM，淋浴 10min 或盆浴 30min 即可导致 THM 的内暴露水平增加，而饮用 2L 水才能引起同样的变化。有研究表明淋浴 10min，空气中 THM 浓度可增加 60 倍，淋浴者血液中 THM 浓度增加 18 倍（Silva et al.，2013）。烟草烟雾也是室内 VOC 的重要来源之一，通过主动或被动方式吸入体内。

2. 皮肤吸收

VOC 可经皮肤或毛囊和汗腺或皮脂腺直接吸收到皮下组织，通过氧化损伤使人体皮肤中脂质、脱氧核糖核酸和蛋白质的正常功能发生严重改变，导致外源性皮肤老化、炎症或过敏性疾病。德国参议院工作区化学物质健康危害调查委员会和美国政府工业卫生工作者协会认为可被皮肤吸收的 VOC 有丙烯腈、苯胺、苯、丁酮、四氯化碳、N, N-二甲基乙酰胺、N, N-二甲基甲酰胺、乙二醇二硝酸酯、乙二醇一丁醚、乙二醇一乙醚、乙二醇乙醚乙酸酯、呋喃甲醛、肼（联氨）、甲醇、硝基苯和苯酚（Heinrich-Ramm et al.，2000）。一项纵向研究表明，由于 VOC 暴露增加，搬到新建筑的儿童患特应性皮炎的概率明显增加（Puri et al.，2017）。皮肤吸收也是 THM 尤其是三氯甲烷的重要暴露途径之一。对于吸烟者而言，皮肤尤其是手指皮肤是 VOC 的暴露途径之一，吸烟者皮肤中残留的尼古丁含量可达 1160ng/wipe，且母亲手指中尼古丁的残留量与婴儿尿液中烟草暴露的生物标志物高度相关（Matt et al.，2017；Northrup et al.，2016）。此外，二手烟和三手烟也可以通过皮肤吸收。

3. 饮食摄入

一些 VOC 可以在食品加工过程中产生，并从食品包装材料迁移至食物中。例如，在热处理的食品中有可能产生呋喃，在使用苯甲酸盐和抗坏血酸的食品中可产生苯，苯乙烯可以从热固性聚酯炊具和聚苯乙烯食品包装容器迁移到食物中（宋雪超等，2017）。已有研究表明，黄油、谷类、茶叶、奶酪、花生酱、酸奶油和饮用水中可检出三氯甲烷，奶酪和谷物中可检出甲苯，牛肉和鱼肉中可检出苯，鳄梨中可检出苯乙烯，爆米花中可检出对二氯苯，薯片中可检出三氯乙烯，黄油中可检出四氯乙烯，牛肉中可检出正丁基苯，甜面包中可检出 1，2，4-三甲基苯，即食食品中可检出苯乙烯（Cao et al.，2016）。

7.1.3　健康风险

许多 VOC 被归类为已知或可能的致癌物、刺激物和毒物。国际癌症研究机构将苯确定为 1 类致癌物，将环氧丙烷、苯乙烯、三氯甲烷和一溴二氯甲烷确定为 2B 类，将二溴一氯甲烷和三溴甲烷确定为 3 类。暴露在高于允许浓度限值的 VOC 通常会导致急性和慢性健康危害，包括眼、鼻和喉咙刺激，以及呕吐、头晕、头痛、肝肾损害、神经系统损害和哮喘加重等。苯具有血液学毒性，可引起血液学效应，导致再生障碍性贫血，随后通过活性代谢物的作用引起急性髓系白血病（Montero-Montoya et al.，2018）。THM 具有亲脂性，吸收后更倾向于在脂肪组织、肝、肾和肺发生生物蓄积，并表现出肝毒性和生殖毒性，已有研究表明 THM 慢性暴露还与膀胱癌有关。毒理学研究表明，氯仿与溴化二卤甲烷相比具有不同的作用机制，氯仿具有细胞毒性，一溴二氯甲烷、二溴一氯甲烷和三溴甲烷具有细胞毒性、遗传毒性和致突变性（Medeiros et al.，2019）。烟草烟雾作为一种刺激性的室内空气污染物，其内不仅包括尼古丁，还包括烟草燃烧所释放的各种有毒物质。近 90% 的肺癌、80%～90% 的慢性支气管炎和20%～25% 的心肌梗死都与吸烟有关，吸烟还会导致胰腺癌、膀胱癌、肾癌和胃癌（Petersen et al.，2010）。

7.2 生物材料与监测指标选择

7.2.1 生物材料选择

有研究在不同的生物材料，如血液、间质液体、呼出气、汗液、唾液、尿液、血清、母乳、眼泪和粪便中发现了 1849 种 VOC（Costello et al.，2014）。人体呼出气和皮肤是 VOC 的主要来源，占总量的 54%，其余 15%、14%、11% 和 6% 分别存在于粪便、唾液、尿液和血液中（Amann et al.，2014）。其中，呼出气、血液、尿液和唾液等生物材料更常用于常规监测。

1. 呼出气

人体呼吸系统排出大量不同来源的 VOC，呼出气是数千个外源性或内源性 VOC 的生物基质。人体呼出气中已报道超过 1000 种痕量水平的 VOC（Lubes et al.，2018）。一般而言，在气体基质中测量挥发性目标物比在复杂的生物样品如血液中更为简单，即使是低水平暴露仍具有较高的灵敏度。内源性和外源性 VOC 均可通过呼出气的组分得以体现，从而反映内源性和外源性 VOC 在肺和外周机体的代谢情况。呼出气样品收集具有无创、安全和易于操作的特点，一些痕量的水溶性挥发性组分可作为生物标志物用于监测呼吸系统疾病，特别适用于年龄较小的婴幼儿。此外，呼出气不受采样量的限制，允许快速收集多个样品，可实现实时连续监测，非常适合游泳场所和淋浴场所的 THM 内暴露水平评估。

2. 血液

VOC 储存在身体的不同部位，如脂肪组织、血液和肺部。脂肪组织中的 VOC 最终也会释放到血液中。分析血液中的 VOC 比分析呼出气中的 VOC 具有更高的准确性，但血液中的 VOC 种类和含量较呼出气少，更适合环境污染物职业暴露监测。与呼出气相比，血液中 VOC 浓度反映的是多途径暴露的综合水平。大多数 VOC 的半衰期通常都只有几分钟到几小时，因此血液采集时间点非常关键，最佳采集时间是暴露结束时。THM 暴露通常属于慢性暴露，其在血液中的浓度处于相对稳定的状态，已有大量流行病学研究采用血液中 THM 水平来评估其暴露与健康的关联性。用于 VOC 测定的血液一般为全血，使用含聚四氟乙烯内垫的顶空玻璃采血管采集，采血管应尽量填满，以减少顶空挥发损失。抗凝剂可选择草酸钾和氟化钠，用于抑制代谢，防止凝血。采血管的橡胶盖中 VOC 的含量通常较高，可采用 80℃烘烤的方法予以去除。采血管中容易残留的 VOC 有 1,1,1-三氯乙烷、1,4-二氯苯、二溴甲烷、乙苯、4-甲基-2-戊酮、间/对-二甲苯、苯乙烯、四氯乙烯、甲苯、三氯乙烯等（Heinrich-Ramm et al., 2000）。

3. 尿液

尿液更适用于测定具有高至中等水溶性的 VOC，如酸、短链醇、酮、醛、胺、N 杂环、O 杂环、硫化物和碳氢化合物。这类 VOC 很容易通过简单的扩散过程，在没有代谢的情况下通过尿液排泄（Heinrich-Ramm et al., 2000）。尿液样本的采集需要几个小时，反映的是暴露结束时 VOC 的暴露情况。尿液中 VOC 的暴露特征与特定的代谢紊乱相关，一些研究已将尿液中 VOC 的特征与传染病及包括前列腺癌、肾癌和膀胱癌在内的不同类型癌症联系起来（Gao et al., 2019）。研究表明，可以使用 2,6-二甲基-7-辛烯-2-醇、戊醛、3-辛酮、2-辛酮等 4 种 VOC 对前列腺癌患者进行识别，准确率高达 71%（Khalid et al., 2015）。通过尿液排出的 VOC 含量较低，对检测方法灵敏度的要求更高，且在测定过程中 VOC 损失的可能性很高。

与 VOC 原形相比，许多代谢物具有更长的半衰期，对于采样时间要求不高，因此测定尿液样品中的代谢物，能全面反映 VOC 的暴露情况。以苯为例，常用的代谢物有苯巯基尿酸、t-t 黏糠酸、苯硫醇、苯酚和邻苯二酚。其中，有些是特异性代谢物（如苯巯基尿酸），有些则是非特异性代谢物（如 t-t 黏糠酸）。根据监测目的不同，采用的监测指标亦不同，如苯暴露后尿液中苯酚浓度迅速上升，脱离接触后又很快下降，因此尿液中苯酚可用于近期苯暴露的生物监测；苯巯基尿酸在低水平苯暴露时与空气苯浓度具有较好相关性，可作为低浓度苯暴露的标志物。大多数 VOC 可与谷胱甘肽结合被代谢为 N-乙酰基-L-半胱氨酸-S-共轭物，即巯基尿酸，且具有特异度，能够反映这些化合物原形、中间产物及其与谷胱甘肽结合的机制和在生物体内的代谢过程（Kuang et al., 2019）。此外，部分 VOC 代谢物虽不具有特异度，但也可用于接触烟草制品的人群评估等特定情况。研究表明，与非吸烟者相比，吸烟者尿液中多种 VOC 及其代谢物的水平明显升高。

4. 唾液

唾液中 VOC 的暴露途径有内源性和外源性两种。内源性途径包括血液或细菌代谢，血液中 VOC 可通过被动扩散、超滤和主动扩散的方式转移到唾液中。人类口腔中约有 700 种细菌，这些微生物分泌的 VOC 主要包括挥发性硫化物、吲哚、苯酚和脂肪胺，是唾液中 VOC 的重要内源性途径（Aas et al.，2005；Soini et al.，2010）。外源性途径主要有化妆品、香水、洗涤剂和烟草等产品所含的 VOC，溶解于食物和呼出气中的 VOC，以及作为空气污染物的 VOC。因为具有快速、无创，收集成本低，易于储存和运输等优点，唾液成为一种非常具有吸引力的生物材料。唾液中的 VOC 可作为各种疾病、生理状态及职业暴露的生物标志物。从唾液中提取的 VOC，以脂肪族、酯类和芳香族 VOC 居多，此外还包括一些烃类、酮类、醛类和醇类。已有研究表明，唾液和血液中的 VOC 具有相关性（Amann et al.，2014），唾液分析成为研究生理和病理状况的潜在工具，收集血液样品不可行或在有限的时间内需要多次测量时，可选择唾液样品。唾液也是确定二手烟和三手烟暴露生物标志物的一种有价值的替代基质。

7.2.2　监测指标确定

VOC 原形和代谢物都可作为生物监测指标。大多数 VOC 在生理上并不存在于体液中，因此测定血液中 VOC 原形具有特异度，适用于几乎所有 VOC 的生物监测（乙酸乙酯等羧酸酯除外）。在早期暴露阶段，VOC 在血液中的水平迅速升高，然后趋于稳定。血液中 VOC 的暴露水平也可用于评估 VOC 的中枢神经系统毒性，因为引起神经毒性的是 VOC 原形而非代谢物。测定尿液中的 VOC 原形或代谢物，在一定程度上也能反映 VOC 的暴露情况。表 7-2 是我国职业卫生标准《工作场所有害因素职业接触限值 第 1 部分：化学有害因素》（GBZ 2.1—2019）中涉及的苯系物和其他几种 VOC 的生物监测指标。表 7-3 列出了美国 CDC 用于评估尿液中 VOC 暴露的生物标志物（Alwis et al.，2012），大部分是烟草烟雾成分，可用于评估吸烟人群暴露情况。随着电子烟的广泛使用，对烟草烟雾的暴露监测已扩展到氰化物、糠醛、糠醇、5-羟甲基呋喃和 N-甲基-2-吡咯烷酮等可燃 VOC 之外的成分。氰化物的代谢物监测指标为 2-氨基噻唑啉-4-羧酸，糠醛和糠醇的代谢物监测指标为 N-（2-糠酰基）甘氨酸，5-羟甲基呋喃的代谢物监测指标包括 5-羟甲基呋喃酸、5-羟甲基-2-呋喃酰基甘氨酸和 2，5-呋喃二甲酸，N-甲基-2-吡咯烷酮的代谢物监测指标为 5-羟基-N-甲基吡咯烷酮（Bhandari et al.，2019）。

表 7-2 我国职业卫生标准中用于评估 VOC 暴露的生物标志物

VOC 原形	监测指标	生物材料
苯	苯巯基尿酸、*t–t* 黏糠酸	尿液
甲苯	马尿酸	尿液
二甲苯	甲基马尿酸	尿液
二氯甲烷	二氯甲烷	尿液
乙苯	苯乙醇酸 + 苯乙醛酸	尿液
苯乙烯	苯乙醇酸 + 苯乙醛酸	尿液
三氯乙烯	三氯乙酸	尿液
四氯乙烯	四氯乙烯	血液
1-溴丙烷	1-溴丙烷	尿液

表 7-3 美国 CDC 用于评估 VOC 暴露的生物标志物

VOC 原形	VOC 代谢物	代谢物缩写
丙烯醛	*N*-乙酰基-*S*-（2-羧乙基）-L-半胱氨酸	CEMA
	N-乙酰基-*S*-（3-羟丙基）-L-半胱氨酸	3HPMA
丙烯酰胺	*N*-乙酰基-*S*-（2-氨基甲酰基乙基）-L-半胱氨酸	AAMA
	N-乙酰基-*S*-（2-氨基甲酰基-2-羟乙基）-L-半胱氨酸	GAMA
丙烯腈	*N*-乙酰基-*S*-（2-氰基乙基）-L-半胱氨酸	CYMA
丙烯腈、氯乙烯、环氧己烷	*N*-乙酰基-*S*-（2-羟乙基）-L-半胱氨酸	HEMA
苯	*N*-乙酰基-*S*-（苯基）-L-半胱氨酸	PMA
	t-t 黏糠酸	MU
1-溴丙烷	*N*-乙酰基-*S*-（正丙基）-L-半胱氨酸	BPMA
1,3-丁二烯	*N*-乙酰基-*S*-（3,4-二羟基丁基）-L-半胱氨酸	DHBMA
	N-乙酰基-*S*-（1-羟甲基-2-丙烯基）-L-半胱氨酸	MHBMA1
	N-乙酰基-*S*-（2-羟基-3-丁烯基）-L-半胱氨酸	MHBMA2
	N-乙酰基-*S*-（4-羟基-2-丁烯-1-基）-L-半胱氨酸	MHBMA3
二硫化碳	2-硫代噻唑烷-4-羧酸	TTCA
巴豆醛（丁烯醛）	*N*-乙酰基-*S*-（3-羟丙基-1-甲基）-L-半胱氨酸	HPMMA
氰化物	2-氨基噻唑啉-4-羧酸	ATCA
N,*N*-二甲基甲酰胺	*N*-乙酰基-*S*-（*N*-甲基氨基甲酰基）-L-半胱氨酸	AMCC
乙苯、苯乙烯	苯乙醛酸	PGA
环氧丙烷	*N*-乙酰基-*S*-（2-羟丙基）-L-半胱氨酸	2HPMA
苯乙烯	*N*-乙酰基-*S*-（1-苯基-2-羟乙基）-L-半胱氨酸 + *N*-乙酰基-*S*-（2-苯基-2-羟乙基）-L-半胱氨酸	PHEMA
	扁桃酸	MA

续表

VOC 原形	VOC 代谢物	代谢物缩写
四氯乙烯	N-乙酰基-S-（三氯乙烯基）-L-半胱氨酸	TCVMA
甲苯	N-乙酰基-S-（苄基）-L-半胱氨酸	BMA
三氯乙烯	N-乙酰基-S-（1, 2-二氯乙烯基）-L-半胱氨酸	1, 2DCVMA
	N-乙酰基-S-（2, 2-二氯乙烯基）-L-半胱氨酸	2, 2DCVMA
二甲苯	N-乙酰基-S-（2, 4-二甲基苯基）-L-半胱氨酸 + N-乙酰基-S-（2, 5-二甲基苯基）-L-半胱氨酸 + N-乙酰基-S-（3, 4-二甲基苯基）-L-半胱氨酸	DPMA
	2-甲基马尿酸	2MHA
	3-甲基马尿酸 + 4-甲基马尿酸	3MHA + 4MHA

引自：Alwis K U，Blount B C，Britt A S，et al，2012. Simultaneous analysis of 28 urinary VOC metabolites using ultra high performance liquid chromatography coupled with electrospray ionization tandem mass spectrometry（UPLC-ESI/MSMS）. Analytica Chimica Acta，750（11）：152-160。

7.3　前处理方法

7.3.1　VOC 原形前处理方法

人体生物材料中 VOC 的含量极低，组成复杂，各 VOC 组分结构和极性差异大，因此样品富集是关键环节。样品富集要求富集倍数高，且能与分析仪器联用，并避免对样品造成二次污染。主要的 VOC 富集方法为固相微萃取法，另外也有报道用固体吸附法。

1. 固相微萃取法

固相微萃取（SPME）是 VOC 前处理的主要方法。涂有高分子固定相涂层的熔融石英纤维通过浸入样品溶液或顶空层的方式预浓缩后，将涂层材料中吸附了 VOC 的纤维注入 GC 或 GC-MS 仪，通过热解吸释放 VOC，广泛用于呼出气、血液、尿液和唾液等生物材料中 VOC 的测定。SPME 中萃取涂层的类型、萃取时间、萃取温度是决定 VOC 提取、浓缩和吸附效率的关键因素。极性的碳分子筛/聚二甲基硅氧烷（polydimethylsiloxane，PDMS）或双极性的 PDMS/二乙烯基苯萃取头适用于极性 VOC（如苯系物、三卤甲烷和乙酸乙酯等）的测定。非极性的 PDMS 萃取头更适用于非极性烷烃类 VOC 的测定。对于生物样品中未知 VOC 的测定，可根据不同萃取涂层的特点，同时选择多个不同类型的萃取头进行针对性测定（褚美娟等，2019）。萃取时间与萃取头的涂层类型、厚度、分配系数、目标物的浓度及其扩散速度等多种参数有关，通常可由萃取量和萃取时间的吸附平衡曲线来确定所需的最短萃取时间。萃取温度也是影响 SPME 过程中目标物平衡分配的重要因素，萃取温度升高有利于加速平衡，一般萃取温度为 40～90℃。少量无机盐（如氯化钠、硫酸钠）可通过盐析作用提高分配系数，适用于顶空 SPME 过程，但因容易损坏萃取头而不适用于浸入式 SPME。对于挥发性较好和分配系数较高的 VOC 则无须加无机盐，以免出现干扰峰。

2. 固体吸附法

固体吸附法主要用于呼出气样品的前处理。呼出气中 VOC 的含量非常低，需要利用多孔型材料的物理吸附能力富集目标物。首先，在环境温度下通过富集材料捕集大体积呼出气中的 VOC，之后通过迅速升温快速脱附，并且瞬间以较小的体积进入检测系统。常用的吸附剂有 Tenax 等有机聚合物、活性炭、无定形碳、碳分子筛等。理想的吸附剂应该能够定量吸附呼出气中的 VOC，并且在解吸附条件下定量脱附。在实际应用中，吸附剂可能会发生样品穿透现象，或在解吸附过程中出现样品滞留现象。因此，选择吸附剂时应考虑吸附剂的穿透体积，也可以选择混合吸附剂进行富集。有机聚合物吸附剂对于高分子量、极性较强的化合物有良好的吸附性能，但对于乙烷、戊烷等非极性小分子则有明显的穿透现象；各种碳吸附剂可以很好地吸附非极性小分子，但在解吸附过程中会出现滞留现象（张晨等，2010）。

7.3.2　VOC 代谢物前处理方法

尿液中 VOC 代谢物检测常用到的前处理方法有直接稀释法和固相萃取法，也有少量研究用到液相萃取法。

1. 直接稀释法

对于目标物含量较高的样品，如监测职业人群苯系物内暴露水平的尿液，可采用直接稀释法。根据含量的不同，需要 10μl 至 2ml 尿液，用甲酸铵或乙酸铵等缓冲溶液直接稀释，过滤后测定，内标法定量。直接稀释法由于缺乏浓缩过程，方法检出限较高。朱婧等（2016）建立了尿液中苯系物和三氯乙烯代谢物的 UPLC-MS/MS 测定方法，采用乙酸铵直接稀释样品，方法检出限为 0.0350～1.75μg/L。

2. 固相萃取法

对于含量较低或基质复杂的样品，可经固相萃取（SPE）净化，去除基质干扰，提高方法灵敏度。对于结合态目标物，应提前使用酸水解或酶解（如甲酸、β-

葡萄糖醛酸酶/芳基硫酸酯酶混合酶），将其解离出来，再根据需要稀释或净化、浓缩。Kuang 等（2019）比较了离子交换 SPE 柱和聚苯乙烯/二乙烯基苯键合 SPE 柱对 31 种 VOC 代谢物的基质去除效果，结果发现对于大部分极性较强的 VOC 代谢物，聚苯乙烯/二乙烯基苯键合 SPE 柱的分离纯化效果更好。

7.4 检 测 方 法

生物样品中 VOC 及其代谢物的检测方法主要有质谱直接检测技术、传感器检测技术、色谱及色谱–质谱联用技术等。其中，质谱直接检测技术和传感器检测技术主要用于呼出气中 VOC 的测定，只需简单的样品前处理过程或无须样品前处理就可实现呼出气的实时在线检测。色谱及色谱–质谱联用技术则更适用于血液、尿液、唾液等生物材料中 VOC 及其代谢物的测定。

7.4.1 质谱直接检测技术

尽管目前测定呼出气中不同种类 VOC 的金标准仍然是基于质谱检测器的 GC-MS 法，但随着新技术的不断发展，检测模式变得更加多样化，基于质谱高灵敏度检测特性的直接检测技术受到广泛重视。其中，应用较广泛的有选择离子流动管质谱（selected ion flow tube mass spectrometry，SIFT-MS）、质子转移反应质谱（proton transfer reaction mass spectrometry，PTR-MS）和离子分子反应质谱（ion molecular reaction mass spectrometry，IMR-MS）等。这些方法无须色谱分离过程，就可实现比 GC 更快的复杂混合物分离，可用于实时准确定量测定气体中的痕量 VOC。

1. 选择离子流动管质谱法

SIFT-MS 采用的是软电离方式，特定质荷比的峰基本上只代表一个目标分子，可有效减少不同分子之间电离碎片的干扰，是一种公认的呼出气分析方法，已被应用于呼出气和尿液蒸气的测定。SIFT-MS 可以动态测量气体中 VOC 的绝对浓度。当绝对浓度发生改变时，SIFT-MS 可在 20ms 内产生响应（张晨等，2010）。大多数研究利用 SIFT-MS 进行靶向分析，如胃食管反流病患者的乙酸定量，2 型糖尿病患者呼出气中的丙酮定量，以及特定化合物环境暴露后呼出气中该化合物含量的测定（王天舒，2005）。SIFT-MS 可以直接在线测量患者呼出气中已识别的标志物，无须任何预浓缩操作。Hicks 等（2015）采用 SIFT-MS 测定呼出气中的 VOC，成功将炎症性肠病、克罗恩病和溃疡性结肠炎患者与健康对照组区分开来。

2. 质子转移反应质谱法

PTR-MS 是一种以化学软电离技术作为离子化方式的质谱分析仪器，是痕量可挥发性有机化合物实时在线检测的重要手段。PTR-MS 无须对样品进行预处理，可实现实时监测及快速定性定量，且灵敏度、分辨率高，碎片峰离子干扰少，谱图易于识别分析，已经成为疾病无损诊断的有力手段，可用于判断不同人群呼出气体差异及肝硬化、糖尿病、肺癌等患者呼出气中的标志物（孟雪等，2019）。Shende 等（2017）采用 PTR-MS 和 SPME-GC-MS 法对肺癌患者和健康者呼出气进行分析，结果发现 50 多种差异化合物，且 PTR-MS 的定量准确性比 GC-MS 更高。PTR-MS 的主要缺点是不能确定分子种类，尤其是同分异构体，还需 GC-MS法进一步确定。另外，PTR-MS 只能检测质子亲和势高于水分子的物质（如大部分醛类、酮类、醇类、酸类、酯类、芳香烃及含有氮或硫的杂环烃类），无法检测烷烃类和质子亲和势小于水分子的物质（陈一冰等，2017）。

3. 离子分子反应质谱法

IMR-MS 与 SIFT-MS、PTR-MS 类似，也具有检测灵敏度高、无须样品前处理的实时监测能力，同时配备 Kr^+、Xe^+ 和 Hg^+ 3 种电离源，极大拓展了可以分析的化合物种类。但是，IMR-MS 在实际应用中仍无法区分同分异构体（Casas-Ferreira et al.，2019）。陈敏等（2013）利用 IMR-MS 技术对烟草烟雾气相成分中 1, 3-丁二烯、异戊二烯、苯、甲苯进行实时在线检测，并与文献经典方法的测定结果进行比较，显示 IMR-MS 法定量结果准确。

7.4.2 传感器检测技术

传感器目前只能检测到简单气体混合物中数量非常有限的化合物，且只有有限数量的传感器呼吸分析测试获得普遍认可并用于呼出气分析，如酒精呼气试验用于交通管理，一氧化氮呼气试验用于肺功能检测，氢呼气试验用于小肠细菌过度生长诊断，^{14}C 呼气试验用于幽门螺杆菌感染诊断等，尚无一项呼气试验能够作为单独试验诊断疾病。

电子鼻以具有特异度的气体传感器组成阵列作为气味分子的收集端，各个传感器采用不同的分子识别元件，将识别过程产生的信号转换为电信号，从而实现实时监测，用于识别与多种疾病相关的呼吸特征（Behera et al.，2019）。一些研究表明，电子鼻在区分呼吸系统疾病和健康人的呼吸特征方面具有良好的灵敏度和特异度，可以对呼出气中的 VOC 进行定性和半定量检测，适用于疾病的前期诊断（Capelli et al.，2016），如哮喘、慢性阻塞性肺疾病、糖尿病、肺癌，甚至一些罕见的肿瘤，如恶性间皮瘤的诊断（Fens et al.，2009；Chapman et al.，2012；Behera et al.，2019）。

7.4.3 色谱及色谱–质谱联用技术

1. 气相色谱及其联用技术

VOC 的分离通常采用 GC，常用的毛细管气相色谱柱有 DB-5、DB-35、DB-624 和 HP-INNOWAX（Lourencetti et al.，2010；俞是聃等，2011），检测器主要有火焰离子化检测器（FID）、电子捕获检测器（ECD）和质谱检测器（MSD）。对于已知的目标物，可以使用 FID，通过标准物质确定目标物的保留时间，使用外标法对实际样品进行定量分析。ECD 对电负性强的 THM 等消毒副产物类 VOC 具有特异度，且灵敏度非常高。MSD 仍然是 VOC 测定中使用最广泛的检测器，由于其可以获得化合物结构信息而具有很强的定性能力，可用于鉴定未知化合物。定量测定时可采用 SIM 模式，结合预浓缩步骤，GC-MS 的灵敏度可达 ng/ml 级至 pg/ml 级水平。也有研究报道呼出气测定过程中可使用光离子化检测器，由于这类检测器对 VOC 的检出限比 FID 低 2~3 个数量级，因此可以省去富集过程而直接进行测定（张晨等，2010）。

2. 液相色谱及其联用技术

VOC 代谢物的测定主要通过 HPLC 和 LC-MS。尽管对于含量较高的非特异性代谢物，LC 的灵敏度足以满足要求，但考虑到生物样品基质的复杂性及与低含量特异性代谢物的同时检测等需求，LC-MS 成为应用最广泛的检测技术，是定量测定人体尿液中 VOC 代谢物的高效、实用的方法。用于 VOC 代谢物分离的色谱柱有 HSS T_3 柱、C_{18} 柱或 HSS-PFP 柱，流动相中的水相一般选择乙酸铵缓冲溶液，有机相选择甲醇或乙腈，洗脱方式采用梯度洗脱。常用的与 LC 联用的质谱有三重四极杆质谱和飞行时间质谱等（Alwis et al.，2012；王磊君等，2015；Bhandari et al.，2019）。

7.5 应 用 实 例

7.5.1 应用实例 1

本应用实例来源于美国 CDC，介绍了全血样品中 31 种 VOC 的顶空 SPME-GC-MS 测定方法（Blount et al.，2006）。

1. 样品前处理

（1）样品采集：使用装有草酸钾和氟化钠抗凝剂的容量为 7ml 或 10ml 的特制玻璃管采集全血样品。静脉穿刺取样，采血管完全充满以减少顶空。采血后应立即缓慢混匀使草酸钾和氟化钠充分溶解于样品中。在储存和运输过程中，注意确保样品在 2～6℃下保存。运到实验室的样品 4℃避光保存，2～4 周内完成测定，最多不超过 10 周。

（2）样品前处理：将采血管取出平衡至室温，混匀，用气密性注射器取 3ml 至 SPME 顶空瓶中（计算时以重量计），加入 40μl 内标，用带有聚四氟乙烯内垫的瓶盖密封，质控样品、空白样品、标准系列均采用相同操作。选择 75μm 碳分子筛/PDMS 萃取头，萃取温度为 40℃，萃取时间为 6min，搅拌速度为 500r/min，解吸温度为 200℃，在 GC 运行时，SPME 纤维一直留在 GC 入口，以确保目标物完全解吸，并将实验室空气污染降至最低。样品架温度为（15±1）℃。

2. 分析条件

（1）GC 参考条件如下。色谱柱：DB-VRX 毛细管色谱柱（40m×0.18mm，1μm），进样口温度：225℃；载气：高纯氦气（浓度为 99.9999%），流速 1.0ml/min；程序升温：0℃，保持 1.5min，以 7℃/min 的速度升至 140℃，然后以 40℃/min 的速度升至 220℃，保持至少 4.5min。

（2）MS 参考条件：EI 源，SIM 模式。其他参数见表 7-4。

表 7-4 31 种 VOC 的色谱-质谱参数及线性范围

目标物	保留时间 （min）	对应内标	定量离子 （m/z）	定性离子 （m/z）	内标离子 （m/z）	扫描时间 （ms）	线性范围 （μg/L）
1, 1-二氯乙烯	8.48	$^2H_2$-1, 1-二氯乙烯	96	98	100	30	0.009～8.1
二氯甲烷	8.78	$^{13}C_1$-二氯甲烷	84	49	85	30	0.070～18
反-1, 2-二氯乙烯	9.85	$^2H_2$-反-1, 2-二氯乙烯	96	98	100	25	0.009～9.1
甲基叔丁基醚	10.07	$^2H_{12}$-甲基叔丁基醚	73	57	75	25	0.100～20
1, 1-二氯乙烷	10.23	$^2H_3$-1, 1-二氯乙烷	63	65	66	25	0.010～4.7
顺-1, 2-二氯乙烯	11.13	$^2H_2$-顺-1, 2-二氯乙烯	96	98	100	30	0.010～9.3
氯仿	11.46	$^{13}C_1$-氯仿	83	85	86	30	0.020～9.0
1, 2-二氯乙烷	12.45	$^2H_4$-1, 2-二氯乙烷	62	64	67	30	0.009～9.3
1, 1, 1-三氯乙烷	12.58	$^2H_3$-1, 1, 1-三氯乙烷	97	99	102	30	0.048～23
四氯化碳	13.13	$^{13}C_1$-四氯化碳	117	119	120	30	0.005～4.9
苯	13.21	$^{13}C_6$-苯	78	77	84	30	0.024～12
二溴甲烷	14.09	$^2H_2$-二溴甲烷	174	93	178	15	0.030～18
1, 2-二氯丙烷	14.16	$^2H_6$-1, 2-二氯丙烷	63	76	67	15	0.008～7.3

续表

目标物	保留时间 （min）	对应内标	定量离子 （m/z）	定性离子 （m/z）	内标离子 （m/z）	扫描时间 （ms）	线性范围 （μg/L）
三氯乙烯	14.23	$^{13}C_1$-三氯乙烯	130	132	133	15	0.012～5.6
一溴二氯甲烷	14.31	$^{13}C_1$-一溴二氯甲烷	83	85	86	15	0.030～12
2, 5-二甲基呋喃	15.54	$^{13}C_1$-2, 5-二甲基呋喃	96	95	98	60	0.012～11
1, 1, 2-三氯乙烷	16.35	$^2H_3$-1, 1, 2-三氯乙烷	97	83	102	60	0.010～7.4
甲苯	16.66	$^{13}C_7$-甲苯	91	92	98	60	0.025～12
二溴一氯甲烷	17.16	$^{13}C_1$-二溴一氯甲烷	129	127	130	60	0.005～4.6
四氯乙烯	17.89	$^{13}C_1$-四氯乙烯	166	164	169	60	0.048～22
氯苯	19.08	$^{13}C_6$-氯苯	112	77	118	60	0.011～4.7
乙苯	19.47	$^{13}C_6$-乙苯	91	106	97	30	0.024～12
间/对二甲苯	19.83	$^{13}C_6$-间/对二甲苯	91	106	97	30	0.034～16
溴仿	19.93	$^{13}C_1$-溴仿	173	175	174	30	0.020～20
苯乙烯	20.42	$^{13}C_6$-苯乙烯	104	103	110	20	0.050～26
1, 1, 2, 2-四氯乙烷	20.54	$^2H_2$-1, 1, 2, 2-四氯乙烷	83	85	86	20	0.010～4.8
邻二甲苯	20.54	$^{13}C_6$-邻二甲苯	91	106	112	20	0.024～6.1
1, 2-二氯苯	23.42	$^2H_4$-1, 2-二氯苯	146	111	150	60	0.100～6.5
1, 3-二氯苯	22.97	$^{13}C_6$-1, 3-二氯苯	146	111	152	60	0.050～7.4
1, 4-二氯苯	23.05	$^{13}C_6$-1, 4-二氯苯	146	111	152	60	0.120～38
六氯乙烷	23.94	$^{13}C_1$-六氯乙烷	201	166	204	60	0.011～5.8

引自：Blount B C, Kobelski R J, McElprang D O, et al, 2006. Quantification of 31 volatile organic compounds in whole blood using solid-phase microextraction and gac chromatography-mass spectrometry. Journal of Chromatography B，832（2）：292-301.

3. 方法特性

31 种 VOC 的方法检出限范围为 0.005～0.120μg/L。血清质控样品中 1, 3-二氯苯、三氯甲烷和二氯甲烷测定的重复性（RSD，$n>120$）分别为 26%、23%和 34%，其余 28 种 VOC 测定的重复性（RSD，$n>120$）为 3%～18%。

4. 质量控制措施

采血管在使用前需进行去空白处理，拆下采血管瓶盖的橡胶在真空烘箱 80℃烘烤 17 日，采血管在真空烘箱 80℃烘烤 1 日，重新组装抽真空消毒。样品测定之前需要测定实验室空气和实验用水中的 VOC 本底，并且评估其对样品测定结果的影响。检测血液样品的同时，测定标准溶液和质控样品，内标法定量，校准曲线应有 7 个不同浓度点，跨越 3 个数量级，测量范围为 0.005～38μg/L，相关系数（r^2）应≥0.99，样品测定结果超出校准曲线测量范围时，应减少取样量重新测定。

5. 方法应用

美国生物监测项目从 2001 年开始，采用该方法每两年对包括成年吸烟者和非吸烟者的普通人群血液样品中的 VOC 进行测定，并根据 VOC 在血液中的检出浓度及检出频率不断调整监测指标种类，截至 2016 年，共监测了 49 种 VOC。其中，有 15 种 VOC 在血液中有不同程度的检出，分别为 1,4-二氯苯、2,5-二甲基呋喃、苯、苯腈、乙苯、呋喃、异丁腈、甲基叔丁基醚、硝基甲烷、苯乙烯、四氯乙烯、四氯化碳、甲苯、间/对二甲苯和邻二甲苯，其余 VOC 在血液中的浓度均小于方法检出限。

7.5.2 应用实例 2

本应用实例来源于美国 CDC，介绍了尿液样品中 28 种 VOC 代谢物的 UPLC-MS/MS 测定方法（Alwis et al.，2012）。

1. 样品前处理

受试者无须禁食或特殊饮食，尿液采集管材质为聚苯乙烯或聚丙烯，收集后立即分装至 2ml 冻存管中，–70℃储存。

测定时用缓冲溶液按 1∶10 的比例稀释尿液样品[50μl 尿液+25μl 混合内标物+425μl 乙酸铵溶液（浓度 15mmol/L，pH 6.8）]，该稀释方法在保证灵敏度的同时，可尽量降低电离抑制效应的影响。对于少数仍然存在电离抑制的尿液样品，可进一步稀释。

2. 分析条件

（1）LC 参考条件如下。色谱柱：UPLC®HSS T₃（2.1mm×150mm，1.8μm）。柱温：40℃。流动相：浓度 15mmol/L、pH 6.8 的乙酸铵溶液（A），乙腈（B）。梯度洗脱程序：0～2min，97% A→95% A；2～3min，95% A→90% A；3～5min，90% A→70% A；5～6.5min，70% A→60% A；6.5～7min，60% A→85% A；7～7.5min，85% A→90% A；7.5～8min，90% A→97% A；8～9min，97% A。流速：0～2min，流速 250μl/min；3～9min，流速 300μl/min。

（2）MS 参考条件如下。离子源：ESI 源；电离方式：负电离；扫描方式：串联质谱多反应监测（MRM）模式；离子源温度：650℃；电喷雾电压：–4000V。28 种 VOC 代谢物的其他色谱和质谱参数见表 7-5。

表 7-5　28 种 VOC 代谢物的色谱和质谱参数

目标物	保留时间（min）	定量离子对（m/z）	碰撞能量（CE）	定性离子对（m/z）	碰撞能量（CE）	对应内标	定量离子对（m/z）	碰撞能量（CE）
AAMA	2.01	233/104	−18	233/58	−50	$^2H_4$-AAMA	237/108	−22
AMCC	2.41	219/162	−10	220/163	−12	$^{13}C_3^{15}N$-AMCC	223/166	−14
ATCA	1.47	145/67	−18	145/58	−14	$^2H_3$-ATCA	148/70	−18
BMA	5.95	252/123	−20	253/124	−22	$^{13}C_6$-BMA	258/84	−20
BPMA	5.03	204/75	−38	204/84	−14	$^2H_7$-BPMA	211/82	−20
CEMA	1.30	234/162	−16	234/105	−22	$^{13}C_3$-CEMA	237/162	−16
CYMA	2.98	215/86	−16	215/162	−12	$^2H_3$-CYMA	218/165	−12
1, 2DCVMA	5.55	257/127	−10	257/128	−10	$^{13}C^2H_3$-1, 2DCVMA	261/127	−10
2, 2DCVMA	5.96	257/127	−12	257/128	−14	$^{13}C^2H_3$-2, 2DCVMA	261/127	−14
DHBMA	2.22	250/121	−24	250/75	−40	$^{13}C_4$-DHBMA	254/125	−22
DPMA	6.54	266/137	−18	267/138	−14	$^2H_3$-DPMA	269/137	−16
GAMA	1.53	249/120	−22	249/128	−16	$^2H_3$-GAMA	252/120	−24
HEMA	2.06	206/77	−16	206/75	−34	$^2H_4$-HEMA	210/81	−22
2HPMA	2.87	220/91	−18	221/91	−58	$^2H_3$-2HPMA	223/97	−20
3HPMA	2.69	220/91	−18	220/89	−32	$^2H_6$-3HPMA	226/97	−20
HPMMA	4.06/4.22	234/105	−22	235/105	−20	$^2H_3$-HPMMA	237/105	−20
MA	2.77	151/107	−14	152/108	−14	$^2H_5$-MA	156/112	−14
2MHA	4.95	192/148	−18	192/91	−22	$^2H_7$-2MHA	199/155	−18
3MHA+4MHA	5.44	192/148	−18	192/91	−24	$^2H_7$-3MHA+$^2H_7$-4MHA	199/155	−18
MHBMA1	3.25	232/103	−16	233/103	−18	$^2H_6$-MHBMA1	238/109	−20
MHBMA2	3.64	232/103	−18	233/103	−18	$^{13}C_3^{15}N$-MHBMA2	236/103	−18
MHBMA3	3.84	232/103	−18	233/103	−30	$^2H_3$-MHBMA3	235/103	−20
MU	1.20	141/97	−12	141/53	−16	$^2H_4$-MU	145/100	−12
PGA	4.29	149/77	−18	149/105	−12	$^2H_5$-PGA	154/82	−16
PHEMA	5.40/5.48	282/153	−22	282/123	−32	$^{13}C_6$-PHEMA	288/159	−18
PMA	5.72	238/109	−18	239/110	−14	$^{13}C_6$-PMA	244/115	−12
TCVMA	6.22	290/161	−10	290/35	−36	$^{13}C_2$-TCVMA	294/165	−10
TTCA	2.42	162/58	−14	162/33	−24	$^{13}C_3$-TTCA	165/58	−16

改编自：Alwis K U，Blount B C，Britt A S，et al，2012. Simultaneous analysis of 28 urinary VOC metabolites using ultra high performance liquid chromatography coupled with electrospray ionization tandem mass spectrometry（UPLC-ESI/MSMS）. Analytica Chimica Acta，750（11）：152-160。

3. 方法特性

尿液中 28 种 VOC 代谢物的方法检出限为 0.5～20ng/ml，低、中、高 3 个水平加标回收率为 84%～104%，方法精密度为 2.5%～11%。

4. 质量控制措施

样品采集后应立即冷冻，并尽量减少冻融循环次数（＜5 次）。在 -20℃条件下，样品可保存 1 周，如果不涉及 TTCA 和 PGA，在 4℃下样品也可保存 1 周。测定前处理后尿液样品的同时测定标准溶液和质控样品，内标法定量，校准曲线包含 9 个不同浓度点，校准系列使用 15mmol/L 乙酸铵缓冲溶液配制，校准曲线的相关系数应＞0.99。每个分析批次含校准曲线、高低 2 个浓度的质控样品、1 个空白流动相及 75 个未知样品。质控样品的测定结果与参考值的相对误差应在 25%以内。

5. 方法应用

在美国生物监测项目中，该方法用于检测暴露于 28 种 VOC 的代谢物，以评估尿液中 VOC 代谢物的基线水平，确定 VOC 的暴露情况。通过测定丙烯醛、丙烯酰胺、丙烯腈、苯、1, 3-丁二烯、二硫化碳、巴丁醛、N, N-二甲基甲酰胺、乙苯、环氧丙烷、苯乙烯和二甲苯的代谢物水平区分吸烟者和非吸烟者。1203 名非吸烟者和 347 名吸烟者的尿液样品测定结果表明，与非吸烟者相比，吸烟者体内烟草相关生物标志物水平明显升高，且血清可替宁与大多数烟草相关生物标志物之间存在显著相关性。

（张海婧　杨艳伟）

参 考 文 献

陈敏，王申，郑赛晶，等. 2013. 离子分子反应质谱（IMR-MS）在线逐口检测卷烟主流烟气中重要气相成分. 中国烟草学报，19（5）：1-5.

陈一冰，陈良安. 2017. 呼出气可挥发性有机化合物在诊断疾病中的研究进展. 国际呼吸杂志，37（22）：1750-1756.

褚美娟，孙运，尹冬梅，等. 2019. SPME-GC-MS 筛选肺癌标志物的影响因素综述. 分析试验室，38（3）：380-388.

孟雪，沈正生. 2019. 质子转移反应质谱仪及其应用研究进展. 计量技术，（11）：34-37.

宋雪超，林勤保，方红. 2017. 聚苯乙烯包装材料中苯乙烯检测及迁移的研究进展. 包装工程，38（1）：1-6.

王磊君，李钢，郑赛晶，等. 2015. 高效液相色谱-质谱联用技术同时测定人体尿液中 11 种代谢物. 分析化学，43（1）：121-126.

王天舒. 2005. 选择离子流动管质谱及其在痕量气体分析中的应用. 分析化学, 33（6）: 887-893.

俞是聃, 陈晓秋, 莫秀娟, 等. 2011. 热脱附–气相色谱–质谱法测定空气中挥发性有机物. 理化
检验：化学分册, 47（11）: 1278-1282.

张晨, 赵美萍. 2010. 人体呼出气中挥发性有机化合物的检测方法. 化学进展, 22（1）: 140-147.

朱婧, 李妍, 雍莉, 等. 2016. 同位素稀释超高效液相色谱串联质谱测定尿液中苯系物和三氯乙
烯代谢产物. 分析化学, 44（1）: 81-87.

Aas J A, Paster B J, Stokes L N, et al. 2005. Defining the normal bacterial flora of the oral cavity.
Journal of Clinical Microbiology, 43（11）: 5721-5732.

Alwis K U, Blount B C, Britt A S, et al. 2012. Simultaneous analysis of 28 urinary VOC metabolites
using ultra high performance liquid chromatography coupled with electrospray ionization tandem
mass spectrometry（UPLC-ESI/MSMS）. Analytica Chimica Acta, 750（11）: 152-160.

Amann A, Costello B D L, Miekisch W, et al. 2014. The human volatilome: volatile organic
compounds（VOCs）in exhaled breath, skin emanations, urine, feces and saliva. Journal of Breath
Research, 8（3）: 34001.

Behera B, Joshi R, Anil Vishnu G K, et al. 2019. Electronic nose: a non-invasive technology for
breath analysis of diabetes and lung cancer patients. Journal of Breath Research, 13（2）: 024001.

Bhandari D, McCarthy D, Biren C, et al. 2019. Development of a UPLC-ESI-MS/MS method to
measure urinary metabolites of selected VOCs: benzene, cyanide, furfural, furfuryl alcohol,
5-hydroxymethylfurfural, and N-methyl-2-pyrrolidone. Journal of Chromatography B, 1126-1127:
121746.

Blount B C, Kobelski R J, McElprang D O, et al. 2006. Quantification of 31 volatile organic
compounds in whole blood using solid-phase microextraction and gas chromatography-mass
spectrometry. Journal of Chromatography B, 832（2）: 292-301.

Boyle E B, Viet S M, Wright D J, et al. 2016. Assessment of exposure to VOCs among pregnant
women in the national children's study. International Journal of Environmental Research and
Public Health, 13（4）: 376.

Cao X L, Sparling M, Dabeka R. 2016. Occurrence of 13 volatile organic compounds in foods from
the Canadian total diet study. Food Additives & Contaminants, Part A. Chemistry, Analysis,
Control, Exposure & Risk Assessment, 33（2）: 373-382.

Capelli L, Taverna G, Bellini A, et al. 2016. Application and uses of electronic noses for clinical
diagnosis on urine samples: a review. Sensors, 16（10）: 1708.

Casas-Ferreira A M, Nogal-Sanchez M D, Perez-Pavon J L, et al. 2019. Non-separative mass
spectrometry methods for non-invasive medical diagnostics based on volatile organic compounds:
a review. Analytica Chimica Acta, 1045: 10-22.

Chapman E A, Thomas P S, Stone E, et al. 2012. A breath test for malignant mesothelioma using an
electronic nose. European Respiratory Journal, 40（2）: 448-454.

Costello B D L, Amann A, Al-Kateb H, et al. 2014. A review of the volatiles from the healthy human
body. Journal of Breath Research, 8（1）: 014001.

Fens N, Zwinderman A H, van der Schee M P, et al. 2009. Exhaled breath profiling enables
discrimination of chronic obstructive pulmonary disease and asthma. American Journal of

Respiratory and Critical Care Medicine，180（11）：1076-1082.

Gao Q，Lee W Y. 2019. Urinary metabolites for urological cancer detection: a review on the application of volatile organic compounds for cancers. American Journal of Clinical and Experimental Urology，7（4）：232-248.

Heinrich-Ramm R，Jakubowski M，Heinzow B，et al. 2000. Biological monitoring for exposure to volatile organic compounds（VOCs）（IUPAC Recommendations 2000）. Pure & Applied Chemistry，72（3）：385-436.

Hicks L C，Huang J，Kumar S，et al. 2015. Analysis of exhaled breath volatile organic compounds in in flammatory bowel disease：a pilot study. Journal of Crohn's and Colitis，9（9）：731-737.

Khalid T，Aggio R，White P，et al. 2015. Urinary volatile organic compounds for the detection of prostate cancer. PloS One，10（11）：e0143283.

Kuang H，Li Y，Jiang W，et al. 2019. Simultaneous determination of urinary 31 metabolites of VOCs，8-hydroxy-2'-deoxyguanosine，and trans-3'-hydroxycotinine by UPLC-MS/MS：^{13}C- and ^{15}N-labeled isotoped internal standards are more effective on reduction of matrix effect. Analytical and Bioanalytical Chemistry，411（29）：7841-7855.

Lourencetti C，Ballester C，Fernandez P，et al. 2010. New method for determination of trihalomethanes in exhaled breath：applications to swimming pool and bath environments. Analytica Chimica Acta，662（1）：23-30.

Lubes G，Goodarzi M. 2018. GC-MS based metabolomics used for the identification of cancer volatile organic compounds as biomarkers. Journal of Pharmaceutical and Biomedical Analysis，147：313-322.

Matt G E，Quintana P J E，Zakarian J M，et al. 2017. When smokers quit：exposure to nicotine and carcinogens persists from thirdhand smoke pollution. Tobacco Control，26（5）：548-556.

Medeiros L D C，De Alencar F L S，Navoni J A，et al. 2019. Toxicological aspects of trihalomethanes：a systematic review. Environmental Science and Pollution Research，26（6）：5316-5332.

Menezes H C，Amorim L C A，Cardeal Z L. 2012. Sampling and analytical methods for determining VOC in air by biomonitoring human exposure. Critical Reviews in Environmental Science & Technology，43（1/4）：1-39.

Montero-Montoya R，Lopez-Vargas R，Arellano-Aguilar O. 2018. Volatile organic compounds in air：sources，distribution，exposure and associated illnesses in children. Annals of Global Health，84（2）：225-238.

Northrup T F，Khan A M，Jacob P，et al. 2016. Thirdhand smoke contamination in hospital settings：assessing exposure risk for vulnerable paediatric patients. Tobacco Control，25（6）：619-623.

Petersen G O，Leite C E，Chatkin J M，et al. 2010. Cotinine as a biomarker of tobacco exposure：development of a HPLC method and comparison of matrices. Journal of Separation Science，33（4-5）：516-521.

Puri P，Nandar S K，Kathuria S，et al. 2017. Effects of air pollution on the skin：a review. Indian Journal of Dermatology Venereology & Leprology，83（4）：415-423.

Shende P，Vaidya J，Kulkarni Y A，et al. 2017. Systematic approaches for biodiagnostics using exhaled air. Journal of Controlled Release，268：282-295.

Silva L K, Backer L C, Ashley D L, et al. 2013. The influence of physicochemical properties on the internal dose of trihalomethanes in humans following a controlled showering exposure. Journal of Exposure Science & Environmental Epidemiology, 23 (1): 39-45.

Soini H A, Klouckova I, Wiesler D, et al. 2010. Analysis of volatile organic compounds in human saliva by a static sorptive extraction method and gas chromatography-mass spectrometry. Journal of Chemical Ecology, 36 (9): 1035-1042.

第八章　半挥发性有机物

　　根据 WHO 定义，半挥发性有机物（semi-volatile organic compound，SVOC）一般是指沸点在 240～260℃至 380～400℃的各种有机化合物。SVOC 是一类与人类生产、生活密切相关的化合物，种类众多，主要有多环芳烃类、酚类、酯类及其他物质，其中酯类物质占比居多。在日常生活中人们可能接触到 SVOC 的途径包括纺织品（如地毯、窗帘、衣服等）中的阻燃剂，电子产品、家具、建筑材料中的增塑剂和阻燃剂，个人护理用品中的增塑剂、紫外吸收剂，卫生用品中的杀菌剂等。SVOC 在一定条件下可通过挥发、逸散等途径迁移到环境中，根据理化性质的不同表现出不同的环境行为，对人体造成不同的健康暴露结局。例如，吸附于大气细颗粒物上的 SVOC 通过呼吸摄入直达肺泡；吸附于底泥中的 SVOC 可通过食物链发生生物富集或放大效应，最终通过消化道吸收进入人体。SVOC 暴露可能会引发人体遗传、生殖、神经、内分泌等系统功能障碍并诱发疾病，甚至与肿瘤发生密切相关。本章结合国内外已开展的增塑剂、多环芳烃、环境酚类化合物等多种常见 SVOC 的生物监测工作，介绍 SVOC 类污染物的人体内暴露检测技术。

8.1　增　塑　剂

　　增塑剂广泛应用于各类塑料制品中，以改善塑料的耐冲击、耐撕裂及延展性能，所涉及的产品包括玩具、电器、医疗器械、包装材料、家用化学品等。邻苯二甲酸酯（phthalate，PAE）是最重要的一类增塑剂。其中，邻苯二甲酸二乙酯（DEP）、邻苯二甲酸二甲酯（DMP）等低分子量的 PAE 通常用于油漆、香水、指甲油等产品中；邻苯二甲酸二（2-乙基己基）酯（DEHP）等高分子量的 PAE 通常用于建筑材料、聚氯乙烯（PVC）材料中。除 PAE 外，一些非 PAE 类新型增塑剂亦受到广泛关注，如环己烷-1，2-二甲酸二异壬酯（DINCH）和偏苯三甲酸三（2-乙基己基）酯（TEHT）等。

8.1.1　暴露来源、途径及健康风险

1. 暴露来源

增塑剂的暴露来源分为自然源和人为源。自然源主要指动植物及微生物的自

然合成。目前已从珊瑚、枯草芽孢杆菌和真菌中分离出 8 种 PAE。日常生活中，人们接触的增塑剂主要来源于工业品的生产及应用。2003~2011 年，我国塑料原料的产量增加了 3 倍多，年产量达 5000 多万吨，是世界上最大的塑料制品生产及消费国，仅用于 PVC 材料生产的增塑剂每年消耗量就超过百万吨。另外，增塑剂常作为助剂被添加到各类个人护理用品中，如市售香水中可检出 5486~38 663μg/ml 的 DEP（Guo et al., 2013）。化妆品中也检出了 DEP 和邻苯二甲酸二异丁酯（DiBP）等物质，估算由化妆品使用导致的人体暴露量为 45.5μg/d，个人护理用品的应用已成为增塑剂暴露的重要来源（Guo et al., 2014）。

增塑剂一般以非化学结合态添加到产品中，其在产品的使用回收过程中迁移到环境，并对人体产生暴露。当前，已在世界范围内的河流、湖泊、室外大气、室内空气、土壤等环境介质中检出 PAE。近年来，除了 PAE 等传统增塑剂，DINCH 等新型增塑剂对人体的暴露也已得到广泛证实。德国、美国、瑞典、葡萄牙、挪威、澳大利亚的儿童、妊娠女性、成年人、老年人的尿液中均可检测到 DINCH 的代谢物，检出率＞80%，且含量呈逐年上升趋势（Urbancova et al., 2019）。而在 2011 年之前，还未见到人群暴露的相关报道。

2. 暴露途径

（1）呼吸道吸入：增塑剂可吸附在颗粒物和飘尘中经呼吸道进入人体。其中，粗颗粒态污染物主要沉积在鼻腔咽喉部，细颗粒态污染物主要沉积在气管、支气管和肺泡。进入肺泡的污染物被肺血管内皮细胞吸收后通过血液循环分布全身。笔者所在课题组对哈尔滨、北京、上海、广州 4 所城市细颗粒物（PM2.5）中吸附的 PAE 进行定量分析，估算了 PAE 对不同年龄段人群的呼吸摄入水平。结果如图 8-1 所示，PM2.5 中广泛存在 DBP、DEHP、DMP 和 DEP，并呈现出夏季浓度明显高于冬季的季节性变化规律（Zhang et al., 2019）。通过 PM2.5 中 PAE 的浓度水平估算，儿童的摄入量明显高于成年人，提示需要关注 PAE 对敏感人群造成的健康风险。

（2）经口摄入：增塑剂可从包装材料迁移至食品和环境中，进入环境中的还可部分富集于动植物体内，最终经食物链进入人体。受 PAE 等增塑剂污染的食品、酒类或水源是人体摄入 PAE 的重要途径，可能占总摄入量的 80%以上。大部分增塑剂具有脂溶性及疏水性，会在脂肪含量较为丰富的组织中富集。因此，与蔬菜或水果类相比，人们食用海产品、蛋类或肉类时可能会摄入更多的增塑剂。对儿童而言，其特有的"手口行为"也会增加增塑剂摄入，如吸吮刚碰触过塑料制品的手指等行为是婴幼儿摄入增塑剂的重要方式。

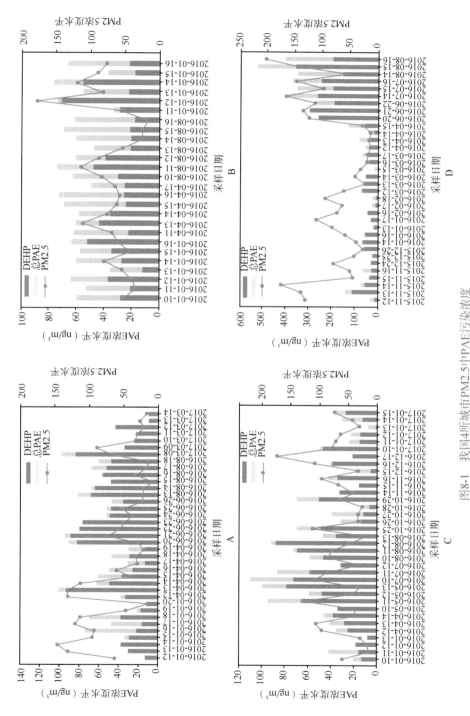

图8-1 我国4所城市PM2.5中PAE污染浓度

A. 广州；B. 上海；C. 北京；D. 哈尔滨；引自：Zhang X，Wang Q，Qiu T，et al. 2019. PM2.5 bound phthalates in four metropolitan cities of China: Corcentration，Seasonal pattern and health risk via inhalation. Scionce of the Total Environment，696：133982

（3）皮肤吸收：当使用添加了增塑剂的个人护理用品时，增塑剂即可通过皮肤吸收进入体内。有研究通过测定美国个人护理用品中 9 种 PAE 浓度水平，估算 PAE 通过皮肤的摄入量为每日 0.37μg/kg bw，且表现出较明显的性别和年龄差异，即男性低于女性，儿童低于成年人（Guo et al., 2013）。除此之外，吸附于室内灰尘或降尘中的增塑剂也能通过皮肤吸收进入体内。通过测定室内灰尘中 PAE、DINCH、TEHT 等多种增塑剂，发现通过皮肤的摄入量比通过呼吸道的摄入量低 2 个数量级（Christia et al., 2019）。

（4）母婴暴露：在母亲的血液、胎盘、脐带血均可检出 PAE，表明 PAE 能通过胎盘屏障对胎儿产生暴露。妊娠女性是脆弱、复杂的易感人群。胎儿在胚胎发育阶段，各器官正处于分化发育的敏感时期，即使痕量环境污染物也会在胎儿发育全阶段产生低剂量、长周期暴露，对胎儿造成严重甚至不可逆的损伤。因此，应格外关注 PAE 的母婴暴露。

3. 健康风险

DEHP、DBP 被证明具有遗传毒性和生殖毒性。DINCH 暴露可导致大鼠甲状腺功能障碍，其在人体内的代谢产物能诱导 *ERα*、*ERβ*、*PPARα* 和 *PPARβ* 基因的表达（Anika et al., 2018）。TEHT 暴露可改变与细胞生长、脂质代谢等过程相关的多种基因表达。流行病学研究结果也表明，增塑剂暴露与肥胖、糖尿病、甲状腺功能障碍、皮炎、哮喘等多种疾病明显相关。USEPA 及欧盟食品安全局（European Food Safety Authority，EFSA）均将部分 PAE 列入高度关注污染物质名单，并在食品包装、儿童玩具中对 DEHP 等部分 PAE 进行了限制。我国在食品包装、个人护理用品中也限制了部分 PAE 的使用。

8.1.2　生物材料与监测指标选择

1. 生物材料选择

增塑剂在人体内的代谢时间短，数小时即可通过尿液排出体外，尿液是评估该类污染物人体内暴露最理想的生物材料。目前，国内外多个国家开展的生物监测项目均以测定尿液中增塑剂代谢物的浓度来评估该类污染物的暴露水平。在收集尿液时，可收集随机尿或晨尿。其中，晨尿最适宜。

少数研究利用血清、唾液、母乳、胎粪等生物材料评估增塑剂暴露。Olse 等（2012）通过测定血清中 10 种 PAE 代谢物，分析 PAE 暴露与老年人心血管疾病之间的关联。也有研究人员利用胎粪中 PAE 代谢物的浓度，分析 PAE 暴露对游离睾酮、总四碘甲状腺素等常见激素的影响，探索 PAE 暴露与新生儿性激素水平和甲状腺激素水平的关联。Silva 等（2005）利用唾液评估 PAE 暴露时，发现唾液中存在的生物酶可水解 PAE 内标，造成测定值高估，并建议对唾液进行酸化处理。需要特别指出的是，应根据不同的研究目的选择不同的生物材料。

2. 监测指标确定

根据母体碳链的长度，PAE 可分为长链 PAE 和短链 PAE。长链 PAE 和短链 PAE 在人体内的代谢路径存在差异。长链 PAE 在体内可进一步参与氧化或水解，产生次级代谢物。表 8-1 列举了增塑剂原形、初级代谢物和次级代谢物。

表 8-1　常见可用于评估增塑剂暴露的生物标志物

增塑剂原形	初级代谢物	次级代谢物
邻苯二甲酸二甲酯（DMP）	邻苯二甲酸单甲酯（MMP）	/
邻苯二甲酸二乙酯（DEP）	邻苯二甲酸单乙酯（MEP）	/
邻苯二甲酸二环己酯（DCHP）	邻苯二甲酸单环己酯（MCHP）	/
邻苯二甲酸丁基苄基酯（BBzP）	邻苯二甲酸单苄基酯（MBzP）	/
邻苯二甲酸二异丁酯（DiBP）	邻苯二甲酸单异丁酯（MiBP）	邻苯二甲酸单羟基异丁酯（OH-MiBP）
邻苯二甲酸二丁酯（DBP）	邻苯二甲酸单正丁酯（MBP）	邻苯二甲酸单羟基正丁酯（OH-MBP）
邻苯二甲酸二（2-乙基己基）酯（DEHP）	邻苯二甲酸单（2-乙基己基）酯（MEHP）	邻苯二甲酸单（2-乙基-5-羟基己基）酯（MEHHP）、邻苯二甲酸单（2-乙基-5-氧己基）酯（MEOHP）、邻苯二甲酸单（2-乙基-5-羧基戊基）酯（MECPP）、邻苯二甲酸单（2-羧基甲基己基）酯（MCMHP）、邻苯二甲酸单（2-乙基-4-羧基丁基）酯（MECBP）、邻苯二甲酸单（2-乙基-3-羧基丙基）酯（MECPrP）、邻苯二甲酸单-2-（1-酮基乙基己基）酯（MOEHP）
邻苯二甲酸二辛酯（DOP）	邻苯二甲酸单辛酯（MOP）	邻苯二甲酸单羟基辛酯（MHOP）、邻苯二甲酸单酮基辛酯（MOOP）、邻苯二甲酸单（3-羧基丙基）酯（MCPP）、邻苯二甲酸单羧基庚酯（MCHpP）、邻苯二甲酸单羧基甲酯（MCMP）、邻苯二甲酸单（5-羧基戊基）酯（MCPeP）
邻苯二甲酸二异壬酯（DiNP）	邻苯二甲酸单异壬酯（MiNP）	邻苯二甲酸单羟基异壬酯（MHiNP）、邻苯二甲酸单酮基异壬酯（MOiNP）、邻苯二甲酸单羧基异辛酯（MCiOP）
邻苯二甲酸二异癸酯（DiDP）	邻苯二甲酸单异癸酯（MiDP）	邻苯二甲酸单羟基异癸酯（MHiDP）、邻苯二甲酸单酮基异癸酯（MOiDP）、邻苯二甲酸单羧基异壬酯（MCiNP）

增塑剂原形	初级代谢物	次级代谢物
环己烷-1, 2-二甲酸二异壬酯（DINCH）	反式环己烷-1, 2-二甲酸单异壬酯（MINCH）、顺式环己烷-1, 2-二羧酸单羧异壬酯（cis-cx-MINCH）	环己烷-1,2-二甲酸单氧基异壬酯（oxo-MINCH）、环己烷-1,2-二甲酸单羟基异壬酯（OH-MINCH）
偏苯三甲酸三（2-乙基己基）酯（TEHT）	/	偏苯三甲酸1-单(2-乙基己基)酯(1-MEHTM)、偏苯三甲酸2-单（2-乙基己基）酯（2-MEHTM）、偏苯三甲酸4-单（2-乙基己基）酯（4-MEHTM）

8.1.3 前处理方法

1. 样品的酶解

PAE 代谢物一般以游离态和结合态共存。笔者所在课题组对不同来源的尿液样品分别进行酶解和不酶解处理，确定不同代谢物在尿液中的存在形式（张续等，2018）。结果表明，MMP、MEP 和 MBzP 主要以游离态存在，MEHP 则以结合态为主。当前，主要采用 β-葡萄糖醛酸酶（E.coli K12）将 PAE 的葡萄糖醛酸结合态代谢物酶解为相应的游离态代谢物。因 β-葡萄糖醛酸酶无脂肪酶活力，即使存在 PAE，也不会将其酶解为相应代谢物，可避免代谢物检测过程中引入 PAE 的外源性干扰。PAE 代谢物的酶解在 30min 内即可完成，但为确保酶解充分，酶解时间需延长至 90min。Jonsson 等（2005）认为来源于罗曼蜗牛的 β-葡萄糖醛酸酶酶解效率与 β-葡萄糖醛酸酶（E.coli K12）没有明显差异，但也有研究表明 β-葡萄糖醛酸酶（来源于罗曼蜗牛）具有脂肪酶活力，可持续将 PAE 酶解为代谢物，造成外源性干扰。笔者比较发现 β-葡萄糖醛酸酶液体酶的酶解效率高于固体酶。

2. 样品提取与净化

样品提取方法主要包括 LLE 和 SPE。LLE 常用乙酸乙酯、正己烷、丙酮、4-甲基叔丁基醚等弱极性溶剂作为提取溶液，如加拿大生物监测项目用正己烷+乙酸乙酯（1+1）提取尿液样品，测定 PAE、DINCH、TEHT 等 31 种增塑剂代谢物；Kim 等（2014）用正己烷+乙醚（8+2）作为提取溶液，MEP、MiBP、MnBP、MEHP、MiNP、MBzP、MEOHP、MEHHP 8 种代谢物的提取效率为 61.6%～100.1%，并认为单独使用正己烷对极性较强的 MEP 类物质的提取效果较差。SPE 中的一步萃取法使用强阴离子交换柱，先将 PAE 代谢物酶解成游离态，再加入少量氨水促进其解离，在碱性条件下，使目标物能更好地吸附在强阴离子交换柱上，最后用含甲酸的洗脱液洗脱目标物，氮吹，复溶，过膜，上机测定，用于检测尿液中 9

种 PAE 代谢物。两步萃取法为分 2 次使用 HLB 柱净化样品，能明显改善基质对质谱信号的抑制作用，可测定 18 种 PAE 代谢物（Feng et al.，2015），但耗时长，成本高，实验过程中容易带入空白干扰且不易排除，在大批量样品测定中应用较少。自动化前处理技术的应用可以更好地控制人为因素，提高重现性，美国 CDC 早在 2005 年就实现了 16 种 PAE 代谢物的在线 SPE-LC-MS/MS 测定，但总体而言，自动或在线 SPE 对实验室仪器条件要求较高，在国内实验室现有条件下应用相对有限。

血液基质比尿液基质更复杂，故常使用 LLE+SPE 处理血液样品。Wang 等（2019）发现，单独使用 LLE 净化血清样品时有较强基质干扰，而使用 LLE+SPE 方式处理，基质效应会得到明显改善。Kondo 等（2010）采用正己烷 LLE 串联硅酸镁（Forisil）SPE 的方式处理尿液样品，同样获得了较好的净化效果。

8.1.4 检 测 方 法

1. 高效液相色谱法

增塑剂在紫外光区有特征吸收，配紫外或二极管阵列检测器的 HPLC 仪是较早用于生物样品中增塑剂及其代谢物检测的仪器，但由于仪器灵敏度和分辨率较低，用于基质复杂的生物样品中痕量目标物的检测难度较大。林兴桃等（2011）使用 HLB 柱对样品进行富集净化，HPLC 法测定尿液中 10 种 PAE 代谢物，检出限为 3.8～7.0ng/ml，也有文献基于分散液液微萃取对尿液进行浓缩，结合 HPLC 法测定尿液中 5 种 PAE 类增塑剂的代谢物，获得较理想的检出限（0.16～0.19ng/ml），但可检测目标物种类较少，仅适用于初级代谢物测定。

2. 液相色谱–质谱法

LC-MS/MS 是定量测定尿液中增塑剂代谢物最常用的方法，广泛应用于美国、加拿大、德国和我国的生物监测项目。对于不同的代谢物，方法定量下限多在 ng/ml 级水平，ESI 源是最理想的离子源。

2000 年，美国 CDC 首次发布了尿液中 8 种 PAE 代谢物的测定方法，但该方法不能很好地分离 MBP/MiBP 这两个重要的同分异构体。随后，研究人员通过改变色谱柱类型，降低流动相流速，改变流动相洗脱程序，延长仪器分析时间等实现了 MBP 和 MiBP 的分离。随着目标物种类逐渐增多，越来越多的同分异构体被鉴别出来，分离同分异构体成为准确测定 PAE 代谢物的关键因素之一。苯基柱对极性物质有更高的灵敏度，且对增塑剂代谢物的峰形和峰分离效果更好，被认为是分离增塑剂代谢物的最佳选择。近 20 年间，美国 CDC 也在不断改进人尿液中增塑剂代谢物检测方法，增加监测指标种类，优化方法检出限，提高检测过程的自动化程度，并发布了第 5 版实验室程序手册。在第 5 版实验室程序手册中，利用在线 SPE-LC-MS/MS 测定了 19 种增塑剂代谢物，检出限为 0.2～1.2ng/ml。

目前，大多数研究人员所关注的增塑剂代谢物主要包括 MMP、MEP、MBP、MiBP、MBzP、MEHP、MEHHP 和 MEOHP。此外，具有相似结构的同分异构体及更为复杂的二级代谢产物也引起了关注。例如，针对 DEHP，目前常用的代谢物监测指标有 MEHP、MEHHP、MEOHP 和 MECPP，但已分离鉴定出的 DEHP代谢物多达 8 种，用于评估 DEHP 的人群暴露水平（Sliva et al., 2006）。笔者所在课题组正在优化的针对 20 种增塑剂的测定方法中，可实现 3 组 7 种同分异构体的分离。

3. 气相色谱-质谱法

增塑剂大多具有羧基基团，极性较大，热稳定性差，不适合直接用 GC-MS 测定，需要对样品进行衍生化处理。常用的衍生化试剂主要有 *N*, *O*-双三甲基硅烷三氟乙酰胺（BSTFA）、*N*-甲基-*N*-（三甲基硅烷基）三氟乙酰胺（MSTFA）、六氟异丙醇（HFIP）、重氮甲烷和三甲硅基重氮甲烷（TMSDM）等。DB-5 等非极性气相色谱柱对初级代谢物有较好的分离效果，Rxi17 等中极性柱对次级代谢物有较好的分离效果。GC-MS 法测定增塑剂代谢物时，多采用三重四极杆质谱检测器，在 SIM 模式下，利用同位素内标法对目标物进行定量，方法检出限多在 ng/ml 级水平，甚至更低水平。例如，Kondo 等（2010）使用 GC-MS 测定尿液中 5 种 PAE 代谢物，采用重氮甲烷对目标物进行衍生化，基于 HP-5 毛细管色谱柱分离，采用 EI 源，在 SIM 模式下进行定量分析，检出限为 1～5ng/ml。也有研究人员利用 HRMS，在负化学电离模式下测定样品，可获得更高的灵敏度和分辨率，适用于尿液中多种同分异构体的定量分析。

8.1.5 应 用 实 例

本应用实例来源于笔者所在课题组，介绍了尿液中 12 种 PAE 代谢物的 UPLC-MS/MS 测定方法。

1. 样品前处理

取 2ml 混匀尿液样品至 5ml PP 管中，加入同位素内标，加入 β-葡萄糖醛酸酶、0.5ml 乙酸铵，振荡后在 37℃下水解 2h。取出降至室温，加入 0.1ml 25%～28% 氨水，振荡后，以 4000r/min 离心 10min，取上清液进行 SPE 测定。用 3ml 甲醇和 3ml 水活化 MAX 柱，上清液依靠自然重力过柱；再用 3ml 水和 3ml 甲醇快速淋洗，空气吹干 8min；用 2ml 2%甲酸甲醇溶液缓慢洗脱，洗脱液用氮气缓慢吹至近干；用 1ml 5%乙腈溶液复溶，复溶液过 0.22μm 聚丙烯（GHP）膜上机测定。

2. 分析条件

（1）LC 参考条件如下。色谱柱：BEH 苯基柱（100mm×2.1mm，1.7μm）。流动相：0.1%乙酸水溶液（A），0.1%乙酸乙腈溶液（B），梯度洗脱为 0min，95% A；14.5min，50% A；18min，10% A；19min，10% A；19.5min，95% A；23.0min，95% A。流速：0.3ml/min。柱温：30℃。进样量：5μl。

（2）MS 参考条件如下。离子源：ESI 源；电离方式：负电离；喷雾电压：−4500V；离子源温度：450℃；扫描方式：MRM 模式。12 种 PAE 代谢物及其内标的质谱参数见表 8-2，色谱图见 8-2。

表 8-2　12 种 PAE 代谢物及其内标的质谱参数

目标物	母离子（m/z）	子离子（m/z）	碰撞能量（CE）	同位素内标	母离子（m/z）	子离子（m/z）	碰撞能量（CE）
MMP	179.1	77.0*	−20	$^{13}C_4$-MMP	183.0	79.0	−27
		107.0	−18				
MEP	192.9	77.0*	−32	$^{13}C_4$-MEP	197.0	79.0	−26
		121.0	−20				
MiBP	221.1	77.0*	−23	$^{13}C_4$-MiBP	225.0	81.1	−27
		134.0	−23				
MEHHP	293.0	121.0*	−23	$^{13}C_4$-MEHHP	297.1	124.2	−25
		145.0	−23				
MnBP	221.1	76.9*	−20	$^{13}C_4$-MnBP	225.0	79.0	−30
		71.0	−21				
MEOHP	291.0	121.0*	−25	$^{13}C_4$-MEOHP	295.2	123.9	−23
		143.0	−25				
MBzP	255.0	77.0*	−26	$^{13}C_4$-MBzP	259.0	76.9	−28
		183.0	−19				
MCHP	247.1	77.0*	−28	$^{13}C_4$-MCHP	251.1	79.0	−29
		97.1	−28				
MEHP	276.9	134.0*	−24	$^{13}C_4$-MEHP	281.0	136.9	−25
		77.0	−42				

续表

目标物	母离子 （m/z）	子离子 （m/z）	碰撞能量 （CE）	同位素内标	母离子 （m/z）	子离子 （m/z）	碰撞能量 （CE）
MOP	277.1	77.0*	−32	¹³C₄-MOP	280.9	127.0	−25
		127.0	−30				
MNP	291.1	140.9*	−29	¹³C₄-MNP	295.1	79.2	−32
		77.0	−39				
MDP	305.1	154.9*	−26	¹³C₄-MDP	309.1	79.1	−31
		77.0	−30				

*定量离子。

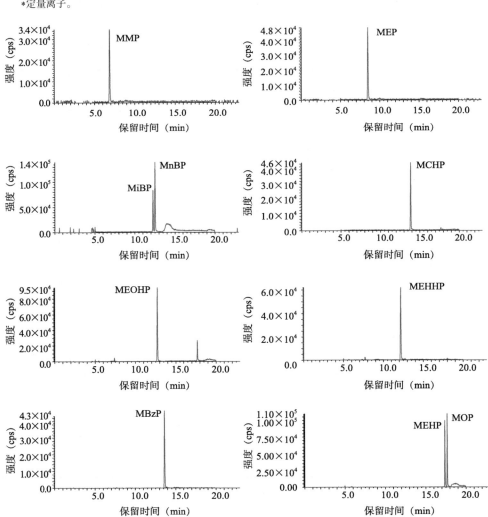

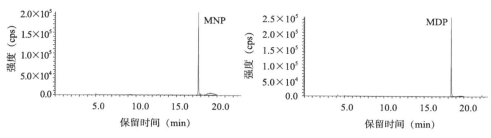

图 8-2　12 种 PAE 代谢物色谱图

3. 方法特性

12 种 PAE 代谢物的方法检出限为 0.08～0.82μg/L，MMP、MEP、MEOHP、MEHHP、MEHP、MCHP、MBzP、MOP、MNP、MDP 10 种物质在 2～50μg/L 加标浓度范围内，MiBP 在 4～100μg/L 加标浓度范围内，MnBP 在 6～150μg/L 加标浓度范围内，回收率为 80%～125%，日内精密度＜15%，日间精密度＜20%。

4. 质量控制措施

为有效控制空白，应对实验过程中所有涉及的试剂、耗材进行筛查。尿液样品应储存在硼硅酸盐玻璃或聚丙烯材质的冻存管中，使用 Teflon 或带有 Teflon 胶垫的盖子。甲醇、乙腈、乙酸铵等试剂优先选择 MS 级，宜现用现配，避免使用存储时间超过 1 个月的试剂。实验过程中，尽量采用玻璃器皿，使用前仔细清洗、烘烤。

4℃下保存样品时，PAE 代谢物会发生降解；–20℃下可至少保存 3 个月；–40℃下可至少保存 6 个月；–70℃下可至少保存 1 年。

样品测定过程中同批测定空白样品和质控样品。定性时，应同时考虑保留时间的偏移和相对丰度变化。

5. 方法应用

笔者所在课题组测定了北京市辖区范围内 70 名不同年龄段人群尿液中 PAE 代谢物含量。结果显示，所有受试者体内可检出至少 6 种 PAE 代谢物，其中 MEP、MEOHP、MiBP、MnBP、MEHHP、MEHP 的检出率为 100%。12 种 PAE 代谢物的总暴露水平为 39.6～1 931ng/ml，其中 MnBP 最高，MiBP 次之。分析各年龄段人群体内 PAE 代谢物暴露水平可知，儿童体内水平最高（371ng/ml），其次为青年人（332ng/ml），老年人最低（276ng/ml），具体见图 8-3。可能的原因是不同人群具有不同的生活方式或行为习惯，并影响增塑剂的摄入。比较国内外人群体内 PAE 代谢物水平，也发现生活方式或行为习惯对暴露特征的影响，如国外人群暴露水平较高的是 MEP，而我国人群暴露水平较高的是 MnBP，推测可能是由于欧美国家人群普遍使用香水等富含 DEP 的日用品导致 MEP 高暴露，而我国人群 MnBP 高暴露则可能与 DBP 的广泛使用有关。

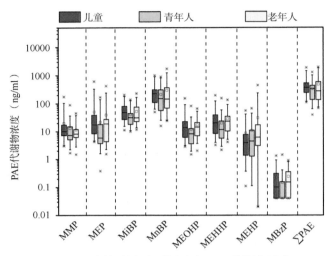

图 8-3　不同年龄段人群尿液中 PAE 代谢物浓度

引自：Zhang X，Tang S，Qiu T，et al. 2020. Investigation of phthalate metabolites in urine and daily phthalate intakes among three age groups in Beijing，China. Environmental Pollution，260：114005

8.2　多环芳烃

多环芳烃（polycyclic aromatic hydrocarbon，PAH）是一类由至少 2 个苯环组成的芳香化合物，已被发现的 PAH 及其衍生物多达 400 余种。PAH 数量多、分布广、与人类关系密切，是一类无处不在的污染物。一般而言，具有 4 环以上结构的 PAH 毒性较大。其中，以苯并芘的毒性最强，由 PAH 暴露引发的健康风险已经受到国内外的广泛关注。1983 年，IARC 将苯并芘确认为 1 类致癌物。目前，包括我国在内的多个国家和地区将多种 PAH 列为优控污染物。同时，美国、加拿大等国家开展的人体生物监测项目也对 PAH 代谢物进行了大范围的人群监测。

8.2.1　暴露来源、途径及健康风险

1. 暴露来源

PAH 的污染源主要包括火山爆发、森林火灾等自然源，以及与人类活动相关的人为源（如煤炭、油、木材等有机物的热解和不完全燃烧），且呈现出明显的地域区别和季节变化。对于北方而言，采暖季的 PAH 浓度高于非采暖季；而对于南方地区而言，PAH 的污染则主要来自汽车尾气排放及工业生产。北京市大气中

苯并芘浓度调查发现，2016 年北京市大气颗粒物中苯并芘浓度为 8.06ng/m³，冬季的污染更严重，平均浓度为 18.6ng/m³（Chang et al., 2019）。这可能与我国石油、煤炭及生物能源占比过高有关。此外，在食物加工过程中，特别是在烟熏、火烤、煎炸过程中，燃料、食物或食物油脂、食用油的不完全燃烧和热解也会产生 PAH。

2. 暴露途径

饮食、吸烟、室内空气、室外空气等都是普通人群摄入 PAH 的主要途径，PAH 通过吸入与食入进入人体。对于非吸烟者，经口摄入是 PAH 最主要的摄入方式。

（1）呼吸道吸入：PAH 可吸附在细颗粒物上，通过呼吸直接进入肺部。Chang 等（2019）基于北京市大气颗粒物中 PAH 的浓度水平，估算北京市民每日 PAH 摄入量的 P_5、P_{50} 和 P_{95} 分别为 0.05ng/（kg·d）、1.77ng/（kg·d）和 45.5ng/（kg·d），认为在该浓度暴露范围内存在一定的健康风险。吸烟也是经呼吸道摄入 PAH 的重要来源。吸烟者体内 1-羟基芘的浓度与未吸烟者存在显著差异，浓度分别为 1.41ng/ml 和 0.8ng/ml。对于职业人群，经呼吸道摄入是 PAH 暴露的最重要途径。

（2）饮食摄入：对于暴露于空气污染较轻环境中的非吸烟个体，饮食暴露的 PAH 甚至可达总 PAH 暴露量的 80%以上。针对烧烤人群开展的 PAH 暴露研究表明，饮食是烧烤人群 PAH 的主要暴露。此外，皮肤吸入亦不容忽视。衣服并不能完全屏蔽 PAH 对皮肤的暴露。烧烤过程中，即使不吃烧烤食品，在周围旁观也有可能通过皮肤摄入相当多的 PAH。而为避免食物对 PAH 摄入造成的影响，有研究还对受试者进行饮食控制，以增加实验的准确性。

3. 健康风险

PAH 暴露可诱发肺癌、皮肤癌、鼻癌和膀胱癌等疾病，其机制是 PAH 可与芳香烃受体（aryl hydrocarbon receptor，AhR）结合，诱导下游靶基因表达，激活代谢酶，调控信号传导、细胞分化、细胞凋亡等重要生物学过程。AhR 是一种配体激活转录因子，具有介导苯并芘及其他结构类似化合物的生理和毒理作用的功能。当与配体结合后，AhR 会转移到细胞核内与 AhR 核易位体蛋白结合形成二聚体，随后启动外源性化学物质反应元件的转录过程，诱导细胞色素 P450 家族中的 CYP1A1、CYP1A2 等外源化学物代谢酶表达。此外，PAH 暴露与心血管疾病、肥胖、糖尿病和机体氧化应激密切相关。

8.2.2　生物材料与监测指标选择

1. 生物材料选择

PAH 具有一定的脂溶性，其进入人体后，更倾向于富集在脂肪丰富的组织中。

PAH 被组织代谢可形成各种芳香环氧化物，经重排后生成羟基 PAH 和二氢二醇。尿液、全血、血浆、血清、唾液、呼出气、头发、卵泡液、胎盘、母乳和脑脊液等均可作为开展 PAH 暴露评估的生物材料，研究人员可根据不同的研究目的选择合适的样品类型。例如，开展大规模人体生物监测工作时，应以易获取、无创伤且灵敏度及特异度较高的尿液为宜。美国、加拿大、德国开展的人体生物监测项目中，均以尿液中羟基 PAH（OH-PAH）作为生物标志物。胎盘或血液则常用于确定 PAH 的宫内暴露。母乳用于评估 PAH 暴露与婴幼儿生长发育的关联性。

2. 监测指标确定

目前对于 PAH 人群暴露的理想生物标志物仍存在争议。PAH 在人体内的半衰期较短，几小时内可通过氧化、水解等方式进行代谢转化，因此羟基 PAH 代谢物成为最广泛应用的生物标志物。其中，高分子量（䓛等多环 PAH）的 OH-PAH 代谢物通过粪便排出，低分子量的 OH-PAH 多通过尿液排出。常见的监测指标有 3-羟基苯并芘（3-BaP）、2-羟基䓛（2-CHR）、3-羟基䓛（3-CHR）、4-羟基䓛（4-CHR）、2-羟基荧蒽（2-FLA）、3-羟基荧蒽（3-FLA）、1-羟基萘（1-NAP）、2-羟基萘（2-NAP）、1-羟基菲（1-PHE）、2-羟基菲（2-PHE）、3-羟基菲（3-PHE）、1-羟基芘（1-PYR）等。但是，也有研究人员指出 PAH 的代谢消除取决于其在人体的生物转化率，而不同个体对 PAH 的生物转化率存在差异，以 PAH 母体化合物作为生物标志物能避免因个体差异造成的不准确性。

8.2.3 前处理方法

1. 样品水解

生物样品中 PAH 代谢物主要以游离态或结合态形式存在，测定前需将结合态的 OH-PAH 变成游离态。在样品酶解过程中，酶的种类和用量、pH、温度、酶解时间等因素会影响酶解效率。有研究认为，β-葡萄糖醛酸酶/芳基硫酸酯酶的添加量为 400U/ml 尿液时，酶解 2h 后即可获得较好的回收率；也有研究通过正交试验优化酶解体系，当 β-葡萄糖醛酸酶添加量为 173.8U/ml，芳基硫酸酯酶添加量为 4.42U/ml 时，尿液经 4h 达到完全酶解。笔者所在课题组利用液体酶建立了尿液中 OH-PAH 的检测方法。除采用酶水解外，也有少量研究采用酸水解的方式，先用 2mol/L 盐酸溶液调节尿液的 pH 至 2，在 80℃下保持 1h，水解完成后，再用 2mol/L 氢氧化钠溶液将 pH 调回至 7，再进行后续 SPE 处理。目前，酸水解法的应用较少。有文献报道，酸的加入能够导致 PAH 代谢过程中的某些代谢产物转化为酚类代谢物，使 OH-PAH 的测定结果偏高。

2. 样品提取与净化

文献报道比较多的提取方式有 LLE、SPE、SPME、顶空 SPME、直接沉淀等。此外，部分 OH-PAH 在光照条件下即可发生代谢转化，故操作过程中应尽量避光或使用黄光光源。

（1）LLE：一般采用正己烷、戊烷等弱极性溶剂提取尿液中的目标物。Santos 等（2019）用 1ml 正己烷萃取唾液样品，取有机相上清液进行 PTV-GC-MS 测定，11 种 PAH 的方法检出限为 0.58～8.21ng/ml。有研究用戊烷+甲苯（8+2）提取尿液中 10 种羟基 PAH，LC-MS/MS 测定，检出限为 1.7～17ng/L，与 GC-HRMS 的水平相当。血液样品用正己烷+甲基叔丁基醚（1+1）提取，可明显降低基质效应。此外，也有研究利用 LLE，配合离心、冷冻等前处理过程，完成样品净化，用正己烷+二氯甲烷（8+2）处理血浆和全血样品，采用 GC-MS 测定 22 种 PAH 污染物，检出限为 5～121ng/L。在 LLE 基础上发展起来的液液微萃取、固相支撑 LLE、漂浮固化分散液液微萃取等技术具有溶剂使用量少、自动化程度高等特点。Ghorbani 等（2016）以 0.5ml 丙酮作为分散剂，200μl 二氯甲烷作为提取剂，仅需萃取一次即可完成 5ml 尿液样品中萘、苊和菲的提取，明显减低了有机溶剂的使用量，方法检出限为 0.03～0.04ng/ml，回收率为 85.4%～91%。

（2）SPE：OH-PAH 的富集净化多在 C_{18} 柱上完成。笔者所在课题组基于 C_{18} 柱建立了尿液中 12 种 PAH 代谢物的 SPE 前处理方法。将 10ml 尿液进行酶解，C_{18} 柱萃取，甲醇洗脱后进行 UPLC-MS/MS 测定，检出限为 0.04～0.9ng/ml。HLB 柱适用于 PAH 的前处理。有研究对 5ml 尿液进行萃取，4ml 乙酸乙酯和 2ml 乙醇洗脱后 HR-GC-TOF/MS 测定，获得了较好的净化效果，处理后样品的基质效应为 0.8～1.2，提取效率大于 75%。Campo 等（2009）则基于 HS-SPME 建立了 PAH 测定方法，尿液中 13 种污染物被聚二甲基硅氧烷纤维吸附，高温后 GC-MS 测定，检出限为 2.28～22.8ng/L。有研究采用磁固相萃取–高效液相色谱–荧光检测器（SPE-HPLC-FLD）测定尿液中 1-PHE，检出限为 0.001μg/ml，但由于磁 SPE 技术制备过程较复杂，且成本相对较高，大批量检测时应用较少。

8.2.4 检测方法

1. 高效液相色谱法

1-PYR 等代谢物可产生荧光，故 HPLC-FLD 是早期开展 PAH 代谢物测定的重要手段。段小丽等（2004）通过 HPLC-FLD 测定尿液中的 1-羟基芘、9-羟基苯并[a]芘和 3-羟基苯并[a]芘，回收率为 70%～85%，检出限为 0.025～0.05μg/ml。有研究用铜钛菁做预柱富集 1-PYR，建立了尿液中 1-PYR 的在线测定方法，省略了较复杂的样品前处理过程，具有选择性强、分析时间短、检出限低（0.01pmol）和重现性好（RSD=4.9%，*n*=7）等优点，另有研究采用聚氨酯泡沫对尿液进行净化，采用 HPLC-UV 测定 11 种 PAH 污染物，方法检出限为 0.1～0.5ng/L，回收率＞90%。

2. 液相色谱–质谱法

质谱检测技术具有良好的分辨率和灵敏度，被广泛用于 OH-PAH 的定量分析。与 APCI 源相比，ESI 源更适合电离 OH-PAH，在负电离模式下，生成[M-H]⁻。比较不同监测模式下 OH-PAH 的质谱信号，发现选择性反应监测模式的质谱信号强于 SIM 模式和中性丢失扫描模式，检出限比 SIM 模式低 1～2 个数量级（Xu et al. 2004）。一般而言，源温越高，目标物的电离效果越好，但为防止 OH-PAH 发生源内裂解，离子源温度以 300～350℃为宜。笔者所在课题组建立了尿液中 12 种 OH-PAH 的 UPLC-MS/MS 测定方法，以负离子电喷雾多反应监测模式检测样品，在 0.04～20ng/ml 范围内线性相关系数＞0.99，方法检出限为 0.01～0.41ng/ml，回收率为 80%～105%。HPLC-MS/MS 避免了 GC 及 GC-MS 烦琐的衍生化过程，多反应监测模式亦减少了 HPLC-FLD 分析过程中基质干扰问题，是定量测定人体生物样品中 OH-PAH 高效、实用的方法，但也存在部分目标物容易受基质效应及同分异构体共流出的影响。

3. 气相色谱及其联用技术

GC-FID 可用于测定尿液中 PAH 及其代谢物。虽然，FID 检测器具有较好的灵敏度和分辨率，但对多组分物质的定性能力弱，导致基于 FID 检测器开发的测定方法所适用的目标物种类较少。GC-MS 是测定全血、血清、血浆中 PAH 原形的常用方法，有研究测定了妊娠女性的脐带血中 55 种 PAH，检出限为 0.58～2.9ng/ml。GC-MS 也常见于测定尿液中 OH-PAH 代谢物，具有较高的灵敏度，可解决 2-PHE 和 3-PHE 及 1-PHE 和 9-PHE 等组分在液相色谱柱中共流出的问题，但样本量需求较大，且需进行衍生化处理，常用的衍生化试剂有 BSTFA、MSTFA。随着高分辨率和高灵敏度质谱技术的发展，HRMS 和串联质谱也用于 OH-PAH 的测定。GC-HRMS 法测定尿液中 24 种 OH-PAH 的方法中，目标物经叠氮基三甲基硅烷衍生，同位素内标法定量，检出限可达 pg/ml，回收率为 66%～72%，精密度＜10%。

8.2.5 应用实例

本应用实例来源于笔者所在课题组，介绍了尿液中 12 种 OH-PAH 的 GC-MS/MS 测定方法。

1. 样品前处理

混匀尿液样品后取 2ml 置于 12ml 玻璃离心管中，加入 β-葡萄糖醛酸酶/硫酸芳酯酶–乙酸钠缓冲溶液、抗坏血酸溶液和 20ng 内标，振荡后在 37℃下避光酶解 16h。酶解液中加入 2ml 纯水和 5ml 甲苯+戊烷（1+4）萃取剂，振摇，离心 10min（4500g），转移上清液。重复 1 次，合并上清液。加入 1ml 硝酸银，振摇，离心，将上清液在 40℃下浓缩 20min，后升温至 70℃浓缩至近干。加入 20μl 甲苯复溶，转移至事先加入 10μl 回收内标和 10μl MSTFA 的棕色进样小瓶中，振荡混匀后，60℃避光衍生化 40min。

2. 分析条件

（1）GC 参考条件如下。色谱柱：DB-5MS 色谱柱（30m×0.25mm，0.25μm）；进样口温度：270℃；进样方式：不分流进样；载气（氦气）：恒定流量 0.9ml/min；进样量：1μl；升温程序：起始温度为 95℃，保持 1min，以 15℃/min 升温至 195℃，再以 2℃/min 升温至 206℃，保持 5min，再以 40℃/min 升温至 300℃，保持 6min。

（2）MS 参考条件如下。接口温度：270℃；离子源温度：270℃；电离模式：EI 源；电子能量：70eV；扫描方式：MRM 模式，其他相关参数见表 8-3，色谱图如图 8-4。

表 8-3 12 种 PAH 代谢物及内标的质谱参数

目标物	缩写	定量离子对（m/z）	定性离子对（m/z）	碰撞能量（CE）	内标
1-羟基萘	1-NAP	216.1→185.1	201.1→185.1	27	$^{13}C_6$-1-NAP
2-羟基萘	2-NAP	216.1→185.1	201.1→185.1	27	$^{13}C_6$-2-NAP
9-羟基芴	9-FLU	254.1→165.0	239.1→165.0	20	$^{13}C_6$-9-FLU
3-羟基芴	3-FLU	254.1→165.0	239.1→165.0	20	D_9-3-FLU
2-羟基芴	2-FLU	254.1→165.0	239.1→165.0	23	D_9-2-FLU
4-羟基菲	4-PHE	234.8→220.0	266.1→235.1	30	D_9-4-PHE
3-羟基菲	3-PHE	266.1→235.1	251.1→235.1	27	$^{13}C_6$-3-PHE
1-羟基菲	1-PHE	266.1→235.1	251.1→235.1	27	D_9-1-PHE
2-羟基菲	2-PHE	266.1→235.1	251.1→235.1	27	D_9-2-PHE
1-羟基芘	1-PYR	290.1→258.9	275.1→258.9	30	D_9-1-PYR
3-羟基䓛	6-CHR	316.1→281.0	301.1→281.0	30	$^{13}C_6$-6-CHR
6-羟基䓛	3-CHR	316.1→281.0	301.1→281.0	30	D_{11}-3-CHR
回收内标	$^{13}C_{12}$-PCB105	337.9→267.9	339.9→267.9	30	/

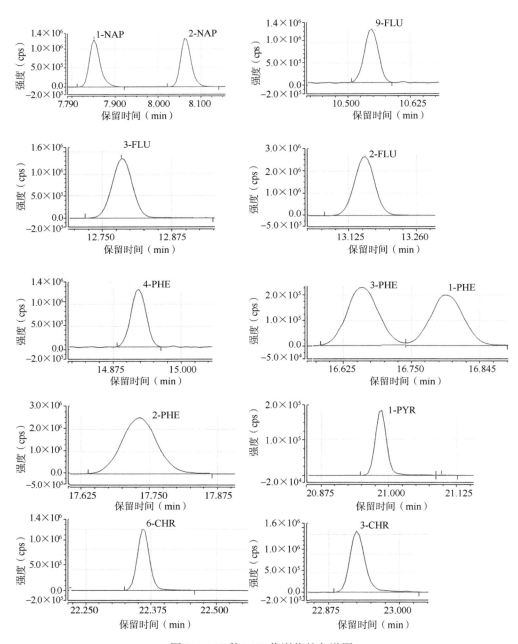

图 8-4 12 种 PAH 代谢物的色谱图

3. 方法特性

12 种 PAH 代谢物的方法检出限为 0.01～0.05μg/L。1-NAP 和 2-NAP 加标浓度为 0.5～75μg/L，其他 9 种 PAH 代谢物加标浓度为 0.1～15μg/L 时，加标回收率

为 71.5%~138%，日内精密度和日间精密度均控制在＜20%，回收内标的精密度控制在＜10%。

4. 质量控制措施

实验环境可能会造成空白影响，需评估整个处理过程是否存在空白，并评估其来源。吸烟行为对 2-NAP 测定影响较大，实验区域应避免吸烟者进入。

每批次样品分析前应对仪器系统进行调谐校正，确认仪器性能状态良好。校准曲线应至少使用 6 个浓度梯度的标准溶液，且最低点浓度应接近方法定量限，相关系数应＞0.99。每测试 20 个样品，应测定一次校准曲线中间浓度点，确认仪器性能是否会发生明显变化。若该点结果相对偏差＞20%，需要查明原因，必要时重新绘制标准曲线。进样内标响应值的 RSD 应＜20%。每批次样品测定时，应至少测定 2 个空白样品。若空白样品测定结果低于方法检出限，可忽略不计；若略高于方法检出限但比较稳定，可进行多次重复试验，计算平均值并从样品测定结果中扣除；若明显超过正常值，应查找原因并采取适当的纠正和预防措施，并重新测定样品。如样品中目标物浓度超过测量范围，需复测。复测时应减少取样体积或对样品进行适当稀释。每批次样品，应随机抽取一定比例进行平行样测定。

5. 方法应用

笔者所在课题组测定了我国某地区 450 份人群尿液样品。结果显示，1-NAP、2-NAP、2-FLU、3-FLU、9-FLU、1-PHE 和 2-PHE 7 种 PAH 代谢物检出率为 100%；3-PHE、1-PYR 和 4-PHE 的检出率分别为 98.1%、97.1% 和 94.2%；3-CHR 和 6-CHR 未检出。以 1-NAP 为例，其在尿液中的检出浓度范围为 0.21~41.89μg/L，P_{25}（四分位值）为 2.62μg/L。

8.3 有机磷农药

有机磷农药（organophosphorus pesticide，OP）大多属于中毒和高毒类，少数属于低毒和剧毒类。OP 的大量使用已经给人类造成了较大危害，农药残留问题越来越引起各国政府的关注。我国于 2007 年禁止生产和使用甲胺磷、甲基对硫磷、对硫磷、久效磷和磷胺等高毒 OP，但每年仍可见因上述农药引发的中毒或食品安全事件，表明仍有一部分人群暴露于这些高毒 OP。同时，传统高毒农药的禁用必然导致其替代品，如乐果、氧乐果、敌敌畏、敌百虫、辛硫磷等农药的使用量大幅增长，进而导致新的公共卫生问题。因此，加强 OP 职业暴露和非职业暴露的生物监测，对维护人们身体健康具有重要意义。

8.3.1 暴露来源、途径及健康风险

1. 暴露来源

多数 OP 化学结构通式为(RO)$_2$P(O)X 或(RO)$_2$P(S)X。化学结构通式中 RO 大多为甲氧基或乙氧基，亦可为苯基或其他基团；X 为烷氧基、芳香基、卤基或杂环取代基。根据取代基团的不同，OP 一般分为如下几类：①磷酸酯类，包括敌敌畏、二溴磷、久效磷、磷胺等；②硫代磷酸酯类，包括对硫磷、甲基对硫磷、氯吡硫磷（毒死蜱）、二嗪农、内吸磷、乐果、氧乐果、马拉硫磷等；③磷酰胺酯类，主要有甲胺磷；④膦酸酯类，代表产品有敌百虫和地虫磷。

OP 以除草剂、杀虫剂为主，在农业上使用 OP 是其进入环境的重要来源。在农药施用过程中，10%～20%的农药进入空气或被植物吸收，剩下部分进入土壤。土壤中的 OP 除部分被土壤吸附外，其余可通过土壤表面向空气中挥发或通过降雨和农业径流进入水体，进而在各类生物体内富集。

2. 暴露途径

食物是人体摄入 OP 的重要途径之一。有研究对采自我国的 75 000 份蔬菜样品进行了乙酰甲胺磷、氯吡硫磷、敌敌畏等 19 种 OP 的测定工作，其中氯吡硫磷、丙溴磷和三唑磷检出率较高。乐果的检出浓度最高为 21.9mg/kg。进一步估算 2～7 岁儿童的 OP 摄入量为每日 0.188～6.18μg/kg bw；20～50 岁成年女性的 OP 摄入量为每日 0.118～3.72μg/kg bw，这说明儿童通过饮食摄入 OP 的风险高于成年人（Chen et al.，2019）。目前，尚无证据证明 OP 可通过饮水进入人体，但我国部分地区地下水中的敌敌畏和乐果的最高污染浓度分别为 7.1ng/L 和 17.7ng/L，表明存在一定风险（陈卫平等，2018）。

与饮食摄入相比，呼吸道吸入 OP 的贡献率较低。研究发现，农业种植区附近居民开窗通风时，室内 OP 浓度升高，估算呼吸道吸入敌百虫、敌敌畏和杀螟硫磷的量分别为 0～35ng/kg bw、0～26ng/kg bw 和 0～44ng/kg bw（Kawahara et al.，2005）。采自农业区室内灰尘中 OP 的检出率为 99%，其中保棉磷、亚胺硫磷、马拉硫磷、氯吡硫磷浓度明显高于非农业区。OP 在室内灰尘中的浓度与家庭距农业区的距离呈负相关，与家庭中务农人口数量呈正相关，表明 OP 污染与农业活动有关（Jaime et al.，2018）。

职业人群主要通过呼吸道吸入和皮肤吸收 OP，其摄入量远高于普通人群。例如，韩国农药生产工厂室内空气中存在高浓度的污染物残留，氯吡硫磷的浓度为 0.01～12.9mg/m³；约 58.8%的工作时间内 OP 暴露水平超过韩国职业暴露限值。此外，农民使用农药也会明显增加其 OP 摄入量。研究显示，尿液中 OP 肌酐校正

浓度工作前为 4.29μg/g，喷洒农药后上升至 43.7μg/g，并在第 2 天和第 3 天下降至 38.1μg/g 和 22.8μg/g（Wang et al.，2016）。

3. 健康风险

OP 长期低剂量暴露带来的健康风险已受到关注，其慢性暴露与人体多种疾病或功能障碍有关，特别是通过干扰下丘脑–垂体–甲状腺轴、下丘脑–垂体–性腺轴和下丘脑–垂体–肾上腺轴引起的内分泌干扰效应。多模型体外试验证明，OP 暴露可对鱼类产生甲状腺干扰，造成甲状腺肥大，引起血中甲状腺素水平降低；也可引起老鼠促肾上腺皮质激素、皮质酮和肾上腺素水平降低，影响葡萄糖稳态，导致血清中总胆固醇、三酰甘油和低密度脂蛋白含量降低。然而，流行病学结果对 OP 暴露是否能引发甲状腺功能障碍仍存争议。Mulder 等（2019）研究显示，在多元线性回归模型下，OP 浓度与体内甲状腺激素或抗体不存在任何相关性；而另一项研究认为尿液中 OP 残留与 FT_4 呈正相关，与 TSH 呈负相关。Wang 等（2016）的研究表明，农民尿液中 8-OHdG 浓度水平在一定程度上与尿液中 OP 及其代谢物残留相关，且尿液中 8-OHdG 浓度在刚刚结束劳作的第 1 日内可达到峰值水平，并在之后 2~3 日恢复到正常基线水平，提示 OP 暴露与氧化应激有关。此外，OP 暴露还与心肺功能有关，将妊娠女性分为无暴露组、间接暴露组、家庭接触组及职业接触组 4 组，评估 OP 暴露与妊娠期高血压之间的关联，结果显示家庭接触和职业暴露可使妊娠女性发生妊娠期高血压的风险提高 7%和 12%，二嗪农和马拉硫磷是引起妊娠期高血压的重要污染因素（Caterina et al.，2015）。另外，OP 暴露被证明可引起心率和峰值呼吸频率降低，亦有报道可引起动物及人类精子质量降低。

8.3.2　生物材料与监测指标选择

1. 生物材料选择

OP 进入人体后，随血液迅速分配到全身各器官组织，并可在脂肪含量丰富的组织中部分富集。OP 半衰期较短，多在数小时至数天降解排出，水解是 OP 在人体内的重要生物转化过程。多数 OP 通过水解生成水溶性的烷基磷酸酯，经肾随尿液排出体外。因此，尿液是开展 OP 人群内暴露评估的最优生物材料。血浆、血清、全血也常用于评估 OP 的人群内暴露。血液、尿液中 OP 测定是评估其暴露的常用方法，能够直接反映 OP 的摄入情况，对急性中毒或慢性暴露的诊断及鉴别有重要意义。除此之外，唾液、头发、汗液及组织等也可用于 OP 暴露监测，但上述生物材料中的 OP 浓度较低，适用于 OP 摄入量较大的职业人群。

2. 监测指标确定

以原形为监测指标时，暴露后应尽快采样，采样时注意避免污染。目前较为普遍的是以烷基磷酸酯类（dialkyl phosphate，DAP）代谢物作为 OP 的监测指标，可反映近期低水平 OP 暴露。但是，这些指标是许多有机磷化合物共有的，所以体现的是 OP 的总接触量，缺乏特异度。据文献报道，在美国注册登记的市售 OP 中，约 75%可在人体内代谢为烷基磷酸酯、烷基硫代磷酸酯或烷基二硫代磷酸酯，并随尿排出。表 8-4 列举了常用于评估 OP 内暴露的生物材料、监测指标及每日摄入参考剂量。由于尿液中烷基磷酸酯含量与 OP 暴露水平及健康危害关系的资料有限，目前尚未提出其生物限值。但美国 EPA 综合风险信息系统数据库和农药残留联席会议分别提供了多种 OP 的参考剂量（RfD）和每日允许摄入剂量（ADI），为计算 OP 慢性暴露的风险熵提供了依据。

表 8-4 常见可用于评估有机磷农药暴露的生物标志物及每日摄入参考剂量

有机磷农药原形	监测指标	生物材料	每日摄入参考剂量（mg/kg）
乙酰甲胺磷	乙酰甲胺磷	血液/尿液	RfD：$4×10^{-3}$
	甲胺磷	尿液	/
益棉磷	益棉磷	血液	/
保棉磷	硫代磷酸二甲酯	尿液	ADI：$3×10^{-2}$
溴硫磷	溴硫磷	血液	ADI：$4×10^{-2}$
氯吡硫磷	磷酸二乙酯，硫代磷酸二乙酯	尿液	ADI：$1×10^{-2}$
	3,5,6-三氯羟基吡啶	血液/尿液	/
内吸磷	磷酸二乙酯，硫代磷酸二乙酯	尿液	RfD：$4×10^{-5}$
二嗪磷	磷酸二乙酯，硫代磷酸二乙酯	尿液	ADI：$5×10^{-3}$
	2-异丙基-6-甲基-4-羟基嘧啶	尿液	/
乐果	乐果	血液/尿液	RfD：$2×10^{-4}$，ADI：$2×10^{-3}$
	氧化乐果	尿液	/
马拉硫磷	马拉硫磷	血液	RfD：$2×10^{-2}$
	马拉硫磷二羧酸，磷酸甲酯，硫代磷酸二乙酯	尿液	/
除线磷	除线磷	血液	/
	2,4-二氯丙烷	尿液	/
敌敌畏	敌敌畏	血液	RfD：$5×10^{-4}$
	磷酸二甲酯，硫代磷酸二甲酯	尿液	/
乙拌磷	乙拌磷	血液	RfD：$4×10^{-5}$
	砜拌磷，二乙基酚硫醇	尿液	/

续表

有机磷 农药原形	监测指标	生物材料	每日摄入参考剂量（mg/kg）
杀螟硫磷	杀螟硫磷	血液	/
	3-甲基-4-硝基酚	尿液	/
速灭磷	磷酸二甲酯	尿液	ADI：8×10^{-4}
久效磷	磷酸二甲酯	尿液	ADI：6×10^{-4}
对硫磷	对硫磷/对氧磷	血液	ADI：4×10^{-3}
	对硝基酚，磷酸二乙酯	尿液	/
甲基对硫磷	对硝基酚，磷酸二乙酯	尿液	RfD：2.5×10^{-4}，ADI：3×10^{-3}
甲拌磷	磷酸二乙酯，硫代磷酸二乙酯	尿液	ADI：7×10^{-4}
喹硫磷	喹硫磷	血液/尿液	RfD：5×10^{-4}
	磷酸二乙酯，硫代磷酸二乙酯	尿液	/
特硫磷	磷酸二乙酯，硫代磷酸二乙酯	尿液	/
敌百虫	敌百虫	血液/尿液	ADI：2×10^{-2}
安硫磷	乐果	血液	/
草甘膦	草甘膦	尿液	RfD：1×10^{-1}，ADI：1
	氨甲基膦酸	尿液	/

8.3.3 前处理方法

1. 液液萃取法

液液萃取法（LLE）是 OP 及其代谢物测定过程中最常用的前处理方法之一。萃取过程较常用的有二氯甲烷、乙酸乙酯、丙酮和正己烷等中等极性或弱极性溶剂。Luzardo 等（2015）使用二氯甲烷、乙酸乙酯和丙酮的混合溶剂，提取 2ml 全血样品，测定 109 种农药，方法定量限为 5～50ng/ml，回收率为 77%～105%。前处理过程中，除了溶剂提取，还对提取后的样品溶液进行离心、氮吹浓缩、环己烷复溶，并采用冷冻法进一步净化样品，去除样品中的脂质和蛋白杂质。

相比于全血和血清样品，尿液样品的处理相对简单，一般需较少提取溶剂就能获得满意的提取效果，这可能与尿液基质相对简单有关。有研究用二氯甲烷提取 0.8ml 尿液中的 OP，提取效率较高，灵敏度达到 pg/ml 级水平。DAP 类代谢物具有较强极性，直接采用 LLE 法很难将其从尿液基质中有效分离，导致提取效率低且平行性差，需要通过冷冻干燥先去除水分，再使用有机溶剂。有文献报道，先将尿液真空冷冻干燥，再用五氟苄基溴衍生化处理，正己烷 LLE，GC-MS/MS 测定 6 种 DAP 类代谢物，方法定量限为 0.01～0.1ng/ml，回收率为 91%～115%。

2. 固相萃取法

基于 OP 及其代谢物的不同性质，可选择不同的 SPE 柱，常用的有反相 C$_{18}$亲水亲脂平衡柱和填充有弱离子官能团化聚合物吸附剂的离子交换柱。Ueyama 等（2014）基于 WAX 柱，建立了 1ml 尿液中 OP 代谢物的 SPE 法，方法检出限为 0.3～1.2ng/ml，回收率为 64%～101%。Raposo 采用 HLB 柱建立了血液中 9 种 OP 的前处理方法，需要 500μl 样品，方法检出限为 50～100ng/ml。在此基础上，Chang 等（2016）在测定血清样品中 OP 时发现，采用 ProElut C$_{18}$柱的绝对回收率高于 HLB 柱和 ENVI-18 柱。OP 属于半挥发性物质，氮吹浓缩时需注意氮气流速，并避免对样品进行加热，防止目标物损失。

3. 其他方法

越来越多的研究开始关注样品需求量小且溶剂用量较少的微萃取技术。Davis 等（2013）用 96 孔 HLB 柱对 1ml 尿液样品进行前处理，测定 OP 的特异性代谢物，方法定量限为 0.03～0.1ng/ml，回收率为 50%～98%。此外，在线 SPE、SPME、液液微萃取、QuEChERS 等技术也在快速发展，已有文献将快速搅拌直接悬浮液滴微萃取技术用于 0.1ml 血液样品的提取。直接沉淀法是向样品中加入试剂沉淀脂质和蛋白等干扰物，然后采用离心分离的方式获得预处理样品，如有研究采用蛋白沉淀法对 0.2ml 血清样品进行处理，LC-MS/MS 测定，OP 的检出限为 250～1250ng/ml，作为单独的前处理方法，其灵敏度不高，不适合生物样品的痕量分析。

8.3.4 检测方法

1. 免疫分析法

免疫分析法主要用于临床诊断，可判断患者是否出现有机磷农药中毒，适合单一污染物的特异度检测。有研究基于免疫层析试纸条的便携式生物传感器，建立了唾液中三氯吡啶醇的直接测定方法。该传感器基于纳米金颗粒，当有目标物存在时，可捕获纳米金颗粒，形成目标物–金抗体结合物，并在比色仪中进行分析，检出限为 0.47ng/ml。另有文献合成了疏水性磁性聚合物，将其添加到样品溶液中，并提供较强的局部磁场，从而使纳米颗粒从萃取混合物中快速有效沉淀，再用分光光度法测定血浆、尿液中的杀虫腈，线性范围为 2～230ng/ml，RSD 为 0.9%～5.1%，回收率为 97.2%～100%。

2. 气相色谱及其联用技术

OP 一般具有较好的挥发性，气相色谱测定时，不需要对目标物进行衍生化处理。但在测定 DAP、3, 5, 6-三氯-2-吡啶醇等 OP 代谢物时，则需要衍生化以增加相应代谢物的挥发性。目前较为常用的衍生化试剂包括五氟苄基溴、氯碘丙烷、苄基三嗪等。在检测器的选择上，宜采用 ECD、FPD、NPD 等选择性检测器。有文献报道人血清中乐果的 GC-NPD 测定方法，检出限为 30ng/ml，回收率为90.1%～95.3%；GC-FPD 则用于尿液（9ml）中甲拌磷、二嗪酮、甲基对硫磷、倍硫磷和喹硫磷 5 种 OP 的测定，定量限为 0.12～0.24ng/ml。虽然采用 GC 测定 OP可获得较好的灵敏度，但 OP 种类复杂，上述检测器的分辨率较低，定性能力较弱，在进行多组分同时检测时没有太大优势。有研究比较了 GC-ECD、GC-FPD、GC-MS 与 GC-MS/MS，认为 GC-MS/MS 能消除样品基质对检测带来的不良影响，可以避免 ECD、FPD，甚至是一级质谱中可能遇到的假阳性率偏高的问题，并且灵敏度也高于其他几种检测器。

3. 液相色谱–质谱法

出于适用性、检测成本等方面的考虑，生物样品中 OP 及其代谢物的 LC 均是基于反相色谱柱实现的，但 OP 及其代谢物属于极性较强的物质，采用反相色谱柱进行分离存在一定难度，尤其是 DAP 类代谢物。有研究比较了 ZORBAX Eclipse XDB-C_8、GOLD-aQ、Betasil Phenyl 等色谱柱对目标物的分离效果，多数物质的保留时间较短，有些目标物与干扰物共流出，在色谱柱上基本不保留，影响定量。以 ZORBAX Eclipse XDB-C_8色谱柱为例，以 0.1%乙酸水（A 相）和乙腈/甲醇（B 相）作为流动相时，DMP 和干扰物共流出，改用 GOLD-aQ 为色谱柱时，DMP 的出峰时间可明显延长至 2.5min。Jayatilaka 等（2019）利用 GOLD-aQ 对 OP 进行分离，建立了同时测定尿液中 16 种阻燃剂和 OP 代谢物的 HPLC-MS/MS。该方法所测的OP 代谢物包括 DMP、DEP、硫代磷酸二甲酯（DMTP）、硫代磷酸二乙酯（DETP）、二硫代磷酸二甲酯（DMDTP）和二硫代磷酸二乙酯（DEDTP），检测时只需要 0.2ml尿液样品，酶解后采用 SPE 法进行前处理，无须衍生化操作，方法检出限为 0.05～0.5ng/ml，回收率为 89%～119%，精密度<10%，适合大规模人群暴露调查。亲水色谱是一种能够改善在反相色谱中保留较差的强极性物质分离效果的技术，有文献采用亲水色谱柱分离 DAP 类物质，以乙腈–水作为流动相，6 种 DAP 保留时间为 1.07～6.87min，检出限为 0.04～1.55ng/ml。

8.3.5 应 用 实 例

本应用实例来自美国 CDC，介绍了尿液中 6 种 OP 代谢物的 GC-MS/MS 测定方法（Bravo et al.，2004）。

1. 样品前处理

将 1ml 尿液置于 20ml 小瓶中,加入同位素内标,摇匀,置于−70℃中 3h,待充分冷冻后,进行冷冻干燥。冻干样品中加入 2ml 乙腈,振荡 10min,转移上清液;再向残渣中加入 1ml 乙腈和 1ml 乙酸乙酯,振荡 10min,合并上清液;再向残渣中加入 2ml 乙酸乙酯,振荡 10min,合并上清液;在 30℃、10psi(1psi=6.895kPa)下氮吹至 1ml,继续加 50μl 氯碘丙烷和 10mg 碳酸钾,混匀,60℃衍生 3h;3200r/min 离心 10min,转移上清液,在 30℃、10psi 下氮吹 30min,加入 150μl 甲苯,充分振荡后氮吹至干,再加入 70μl 甲苯,充分振荡后转移至进样瓶,待测。

2. 分析条件

(1)GC 参考条件如下。色谱柱:DB-5MS 色谱柱(30m×0.25mm,0.25μm);进样口温度:250℃;传输线温度:270℃;进样方式:不分流进样;载气(氦气):恒定流量 1.00ml/min;升温程序:80℃保持 2min,以 17℃/min 的速度升温至 250℃,保持 2min。

(2)MS 参考条件如下。离子源温度:150℃;电离模式:化学源(CI⁻);电子能量:200eV;扫描方式:MRM 模式;电离气压:1500mTorr;碰撞气:氩气(2mTorr);光电倍增电压:−15kV。目标物的其他质谱参数见表 8-5。

表 8-5 6 种 OP 代谢物及内标的质谱参数

目标物	缩写	定量离子对(m/z)	定性离子对(m/z)	碰撞能量(CE)
磷酸二甲酯	DMP	203→127	205→127	−12
磷酸二乙酯	DEP	231→127	233→127	−13
硫代磷酸二甲酯	DMTP	219→143	221→143	−13
二硫代磷酸二甲酯	DMDTP	235→125	237→125	−10
硫代磷酸二乙酯	DETP	247→191	249→193	−12
二硫代磷酸二乙酯	DEDTP	263→153	265→153	−12
磷酸二甲酯内标	D_6-DMP	209→133	211→133	−12
磷酸二乙酯内标	D_{10}-DEP	241→133	243→133	−13
硫代磷酸二甲酯内标	D_6-DMTP	225→149	227→149	−13
二硫代磷酸二甲酯内标	D_6-DMDTP	241→131	243→131	−10
硫代磷酸二乙酯内标	D_{10}-DETP	257→193	259→195	−12
二硫代磷酸二乙酯内标	$^{13}C_4$-DEDTP	267→157	268→157	−12

3. 方法特性

6 种 OP 代谢物的方法检出限为 0.37~0.56ng/ml,分别对高、低两个浓度质控样品重复测定 83 次，精密度为 13.5%～21.1%。用该方法测定已知浓度样品，并计算测定结果与理论值的比值，以评价方法的准确度，准确度为 99.0%～99.9%，结果满意。

4. 质量控制措施

对于尿液样品，需要在 4h 内将采集的样品冷藏保存在−20℃下。在运输过程中，推荐使用干冰以维持低温。OP 代谢物标准品需低温保存，购买的商品化标准溶液及配制的储备溶液、中间溶液等需在−10℃下保存，防止目标物降解。在批次测定时，应先对整个方法空白进行筛查，排除环境对样品检测的影响。每批次样品应包含不少于 6 个标准溶液、若干实际样品、1 个空白样品和 2 个质控样品（高、低浓度）。其中，校准曲线相关系数应＞0.995，空白应低于方法检出限，质控样品的标准偏差应在 2SD 内。此外，在测定过程中，需定期清洗仪器，并对仪器的质谱响应情况进行监测，确保仪器正常工作。

5. 方法应用

美国生物监测项目应用该方法测定了 7456 份不同年龄段美国人群尿液样品中 6 种 DAP 的浓度水平。结果显示，虽然 DAP 类物质在尿液中的浓度呈逐渐下降趋势，但其可能引起的健康风险仍不能忽视。对于整体样品而言，DMTP 类物质在尿液中的残留浓度最高，残留水平为 2.03～35.3ng/ml。对于不同年龄段人群，青少年尿液中 DEP 浓度比成年人高 2～3 倍；老年人尿液中 DMDTP 浓度比成年人和青少年分别高 3.8 倍和 1.8 倍，相关结果也提示需关注环境易感人群，如儿童、老年人的 OP 暴露问题。

8.4　环境酚类化合物

环境酚类化合物是指苯环结构上的氢原子被羟基取代的环境污染物的统称。典型的环境酚类化合物包括双酚 A 类（bisphenol A，BPA）、烷基酚类（alkylphenol，AP）、对羟基苯甲酸酯类、二苯甲酮羟基衍生物等。此类物质可作为塑料添加剂、食品防腐剂、抗菌剂、紫外线吸收剂等在日常生活中被广泛使用，多以微量甚至痕量水平存在于环境中，因其理化性质稳定、不易降解，可在环境中长期蓄积，并通过各种途径进入人体。目前，越来越多的研究证明一些环境酚类化合物在人体内可发挥与雌激素类似的生理作用，被认为是一类内分泌干扰物。因此，开展此类污染物的人体暴露监测，评估其对人群健康的长期影响具有重要意义。

8.4.1 暴露来源、途径及健康风险

1. 暴露来源

鉴于环境酚类化合物种类繁多，暴露来源各不相同，本部分只重点介绍双酚类、烷基酚类、对羟基苯甲酸酯类、二苯甲酮类紫外线吸收剂等具有代表性且被广泛关注的几种环境酚类化合物。

（1）双酚类化合物：是一组具有 2 个羟苯基的化合物，广泛用于聚碳酸酯、聚醚砜等塑料（约 80%）和环氧树脂（约 18%）的生产（Halden，2010）。这些聚合物则被用于制作食品接触材料，如盛装食品用容器、餐具和水管中的聚碳酸酯塑料、罐头和玻璃瓶盖中的环氧树脂；或与食品无关的领域，如环氧树脂涂料、医疗设备、牙科密封剂、表面涂层、印刷油墨和阻燃剂等。另外，双酚类化合物还被广泛应用于热敏纸，如常见的收银机收据用纸。BPA 是最主要的双酚类化合物，在原材料中未完全聚合和（或）聚合物降解可使其迁移至环境中。目前，BPA 普遍存在于大气颗粒物、地表水、湖水、江水中，水源水、饮用水中也有一定量的检出。鉴于 BPA 对人类健康和水生生物可能产生的不利影响，多个国家和地区提出了禁限令，如欧盟、美国等制定了相关政策禁止在婴幼儿使用的食品包装材料、容器和涂层中使用 BPA，我国也于 2011 年 5 月 30 日禁止生产含 BPA 的婴儿奶瓶。近年来，随着 BPA 的禁用，其替代品，如双酚 F（BPF）、双酚 S（BPS）、双酚 AF（BPAF）的产量大幅增长。替代品通常与 BPA 具有相同的主体结构，其健康风险也引发了科学界的担忧。

（2）烷基酚类化合物：AP 是苯酚的烷基取代物，用于生产树脂、橡胶稳定剂、抗氧化剂和树脂改性剂等，又可与环氧乙烷反应制得烷基酚聚氧乙烯醚（alkyl phenol ethoxylate，APEO）。其中，辛基酚（octyl phenol，OP）、壬基酚（nonyl phenol，NP）是应用最为广泛的两种 AP，主要用于生产 APEO。APEO 是一种重要的非离子表面活性剂，在农药、乳化剂、洗涤剂和包装材料中应用甚广。应用过程中 APEO 又会降解出 OP、NP，并通过污水处理、垃圾填埋、生活污水的排放及农药使用等途径进入环境，其中 60% 进入水生生态环境。目前，AP 的污染非常普遍，食物、土壤、生物体甚至是空气中均能检出 OP 和 NP。

（3）对羟基苯甲酸酯类化合物：对羟基苯甲酸酯是一类防腐剂，可添加到食品、日用品中，防止产品腐败变质，常用的有对羟基苯甲酸甲酯（MeP）、对羟基苯甲酸乙酯（EtP）、对羟基苯甲酸丙酯（PrP）、对羟基苯甲酸丁酯（BuP）、对羟基苯甲酸苄酯（BzP）、对羟基苯甲酸庚酯（HepP）等。研究表明，在许多国家和地区的人体尿液、血液及脂肪组织中都能够检测到对羟基苯甲酸酯的存在，其长期高浓度暴露是否会对人体健康产生危害已成为国际上的研究热点。

（4）二苯甲酮羟基衍生物：是一类应用量巨大的紫外线吸收剂，主要添加于防晒霜、香水等化妆品中，其应用时间已超过40年。根据取代基团的不同，商业上共有12种BP类紫外线吸收剂，即BP-1～BP-12，其中最常用的是BP-3。根据笔者所在课题组对我国化妆品中防晒剂的使用情况调查，BP-3的使用频率为7%，BP-4和BP-5的使用频率为3.5%。我国《化妆品安全技术规范》规定，化妆品中BP-3的最高允许使用量为10%，BP-4和BP-5为5%。据报道，日本和美国的防晒霜中BP-3的使用量达5%～6%，而欧洲防晒霜中BP-3的使用量则高达10%。除了化妆品，BP-3可作为紫外线稳定剂用于塑料表面涂料和聚合物中，另外其还自然存在于一些开花植物中。

2. 暴露途径

环境酚类化合物被广泛应用于日常生活用品中，大气颗粒物、室内灰尘、土壤、水等环境样品及食品中均能检出其残留。不同的环境酚类化合物根据其用途不同，对人群的暴露特点也各不相同，但总体而言膳食摄入和皮肤吸入是环境酚类化合物的主要暴露途径，特殊人群可能还有呼吸道摄入和医源性暴露的风险。

（1）饮食摄入：包装食品（如鱼罐头、火腿肠等）是所有年龄组BPA暴露的主要贡献者，原因是包装材料中游离的BPA在接触食物后可迁移至食物中。研究人员曾对聚碳酸酯奶瓶浸泡液中的BPA进行了检测，发现其含量为2.7μg/L。AP对人体的暴露主要是通过使用洗洁剂、塑料制食品包装袋、桶装饮用水等。加拿大学者对78种罐头食品进行检测，发现几乎所有被测食品中均检出了BPA。有研究对德国食品中NP的浓度进行检测，发现最高可达19.4μg/kg。我国市售肉类、蛋类及奶类中也存在AP污染，其中以奶类食品中含量最高。植物源性农产品（如水果、蔬菜和谷物）中也有部分检出，如采自我国某市的白菜和油菜中NP的检出率为100%，浓度水平为1.26～8.58μg/kg。

（2）皮肤吸收：对羟基苯甲酸酯类和BP被广泛应用于护手霜、洗面奶、保湿霜、防晒霜等化妆品中。皮肤吸收是人体摄入这类化合物的最主要途径。有研究人员对我国天津地区市售的52种个人护理产品进行了对羟基苯甲酸酯的测定，结果表明通过皮肤的暴露量可达18 700～50 300μg/d。有研究分别以化妆品中BP-3的几何均值和95%分位值作为中、高暴露情景，我国人群BP-3的暴露量为0.978μg/d和25.5μg/d；相同情况下，美国成年人更高，达24.4μg/d和5160μg/d（Liao et al.，2014）。

（3）医疗设备使用：BPA在医疗器械中应用较多，就医患者存在一定程度的医源性暴露。2015年欧洲食品安全局估算了医疗设备的BPA暴露情况。不同人群中，暴露水平比较高的是早产儿，暴露量高的场景为重症监护室（短期暴露），暴露量达3000ng/kg bw。使用聚氯乙烯医疗设备的短期暴露量为每日12 000ng/kg bw，长期暴露量为 7000ng/kg bw。

（4）呼吸道吸入：从事聚碳酸酯塑料、环氧树脂等原材料生产的人群在从业过程中存在对 BPA 的职业暴露风险，其暴露途径主要是呼吸道和皮肤吸收。一项针对我国华中地区和华东地区 BPA 职业暴露工人的调查显示，90%职业暴露工人血液中可检测到 BPA，尿液中 BPA 含量与车间空气中的 BPA 浓度相关。另一项研究也证实，在 BPA 污染环境中的职业暴露工人血液中 BPA 浓度明显高于普通人群；而投料工人血液中 BPA 浓度最高，平均为 397.72μg/L。对于在涉及 BPA 的化学工厂和电子垃圾拆解地区工作的人群，呼吸、膳食等已成为不容忽视的暴露途径。二苯甲酮类紫外线吸收剂也存在一定的职业暴露风险。Waldman 等（2016）证明消防员尿液中 BP-3 的浓度是普通成年人的 3 倍，推测可能是消防员使用了一些特殊的消防材料，而这些材料中可能含有较高浓度的 BP-3。

3. 健康风险

早在 1978 年，研究人员就已经发现 AP 具有类激素活性，能对雌二醇引起的雌激素受体激活产生影响。之后，有研究人员提出从聚苯乙烯塑料中释放出的 NP 具有类似天然雌激素 17β-雌二醇的生物效应作用，能够诱导乳腺癌细胞株 MCF-7 的增殖。随着研究的不断深入，目前环境酚类化合物与雌激素受体结合来刺激或拮抗相应的细胞过程已被广泛证实。例如，在较低暴露浓度下 BPA 即可影响生物体内激素的合成、分泌、传递、结合、消除等环节，引起内分泌失调进而干扰生物体的生殖系统、免疫机制，甚至提高乳腺癌、卵巢癌、前列腺癌等疾病的患病风险。母亲妊娠期接触 BPA 可能导致儿童焦虑、抑郁、违规行为、攻击性行为和多动症；产前和产后接触 BPA 可能导致女性多动症和更多的行为问题。此外，尿液中 BPA 浓度增加还与血管疾病、糖尿病和肝酶异常等相关。

大量体外和体内试验研究均表明，对羟基苯甲酸甲酯和 BP-3 也可表现出内分泌干扰效应。例如，长期暴露（喂食）于对羟基苯甲酸甲酯的大鼠表现出激素分泌降低的趋势，可出现内分泌系统紊乱，并且影响生殖器官的正常发育等。对羟基苯甲酸酯的暴露还可能导致男性精子质量降低，女性子宫内膜异位，进而引起生殖、遗传等多种毒性。有研究表明，BP-3 具有较弱的雌激素活性或抗雄激素活性，并能影响激素的表达，但是低剂量暴露的 BP-3 对人体健康的影响尚不清楚，在使用 10% BP-3 乳液的 4 天内，未观察到人体内激素的变化。

8.4.2　生物材料与监测指标选择

环境酚类化合物进入人体后可发生一系列代谢过程，因此其在体内的赋存形态较为复杂。大部分环境酚类化合物在体内以母体形式（游离态或结合态）存在，而有一些还可以以代谢物的形式存在,如对羟基苯甲酸酯可代谢为羟基化衍生物。Wang 等(2013)证明尿液中 OH-MeP 和 OH-EtP 的浓度水平高于 MeP 和 EtP,可作为对羟基苯甲酸酯类物质生物监测的重要指标。表 8-6 列举了常用于评估环境酚类化合物的监测指标。

表 8-6　常见可用于评估环境酚类化合物暴露的生物标志物

环境酚类化合物	生物材料	监测指标
双酚类化合物	血液、尿液、乳汁	BPA、BPS、BPF、BPAF、BPE、BPAP、BPB、BPC、BPM、BPP、BPZ、BPPH
对羟基苯甲酸酯类化合物	尿液、乳汁	MeP、EtP、PrP、BuP、BzP、HepP、OH-MeP、OH-EtP
AP	尿液、乳汁	丁基酚、壬基酚、辛基酚
二苯甲酮类紫外线吸收剂	尿液	BP-1、BP-3、BP-4、BP-5
三氯生	尿液、乳汁	三氯生

目前,国内外针对环境酚类化合物开展的流行病学或生物监测研究多以尿液为基础进行。以尿液为生物材料的主要原因是尿液易获得,采集属于无损采集方式。但是,针对一般人群开展的尿液分析结果显示,尿液中双酚类化合物的浓度水平明显低于血液。这表明对于脂溶性污染物,血液可能更适合于痕量水平的污染物监测。2020 年,我国学者对母婴配对血浆中的双酚类化合物进行测定,结果显示配对的母血和脐带血中存在较高浓度水平的 BPA 及其衍生物或替代品。

8.4.3　前处理方法

1. 样品的水解

环境酚类化合物在生物样品中以共轭和非共轭两种形式存在,其中以葡萄糖醛酸苷和硫酸酯两种共轭体系最为常见。尿液中环境酚类化合物的检测通常指总量测定,需要先采用酸水解法或酶解法解离出生物样品中结合态的酚类化合物。酸水解法通常在样品中加入 1ml 甲醇和 0.3ml 浓盐酸,并将其置于较高温度的水浴中反应 20~60min;酶解法通常在样品中加入 β-葡萄糖醛酸酶和硫酸酯酶于 37℃水浴中反应。两种解离方法相比,酶解法的解离效率较高,仅需少量的酶即可将目标物解离出来,但费用相对较高。

2. 样品前处理

尿液和血液样品水解后可通过 LLE、SPE、微萃取等技术进一步处理;乳汁基质较复杂,含脂肪、蛋白等,通常需要先除脂、除蛋白后,再进行萃取,商品化的 QuEChERS 成为常用检测方法;头发、指甲样品前处理前一般需要用水、表面活性剂、有机溶剂彻底清洗，去除外部污染物，然后在碱性或酸性条件下消化，再进行萃取。

（1）LLE：乙酸乙酯、三氯甲烷是常用的萃取溶剂，可起到提取目标物和沉淀蛋白的双重作用。吴颖虹等（2015）比较了乙酸乙酯、甲基叔丁基醚作为萃取溶剂时的萃取效果，发现乙酸乙酯对双酚-二缩水甘油醚及其衍生物的萃取效果更好。Song 等（2020）利用 β-葡萄糖醛酸酶水解样品，再利用乙酸乙酯对目标物进行萃取，建立了血清中 8 种二苯甲酮类紫外吸收剂的分析方法，0.5ml 样品用量下，检出限为 0.01～0.2ng/ml。王彬等（2017）采用乙腈对母乳样品进行超声提取，加入碳酸氢钠缓冲液和丹磺酰氯进行衍生，用正己烷萃取，8 种双酚类化合物的回收率为 84.6%～108.1%。一般而言，LLE 操作简便，但所需萃取溶剂量大，容易对操作人员造成一定的健康危害，对环境造成二次污染，且处理过程中容易出现乳化现象。

（2）SPE：常用的萃取柱包括 ENVI-18、HLB、C_{18}、Bond Elut Plexa 等。毛丽莎等（2020）将尿液酶解后用 Bond Elut Plexa 柱萃取，BPA 等 10 种双酚类化合物、NP 和 OP 的回收率为 72%～109%。牛宇敏等（2020）采用 SPE 加衍生化方法处理血清样品，酶解后，加入乙腈超声提取，经 PriME HLB 柱萃取，加入吡啶-3-磺酰氯衍生，再经正己烷萃取，23 种双酚类化合物回收率可达 76.6%～118%。秦燕燕等（2018）将血液样品酶解后，高速离心加入甲酸甲醇溶液，混匀后过 96 孔去磷脂板，BPA 的平均回收率为 87.3%～112.1%，具有高通量特点。Zhou 等（2014）采用在线 SPE 测定了尿液中的 BPA、BPF、BPS 和其他 11 种环境酚类化合物，该方法样品用量少（100μl），前处理步骤少、灵敏、省力。也有文献采用自动 SPE，建立了血液、尿液和血浆中 5 种对羟基苯甲酸酯的测定方法，该方法具有自动化程度高、重复性好的特点，且检出限低于 0.41ng/ml，适用于多种生物样品的痕量分析。商品化的 QuEChERS 可有效沉淀蛋白和脂质，用于处理母乳样品。Gómez 等（2015）建立了母乳中 5 种二苯甲酮类紫外线吸收剂的前处理技术，将样品冷冻干燥，用乙腈超声提取，加入 C_{18}、PSA 和硫酸镁进行分散 SPE 去除杂质。Dualde 等（2020）通过两步 QuEChERS 法，先后去除蛋白和脂肪，测定母乳中的 4 种对羟基苯甲酸酯。

（3）微萃取技术：可降低前处理工作量，提高样品检测通量，近几年在环境酚类化合物检测中也有一定发展。Rocha 等（2016）采用空气辅助液液微萃取技术，以二氯甲烷为萃取溶剂，采用玻璃注射器对尿液及萃取溶剂反复抽吸，使 7 种双酚类、7 种对羟基苯甲酸酯类、5 种二苯甲酮类紫外线吸收剂和三氯生、三氯卡班被快速提取，准确度为 90%～114%；以丙酮为分散剂、二氯乙烷为萃取溶剂，利用分散液液微萃取技术处理样品，测定 7 种 BPA 及其类似物，也获得较好的回收率。有研究选择正辛醇和癸酸乙酯两种溶剂作为萃取受体相，采用中空纤维

LPME 技术对尿液中的 BPA 等进行萃取，方法提取效率高、使用方便；利用纤维吸附萃取技术处理血清、血浆和尿液，结果显示对羟基苯甲酸酯和二苯甲酮类紫外线吸收剂均有较好的提取效果。

8.4.4 检 测 方 法

1. 液相色谱及其联用技术

液相色谱法（LC）是环境酚类化合物最常用的测定方法，该方法可以使用质谱或光谱检测器，目前建立的方法主要采用 C_{18} 柱分离，以甲醇和水作为流动相进行梯度洗脱，运用荧光检测器检测，但方法检出限较高。有文献通过重氮化偶联反应将 BPA 衍生化，结合紫外可见光检测器进行测定，也有文献基于二极管阵列检测器测定血清、血浆和尿液中的对羟基苯甲酸酯和二苯甲酮类紫外线吸收剂，但检出限均较高，不适合痕量分析。此外，光谱检测器不能有效识别共流出的干扰物，也不能使用内标对前处理过程中的样品损失进行校正，导致方法的精密度和准确度并不理想。三重四极杆质谱检测器可获得更好的灵敏度。BPA 类化合物的测定通常采用 ESI 源、负离子 MRM 模式，并多以甲醇–水为流动相；APCI 源可用于 BPA 氯化衍生物的测定，负离子模式下，以氨水–甲醇为流动相，可获得更好的电离效果；双酚缩水甘油醚则在 ESI$^+$ 下测定，加入 0.1%甲酸有助于电离，但添加浓度超过 0.3%时则会抑制电离。Sosvorova 等（2017）提出了同时测定血浆中 BPA 类、对羟基苯甲酸酯类和雌激素类的 LC-MS/MS，该方法采用丹酰氯衍生化来提高灵敏度，BPA 的检出限为 41.6pg/ml。有文献利用 LC-APCI-MS/MS 测定尿液中的二苯甲酮类紫外线吸收剂，检出限为 0.08～0.28ng/ml，与 ESI 源处于同一水平。AP 类化合物测定时不需要进行衍生化处理。用 ESI 源测定时应关注基质效应对离子化效果的影响，用 APCI 源时则要考虑方法检出限能否满足检测需求。

2. 气相色谱–质谱法

由于目标物的挥发性较差，采用 GC-MS/MS 分析时常需要对样品进行衍生化处理来增加挥发性，以提高灵敏度和分辨率。衍生化过程主要包括环境酚类化合物的乙酰化或甲硅烷基化，常用的衍生化试剂包括乙酸酐、双三甲基硅基三氟乙酰胺（BSTFA）、N-甲基-N-（三甲基硅烷）三氟乙酰胺（MSTFA）及其与三甲基氯硅烷的混合物。与 LC-MS/MS 相比，GC-MS/MS 测定尿液中二苯甲酮类紫外线吸收剂能获得更高的灵敏度（5～10pg/ml）。Tinne 等（2009）利用五氟苯甲酰氯对血清和尿液样品中的 BPA、三氯生等进行衍生化，DB-5 色谱柱分离，电子捕获负化学离子源电离，质谱检测器检测，血清和尿液中 BPA 的检出限分别为 0.5ng/ml

和 0.2ng/ml，三氯生的检出限为 0.1ng/ml 和 0.05ng/ml，加标回收率均在 76%～110%。另有研究建立了尿液中 9 种对羟基苯甲酸酯的 GC-MS 测定方法，基于磁珠 SPME、（3-氨基丙基）三乙氧基硅烷衍生化处理，目标物的定量限在 0.09～2.0ng/ml。

3. 其他方法

除了 LC-MS/MS、GC-MS/MS 等主流方法，毛细管电泳、生物传感器技术在人体生物样品中环境酚类化合物测定方面也有一定的应用。Alshana 等（2013）采用悬浮固化分散液液微萃取技术对尿液进行前处理，利用毛细管电泳建立了尿液（4ml）中 BPA 的测定方法，在 100ng/ml 浓度范围内线性相关系数＞0.999，检出限为 2.5ng/ml，可用于 BPA 的批量测定，缓冲溶液的 pH 对于目标物分离效果的影响十分重要。研究人员发现当缓冲溶液的 pH 在 8.5～9.2，BPA 和 TCS 的分离效果较差；但当 pH 在 9.3～9.4 时，则可实现分离。基于此，Wang 等（2012）建立了全血和尿液中五氯酚、硝基酚、2，4-二氯苯酚、三氯生和 BPA 5 种环境酚类化合物的测定方法。目标物在血液和尿液中的检出限分别为 0.02～0.04ng/ml 和 0.01～0.02ng/ml。

生物传感器技术主要应用于环境酚类化合物的环境监测、食品分析领域，在人体生物样品检测中的应用较少，仅有少量研究可供参考。有文献开发了适配体传感器，用于测定血清中 BPA 的浓度水平，方法检出限为 10^{-3}pmol/L。该方法仅适用于 BPA 的测定，不适用于多组分分析。总体而言，基于目标物与适配体的高亲和性的适配体传感器在环境酚类化合物检测中的应用仍处于起步阶段，还存在线性范围窄、离子干扰严重等问题亟待解决。

8.4.5 应用实例

本应用实例来自笔者所在课题组，介绍了尿液中 BPA、BPF、BPB、BPS、BPAF、三氯生、四溴 BPA、四氯 BPA 8 种环境酚类化合物的 96 孔板 SPE-UPLC-MS/MS 测定方法。

1. 样品前处理

混匀尿液样品，取 1ml 置于 10ml 玻璃离心管中，加入内标、β-葡萄糖醛酸酶/硫酸酯酶，800μl 乙酸铵溶液（1mol/L），充分振荡。于 37℃水浴条件下酶解 12h，再以 1700g 离心 10min，取上清液进行 SPE。用 2ml 甲醇、2ml 水、1ml 乙酸铵溶液活化 HLB 柱，上清液在压力系统下缓慢过柱；用 1ml 乙腈溶液（1+3）快速淋洗，空气吹干 10min；用 2ml 甲醇溶液缓慢洗脱，洗脱液于 40℃下氮吹至近干；

用 0.5ml 甲醇溶液（1+1）复溶，复溶液于 12 000g 高速离心 10min，所得样品溶液上机测定。

2. 分析条件

（1）LC 参考条件如下。色谱柱：Acquity BEH C_{18}。流动相：水（A），乙腈（B），梯度洗脱程序为 0min，80%A；2.0min，80%A；15.0min，20%A；15.3min，20%A；16.0min，80%A；18.0min，80%A。流速：0.3ml/min。柱温：40℃。进样量：5μl。

（2）MS 参考条件如下。离子源：ESI 源；电离方式：负电离模式；碰撞气：氩气；毛细管电压：2.46kV；离子源温度：500℃；扫描方式：MRM 模式。8 种环境酚类化合物及其内标的质谱参数见表 8-7。

表 8-7　8 种环境酚类化合物及其内标的质谱参数

目标物	母离子（m/z）	子离子（m/z）	碰撞能量（CE）	对应内标	母离子（m/z）	子离子（m/z）	碰撞能量（CE）
BPA	227.1	212.1*	25	D_{16}-BPA	241.2	223.2	18
		133.0	18				
BPF	199.0	93.0*	21	D_{10}-BPF	209.0	97.0	23
		104.9	20				
四溴 BPA	542.7	418.0*	34	$^{13}C_{12}$-TCBPA	377.0	325.8	32
		420.0	22				
四氯 BPA	364.9	314.0*	40	$^{13}C_{12}$-TBBPA	554.9	431.0	41
		286.0	42				
BPS	248.9	107.8*	26	$^{13}C_{12}$-BPS	260.9	113.8	30
		91.8	32				
BPAF	334.9	264.9*	38	$^{13}C_{12}$-BPAF	346.9	277.0	40
		196.9	22				
BPB	241.8	212.0*	28	$^{13}C_{12}$-BPB	253.0	224.0	16
		146.9	18				
三氯生	286.8	35.0*	10	$^{13}C_{12}$-TCS	299.0	35.0	12
	289.0	35.0	12				

* 定量离子。

3. 方法特性

7 种双酚类化合物的方法检出限为 0.002～0.24μg/L，定量限为 0.01～0.80μg/L，三氯生的检出限为 1.1μg/L，定量限为 3.6μg/L，加标回收率为 80%～120%，日内精密度和日间精密度均小于15%（三氯生的精密度小于20%），具体数据见表8-8。

表8-8 环境酚类化合物的方法特性

目标物	保留时间（min）	线性范围（μg/L）	相关系数	检出限（μg/L）	定量限（μg/L）	加标回收率（%）	日内精密度（%）	日间精密度（%）
BPA	8.09	0.50～50	0.9996	0.07	0.25	88.7～100	12	12
BPF	6.31	0.01～50	0.9995	0.002	0.01	81.0～89.2	11	15
四氯 BPA	12.69	0.05～50	0.9997	0.009	0.03	93.5～95.7	2.4	6.8
四溴 BPA	13.76	0.01～50	0.9997	0.004	0.01	93.9～97.4	3.6	5.7
BPS	3.78	1.00～50	0.9997	0.24	0.80	94.6～98.2	2.3	4.5
BPAF	10.12	0.05～50	0.9994	0.007	0.02	92.6～96.6	2.3	3.4
BPB	9.15	0.50～50	0.9995	0.09	0.30	93.9～102	4.8	6.9
三氯生	13.43	5.00～200	0.9994	1.1	3.6	94.4～97.6	19	18

4. 质量控制措施

BPA 被广泛添加于塑料制品中，控制空白是决定检测方法准确性的最关键因素。实验过程中，应严格控制塑料材质实验耗材的使用，除非无法用玻璃器皿替代，否则所有耗材均需使用玻璃制品。实验前应对实验中用到的耗材、试剂进行空白筛查和适当处理。甲醇、乙腈、乙酸铵等试剂推荐使用 MS 级，且现用现配；纯水可用 C_{18} 柱处理，从而去除水中痕量 BPA；玻璃器皿使用前需对其进行高温烘烤，或用纯水、甲醇反复清洗；样品前处理最后阶段需要采用高速离心方式过滤除杂，尽量避免使用滤膜；用移液枪吸取液体时需先润洗枪头。

5. 方法应用

笔者所在课题组采用此方法测定了采自我国某市的 60 份尿液样品，结果表明，除 BPB 和 BPAF 外，其余环境酚类化合物均被检出，表明我国居民存在普遍的环境酚类化合物暴露，需引起关注。具体而言，BPA 的检出率最高，为100%；BPS 次之，为96.8%。人群中 BPA 和 TCS 的检出浓度较高，中位值分别为0.69μg/L 和 1.44μg/L。

（张 续 朱 英）

参 考 文 献

陈卫平，彭程伟，杨阳，等. 2018. 北京市地下水有机氯和有机磷农药健康风险评价. 环境科学，39（1）：117-122.

段小丽，杨洪彪，张林，等. 2004. 尿液中多环芳烃羟基代谢物产物分析方法研究. 环境科学研究，173（3）：62-65.

林兴桃，王小逸，夏定国，等. 2011. 固相萃取–高效液相色谱法测定人体尿液中邻苯二甲酸酯及其代谢物. 分析化学，39（6）：877-881.

毛丽莎，姜杰，陈慧玲，等. 2020. 固相萃取–液相色谱/串联质谱法测定尿中 10 种双酚类物质和壬基酚及辛基酚化合物. 预防医学情报杂志，36（2）：212-218.

牛宇敏，王彬，杨润晖，等. 2020. 超高效液相色谱–串联质谱法同时测定尿液与血清中 23 种双酚类化合物. 分析测试学报，39（6）：715-721.

秦燕燕，蹇斌，郭刚，等. 2018. 去磷脂快速萃取–超高效液相色谱–串联质谱法检测人血中双酚A 水平. 卫生研究，47（1）：134-140.

王彬，牛宇敏，张晶，等. 2017. 丹磺酰氯衍生–超高效液相色谱串联质谱法测定母乳中 8 种双酚类物质. 卫生研究，46（6）：965-970.

吴颖虹，张俊杰，张明月，等. 2015. 人尿中双酚型二缩甘油醚及衍生物的液相色谱串联质谱测定法. 环境与健康杂志，32（5）：431-434.

张续，邱天，付慧，等. 2018. 超高效液相色谱–三重四极杆质谱法测定人尿中 9 种邻苯二甲酸酯代谢物. 色谱，36（9）：895-903.

Alshana U，Lubbad I，Goger N G，et al. 2013. Dispersice liquid-liquid microextraction based on solidification of floating organic drop combined with counter-electroosmotic flow normal stacking mode in capillary electrophoresis for the determination of bisphenol A in water and urine samples. Jouranl of Liquid Chromatography & Related Techonlogies，36（20）：2855-2870.

Anika E，Thorsten B，Stefanie K，et al. 2018. The urinary metabolites of DINCH® have an impact on the activities of the human nuclear receptors ER α ER β，AR，PPAR α and PPAR γ. Toxicology Letters，287：83-91.

Bravo R，Caltabiano L M，Weerasekera G，et al. 2004. Measurement of dialkyl phosphate metabolites of organophosphorus pesticides in human urine using lyophilization with gas chromatography-tandem mass spectrometry and isotope dilution quantification. Journal of Exposure Analysis and Environmental Epidemiology，14（3）：249-259.

Campo L，Mercadante R，Rossella F，et al. 2009. Quantification of 13 priority polycyclic aromatic hydrocarbons in human urine by headspace solid-phase microextraction gas chromatography-isotope dilution mass spectrometry. Analytica Chimica Acta，631（2）：196-205.

Caterina L，Maria F，Lory S，et al. 2015. Gestational hypertension and organophosphorus pesticide exposure：a cross-sectional study. Biomed Reasearch International，2015：280891.

Chang C，Luo J，Chen M，et al. 2016. Determination of twenty organophosphorus pesticides in blood serum by gas chromatography-tandem mass spectrometry. Analytical Methods，8（22）：4487-4496.

Chang J，Tao J，Xu C，et al. 2019. Pollution characteristics of ambient PM2.5-bound benzo[a]pyrene and its cancer risks in Beijing. Science of The Total Environment，654（1）：735-741.

Chen Z，Xu Y，Li N，et al. 2019. A national-scale cumulative exposure assessment of organophosphorus pesticides through dietary vegetable consumption in China. Food Control，104：34-41.

Christia C，Poma G，Harrad S，et al. 2019. Occurrence of legacy and alternative plasticizers in indoor dust from various EU countries and implications for human exposure via dust ingestion and dermal absorption. Environmental Research, 171: 204-212.

Davis M D, Wade E L, Restrepo P R, et al. 2013. Semi-automated solid phase extraction method for the mass spectrometric quantification of 12 specific metabolites of organophosphorus pesticides, synthetic pyrethroids, and select herbicides in human urine. Journal of Chromatography B, 929: 18-26.

Dualde P, Pardo O, Corpasburgos F, et al. 2020. Biomonitoring of parabens in human milk and estimated daily intake for breastfed infants. Chemosphere, 240: 124829.

Feng Y L, Liao X J, Genevieve G, et al. 2015. Determination of 18 phthalate metabolites in human urine using a liquid chromatography-tandem mass spectrometer equipped with a core-shell column for rapid separation. Analytical Methods, 7 (19): 8048-8059.

Ghorbani M, Chamsaz M, Rounaghi G H. 2016. Ultrasound-assisted magnetic dispersive solid-phase microextraction: A novel approach for the rapid and efficient microextraction of naproxen and ibuprofen employing experimental design with high-performance liquid chromatography. Journal of Separation Science, 39 (6): 1082-1089.

Gómez R R, Gómez A Z, García N D, et al. 2015. Determination of benzophenone-UV filters in human milk samples using ultrasound-assisted extraction and clean-up with dispersive sorbents followed by UHPLC-MS/MS analysis. Talanta, 134: 657-664.

Guo Y, Kanna K. 2013. A Survey of phthalates and parabens in personal care products from the United States and its implications for human exposure. Environmental Science & Technology, 47 (24): 14442-14449.

Guo Y, Wang L, Kannan K. 2014. Phthalates and parabens in personal care products from China: concentrations and human exposure. Archives of Environmental Contamination and Toxicology, 66 (1): 113-119.

Halden R U. 2010. Plastics and health risks. Annual Review of Public Health, 31: 179-194.

Jaime B D, Galvin K, Thorne P, et al. 2018. Organophosphorus pesticide residue levels in homes located near orchards. Journal of Occupational & Environmental Hygiene, 15 (12): 847-856.

Jayatilaka N K, Restrepo P, Davis Z, et al. 2019. Quantification of 16 urinary biomarkers of exposure to flame retardants, plasticizers, and organophosphate insecticides for biomonitoring studies. Chemosphere, 235: 481-491.

Jonsson B A G, Richthoff J, Rylander L, et al. 2005. Urinary phthalate metabolites and biomarkers of reproductive function in young men. Epidemiology, 16 (4): 487-493.

Kato K, Silva M J, Needham L L, et al. 2005. Determination of 16 phthalate metabolites in urine using automated sample preparation and on-line preconcentration/high-performance liquid chromatography/tandem mass spectrometry. Analytical Chemistry, 77 (9): 2985-2991.

Kawahara J, Horikoshi R, Yamaguchi T, et al. 2005. Air pollution and young children's inhalation exposure to organophosphorus pesticide in an agricultural community in Japan. Environment International, 31 (8): 1123-1132.

Kim M, Song N R, Choi J H, et al. 2014. Simultaneous analysis of urinary phthalate metabolites of residents in Korea using isotope dilution gas chromatography-mass spectrometry. Science of The

Total Environment，470-471：1408-1413.

Kondo F，Ikai Y，Hayashi R，et al. 2010. Determination of five phthalate monoesters in human urine using gas chromatography-mass spectrometry. Bulletin of Environmental Contamination & Toxicology，85（1）：92-96.

Liao C Y，Kannan K. 2014. Widespread occurrence of benzophenone-type UV light filters in personal care products from China and the United States：An assessment of human exposure. Environmental Science & Technology，48（7）：4103-4109.

Luzardo O P，Almeida-González M，Ruiz-Suárez N，et al. 2015. Validated analytical methodology for the simultaneous determination of a wide range of pesticides in human blood using GC-MS/MS and LC-ESI/MS/MS and its application in two poisoning cases. Science & Justice，55（5）：307-315.

Mulder T A，Dries M A，Korevaar T I M，et al. 2019. Organophosphate pesticides exposure in pregnant women and maternal and cord blood thyroid hormone concentrations. Environment International，132：105124.

Olsen L，Lampa E，Birkholz D A，et al. 2012. Circulating levels of bisphenol A（BPA）and phthalates in an elderly population in Sweden，based on the Prospective Investigation of the Vasculature in Uppsala Seniors（PIVUS）. Ecotoxicology and Environmental Safety，75（1）：242-248.

Rocha B A，Costa B R，Albuquerque N C，et al. 2016. A fast method for bisphenol A and six analogues（S，F，Z，P，AF，AP）determination in urine samples based on dispersive liquid-liquid microextraction and liquid chromatography-tandem mass spectrometry. Talanta，154：511-519.

Santos P M，Sanchez M N，Cordero B M，et al. 2019. Liquid-liquid extraction-programmed temperature vaporizer-gas chromatography-mass spectrometry for the determination of polycyclic aromatic hydrocarbons in saliva samples. Application to the occupational exposure of firefighters. Talanta，192：69-78.

Silva M J，Reidy J A，Calafat A M，et al. 2006. Measurement of eight urinary metabolites of di（2-ethylhexyl）phthalate as biomarkers for human exposure assessment. Biomakers，11（1）：1-13.

Silva M J，Reidy J A，Samandar E，et al. 2005. Detection of phthalate metabolites in human saliva. Archives of Toxicology，79（11）：647-652.

Song S，He Y，Huang Y，et al. 2020. Occurrence and transfer of benzophenone-type ultraviolet filters from the pregnant women to fetuses. Science of The Total Environment，726：138503.

Sosvorova L K，Chlupacova T，Vitku J，et al. 2017. Determination of selected bisphenols，parabens and estrogens in human plasma using LC-MS/MS. Talanta，174：21-28.

Tinne G，Hugo N，Covaci A. 2009. Sensitive and selective method for the determination of bisphenol-A and triclosan in serum and urine as pentafluorobenzoate-derivatives using GC-ECNI/MS. Journal of Chromatography B，877（31）：4042-4046.

Ueyama J，Saito I，Takaishi A，et al. 2014. A revised method for determination of dialkylphosphate levels in human urine by solid-phase extraction and liquid chromatography with tandem mass spectrometry：application to human urine samples from Japanese children. Environmental Health & Preventive Medicine，19（6）：405-413.

Urbancova K，Lankova D，Sram R，et al. 2019. Urinary metabolites of phthalates and di-iso-nonyl cyclohexane-1，2-dicarboxylate（DINCH）-Czech mothers' and newborns' exposure biomarkers.

Environmental Research, 173: 342-348.

Waldman J M, Gavin Q, Anderson M, et al. 2016. Exposures to environmental phenols in Southern California firefighters and findings of elevated urinary benzophenone-3 levels. Environment International, 88: 281-287.

Wang H L, Yan H, Wang C, et al. 2012. Analysis of phenolic pollutants in human samples by high performance capillary electrophoresis based on pretreatment of ultrasound-assisted emulsification microextraction and solidification of floating organic droplet. Journal of Chromatography A, 1253: 16-21.

Wang L, Kannan K. 2013. Alkyl protocatechuates as novel urinary biomarkers of exposure to p -hydroxybenzoic acid esters (parabens). Environment International, 59: 27-32.

Wang L, Liu Z, Zhang J, et al. 2016. Chlorpyrifos exposure in farmers and urban adults: Metabolic characteristic, exposure estimation, and potential effect of oxidative damage. Environmental Research, 149: 164-170.

Wang Y, Li G, Zhu Q, et al. 2019. A multi-residue method for determination of 36 endocrine disrupting chemicals in human serum with a simple extraction procedure in combination of UPLC-MS/MS analysis. Talanta, 205: 120144.

Xu X, Zhang J, Zhang L, et al. 2004. Selective detection of monohydroxy metabolites of polycyclic aromatic hydrocarbons in urine using liquid chromatography/triple quadrupole tandem mass spectrometry. Rapid Communications in Mass Spectrometry, 18 (19): 2299-2308.

Zhang X, Wang Q, Qiu T, et al. 2019. PM2.5 bound phthalates in four metropolitan cities of China: Concentration, seasonal pattern and health risk via inhalation. Science of the Total Environment, 696: 133982.

Zhou X, Kramer J P, Calafat A M, et al. 2014. Automated on-line column-switching high performance liquid chromatography isotope dilution tandem mass spectrometry method for the quantification of bisphenol A, bisphenol F, bisphenol S, and 11 other phenols in urine. Journal of Chromatography B, 944: 152-156.

第九章 持久性有机污染物

持久性有机污染物（persistent organic pollutant，POP）是一类具有碳骨架的有机化合物，基于其特殊的物理和化学性质，POP 在各种环境介质中广泛存在，不易降解、存留时间较长，并可通过食物链富集，最终影响人体健康。本章主要介绍卤代持久性有机污染物，包括以全氟及多氟烷基化合物为代表的氟代有机污染物，有机氯农药、短链氯化石蜡等有机氯污染物，以及以多溴联苯醚、六溴环十二烷等溴代阻燃剂为代表的有机溴污染物。

9.1 全氟及多氟烷基化合物

全氟及多氟烷基化合物（per- and polyfluoroalkyl substance，PFAS）是一类人工合成化学品，其碳原子上的氢原子全部或部分被氟原子取代，具有疏油、疏水特性，自 20 世纪 50 年代开始大量生产，常作为表面活性剂广泛应用于皮革、纺织、造纸、农药、防火材料、润滑剂、涂料、洗护用品等工业和民用领域。1951～2004 年，全球全氟烷基羧酸类化合物产量估计为 4400～8000 吨（李龙飞，2013）。3M 公司报告显示，2000 年全球全氟辛烷磺酸（perfluorooctane sulfonic acid，PFOS）的产量约为 3545 吨，2002 年全球全氟辛烷磺酸盐的产量约为 4500 吨，而全氟辛烷羧酸（perfluorooctane carboxylic acid，PFOA）的年产量估计超过 500 吨（李龙飞，2013）。PFAS 的大量生产和使用导致全球范围内 PFAS 的广泛检出。目前，环境中存在的 PFAS 主要包括表 9-1 所列的 PFCA、PFSA、PFPA、PFPiA、PFECA、PFESA、PASF、FT 等。其中，PFOA 和 PFOS 是两种主要的 PFAS，同时也是多种 PFAS 在环境中转化的最终产物。PFAS 作为无处不在的全球性污染物，其带来的环境问题已经引起国际组织的高度重视，2009 年 PFOS 及其盐类作为新增的 POP，被联合国环境规划署列入《斯德哥尔摩公约》。2019 年，PFOA 及其盐类也作为 POP 被列入《斯德哥尔摩公约》。

表 9-1 常见可用于评估 PFAS 暴露的生物标志物

类别	英文全称	缩写
全氟羧酸类	perfluoroalkyl carboxylic acid	PFCA
全氟磺酸	perfluoroalkane sulfonic acid	PFSA

续表

类别	英文全称	缩写
全氟磷酸	perfluoroalkyl phosphonic acid	PFPA
全氟膦酸	perfluoroalkyl phosphinic acid	PFPiA
全氟聚醚羧酸	perfluoroether carboxylic acid	PFECA
全氟聚醚磺酸	perfluoroether sulfonic acid	PFESA
全氟磺酰类	PASF-based substance	PASF
氟调聚类	fluorotelomer-based substance	FT

9.1.1 暴露来源、途径及健康风险

1. 暴露来源

PFAS 的环境归趋一直是环境领域研究的热点，全球环境中 PFAS 主要来自含氟化合物生产过程的排放，污水处理和垃圾填埋也是 PFAS 污染的重要原因。因其具有远距离迁移性，可通过大气、海洋、工业产品和生活必需品等扩散到全球各地，研究人员在人迹罕至的青藏高原水体和鱼体中均发现了 PFOS，甚至在南极洲和北冰洋地表水中也检测到了 PFOA 和短链 PFAS。Washington 等（2015）通过土壤和水中的模拟实验研究发现，氟化聚合物可通过降解形成氟调聚醇、氟调聚酸、PFCA 等产物，这也是环境中许多 PFAS 的重要来源之一。许多 PFAS 具有持久性，其造成的污染事件应得到长期关注和研究。

2. 暴露途径

（1）经口摄入：摄入受污染的食物及饮用水均可导致 PFAS 暴露，如食用受PFAS 污染的蔬菜、农作物、鱼类、肉类等，食品加工过程中使用含有 PFAS 的设备（如不粘炊具），接触含 PFAS 的食品包装袋，饮用受 PFAS 污染的饮用水。土壤还可能通过作物的生物累积间接地对人类健康造成危害。笔者所在课题组基于 Liu 等（2017）所报道的在污染土壤中生长的小麦和玉米籽粒的生物富集因子（bioaccumulation factor，BAF）值，根据氟化工厂附近土壤中的 PFOA 浓度推算出小麦和玉米籽粒中的 PFOA 及当地青少年摄入小麦和玉米中 PFOA 的每日摄入量评估值（estimated daily intake，EDI）。图 9-1A 和图 9-1B 分别总结了淄博地区小麦和玉米中的 EDI 值随氟化工厂距离的变化，当距离为 0.5～2km、2～5km、5～8km 和 8～11km 时，通过小麦摄入 PFOA 的平均 EDI 分别为18.0ng/（kg bw·d）、13.9ng/（kg bw·d）、7.33ng/（kg bw·d）和5.84ng/（kg bw·d），远超过 ESFA的 TDI，提示其所带来的人体健康风险值得人们关注（Xie et al.，2021）。同时，根据饮用水中 PFOA 的浓度，推算出 EDI 值随工厂距离的变化（图 9-1C），表明

自来水中 PFOA 浓度远低于美国国家环境保护局（EPA）推荐的 70ng/L 阈值（U.S. EPA，2016），饮用水对当地居民造成的健康风险有限。

（2）呼吸道吸入和皮肤吸收：在 PFAS 生产或相关产品加工过程中，职业人群及生活在工厂周边的居民可能会暴露在含有 PFAS 的环境，经过呼吸或皮肤接触产生暴露。正常使用及处理含 PFAS 的消费品（包括地毯、皮革、服装、纺织品、纸张和包装材料）的过程中，普通人群也可能接触到 PFAS。笔者所在课题组使用 CSOIL 模型（Gao et al.，2019）评估了淄博地区在氟化工厂附近居住的青少年通过室外土壤经皮肤和呼吸接触 PFAS 的每日暴露量（图 9-1D），结果表明这两种方式对人类暴露水平的贡献率非常低。Su 等（2016）研究了大型氟工业园区周边居民家庭室内灰尘和室外灰尘中的 PFAS，结果显示该氟工业园区释放的 PFAS 对周边居民家庭的污染半径至少为 20km，并认为大气传输可能是污染物从氟工业园区到

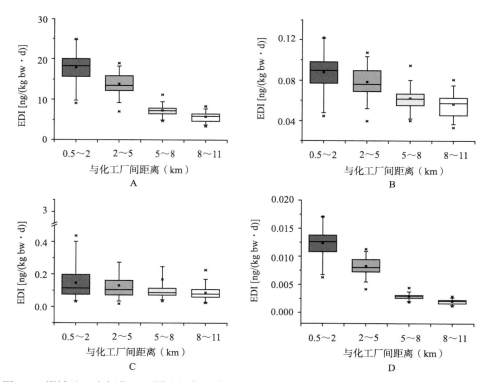

图 9-1　淄博地区在氟化工厂周边居住的青少年（n=187）通过小麦（A）、玉米（B）、饮用水（C），以及土壤经皮肤和呼吸接触（D）每日摄入 PFOA 的 EDI。触须图表示第 5 百分位和第 95 百分位，方框显示第 25 百分位、第 50 百分位和第 75 百分位

引自：Xie L N，Wang X C，Dong X J，et al. 2021. Concentration，spatial distribution，and health risk assessment of PFASs in serum of teenagers，tap water and soil near a Chinese fluorochemical industrial plant. Environment International，146：106166

周边家庭室外灰尘的主要传输途径。此外，室内灰尘中的 PFAS 浓度均高于室外灰尘，显示室内来源不仅包括通过门窗的大气传输，还包括人为活动的带入。

（3）母婴暴露：随着脐带血和母乳中 PFAS 的检出，母体传播成为胎儿和婴儿 PFAS 暴露的主要途径。研究发现，婴儿（6 月龄）通过母乳的 PFOS 和 PFOA 摄入量分别为每日 8.71ng/kg bw 和 4.1ng/kg bw，分别是成年人通过各种途径摄入总量的 14 倍和 15 倍。另有研究显示，我国 12 月龄以下的婴儿，通过母乳摄入的 PFOS 量高达每日 10.3ng/kg bw，是成年人通过各种途径摄入总量的 9 倍；PFOA 通过母乳的摄入量为每日 9.1ng/kg bw，与成年人的摄入总量相当（苏红巧，2017）。

3. 健康风险

PFAS 因含高键能的碳氟键（C—F），具有很强的稳定性，难以光解、水解，以及难以被生物降解和被动物体代谢，因此许多 PFAS 具有环境持久性，可通过食物链蓄积放大。流行病学研究表明，人体暴露于 PFAS 会影响性激素水平（Lopez-Espinosa et al.，2016）和甲状腺功能等（Shrestha et al.，2015），胆固醇水平升高、癌症、肥胖、免疫抑制、内分泌紊乱等也与 PFAS 有关（Hu et al.，2016）。2018 年，EFSA 确定了 PFOS 的每周容许摄入量（tolerable weekly intake，TWI）为 13ng/kg bw，PFOA 为 6ng/kg bw；2020 年针对 PFOS、全氟己烷磺酸、PFOA 和全氟壬酸 4 种 PFAS，确定的总 TWI 为 8ng/kg bw（EFSA CONTAM Panel，2020）。

9.1.2 生物材料与监测指标选择

1. 生物材料选择

PFAS 具有亲蛋白的特性，进入体内后先与血清蛋白结合，主要分布在肝脏和血液中，后沉积在肾、肺、睾丸等脏器。鉴于此，常用于分析人群 PFAS 内暴露水平的生物材料为血清、血浆和全血。多个国家 PFAS 内暴露水平检测结果表明，人体中 PFAS 的浓度一般由普通人群的 ng/ml 级水平到职业人群的 μg/ml 级不等。

尿液是 PFAS 排泄的主要途径，许多研究已经表明尿液与血清中 PFAS 的水平呈显著正相关，尿液也可作为人体 PFAS（尤其是短链和中链 PFAS）内暴露检测的生物材料，尤其是污染区等内暴露水平较高地区人群及血液样品不易获取的情形。与尿液类似，指甲和头发等非损伤性生物材料具有采样成本低、采集对象不适情况少等特点，尤其适用于一些以婴儿或未成年人为对象的研究，有助于提高应答率和增加样本量。Wang 等（2018）针对石家庄地区普通人群开展的不同生物材料配对研究发现，头发和指甲中 PFOS 和氯代多氟醚磺酸（Cl-PFESA）浓度水平与其内暴露之间存在合理关联。

2. 监测指标确定

根据含氟链段和官能团的差异，常用于人体内 PFAS 暴露水平的监测指标类别见表 9-1。此外，Cl-PFESA 等替代品也已受到关注。

9.1.3 前处理方法

人体生物样品中 PFAS 的前处理技术相对成熟，包括 LLE、SPE、超声提取法等，常用的有机提取溶剂有甲基叔丁基醚、乙腈、甲醇等，也可加入氨水等调节 pH 或加入离子对试剂提高提取效率。

1. 液态基质样品前处理

液态基质样品前处理最常用的方法是甲基叔丁基醚–离子对 LLE。该方法的核心是使水相中的 PFAS（阴离子）与离子对试剂四丁基硫酸氢铵（阳离子）通过静电力结合，并转移到甲基叔丁基醚（methyl tert-butyl ether，MTBE）有机相中，该方法具有操作简单、实用性强等特点，被广泛应用于血清等液态基质生物样品中 PFAS 的前处理。但是，由于蛋白质、脂肪等生物大分子也会一同被 MTBE 提取，从而产生较强的基质效应。因此，一般对生物样品重复萃取 1～2 次后，还要通过对萃取液进行高速离心（12 000r/min），或经 0.22μm 滤膜过滤，或经 SPE 柱进一步净化等方式尽量去除基质干扰，必要时使用甲醇、乙腈等有机溶剂沉淀蛋白，通过超声萃取提高萃取效率。以母乳（Liu et al.，2010）、尿液（Li et al.，2013）为例，SPE 的一般步骤是前处理前先加入一定体积的甲酸溶液或甲酸甲醇溶液，使 PFAS 以分子状态吸附在 SPE 柱上。常用的 SPE 柱为使用混合型阴离子交换剂的 Oasis WAX 小柱，其对强酸性化合物具有高选择性。对于 PFAS 的洗脱，一般采用甲醇或含氨水（0.1%～9%）的甲醇溶液，使 PFAS 在弱碱性环境下发生电离，以降低其在 SPE 柱上的吸附（Liu et al.，2010）。

2. 固态基质样品前处理

王媛（2017）报道了头发、指甲样品中 PFAS 的前处理方法，一般需要预先洗涤样品以去除表面附着的污染物，具体步骤为：用去离子水浸泡润湿，超声 10min 后倒掉去离子水，重复 1 次，换成丙酮重复润洗 2 次，室温晾干；将头发剪碎至长度 2～3mm，将指甲研磨成 4～9mm^2 的碎粒，包入铝箔纸中待用。前处理过程中用到的容器或工具均需要提前洗净以避免污染。经清洗、处理过的固体样品一般需要用有机溶剂提取。以头发样品为例，准确称取 0.1g 处理过的样品，将之置于 15ml 聚丙烯离心管中，加入 $^{13}C_4$-PFOS 等内标溶液，充分涡旋混匀，室温老化 2h，加入 10ml 乙腈，55℃水浴超声 2h，4000r/min 离心 15min 后收集上清液转移至另一干净的 50ml 聚丙烯离心管中，再向残余部分加入 10ml 乙腈，重复提取 2 次。对于指甲样品，还需要进一步用 50mmol/L NaOH 甲醇溶液提取，合并上清液，经 WAX 小柱富集净化，氮吹浓缩、定容、离心待用。

9.1.4 检 测 方 法

1. 液相色谱–质谱法

PFAS 一般具有表面活性和极性，适合采用 LC 分离，常用的色谱柱为键合硅胶固定相的反相 C₁₈ 柱。另外，PFAS 缺少生色团，既无紫外吸收又无荧光活性，因此无法使用光谱检测器，质谱检测器成为定量分析的首选。PFAS 最常用的测定方法是 LC-MS/MS。离子源一般选择 ESI 源，在负离子 MRM 模式下分析以提高灵敏度。美国 CDC（U.S. CDC，2015）采用 HPLC-MS/MS 测定了人体血清中包括全氟丁烷磺酸（PFBS）、全氟己烷磺酸（PFHxS）、全氟庚酸（PFHpA）、全氟辛酸（PFOA）、全氟壬酸（PFNA）、全氟癸酸（PFDA）等在内的 13 种 PFAS，检出限均在 0.1ng/ml 左右。Gao 等（2016）建立了人体血清中 21 种 PFAS（13 种 PFCA、5 种 PFSA、全氟辛烷磺酰胺和 2 种 PFOS 替代品）的 HPLC-MS/MS 测定方法，标准曲线拟合度均＞0.99，加标回收率为 84.6%～114%，日内精密度和日间精密度分别为 1.5%～9.2% 和 1.1%～7.0%，检出限为 0.008～0.19ng/ml。近年来，HRMS 也被应用于新型 PFAS 的识别和分析中，Ruan 等（2015）利用 HPLC 离子阱质谱识别出 2 种 Cl-PFESA。

2. 气相色谱–质谱法

挥发性 PFAS 适合用 GC-MS 测定。Rewerts 等（2018）采用大体积进样 GC-MS 测定了纸张及纺织品中包括氟调聚醇（FTOH）在内的五类 21 种挥发性 PFAS。挥发性 PFAS 在体内会转化为 PFCA 和 PFSA，如果采用 GC 分离这些非挥发性的 PFAS，需要衍生化处理，存在操作烦琐、耗时长等问题，不适合大批量样品测定。Langlois 等（2007）使用 GC-HRMS 测定 PFAS，采用异丙醇在酸性条件下对 PFOS 和 PFCA 进行衍生化，在 EI 源负化学电离模式下进行检测，该方法可以对 11 种 PFOS 异构体进行有效分离和测定，为鉴定 PFCA 和 PFSA 的异构体提供了一种替代技术。

9.1.5 应 用 实 例

本应用实例来自笔者所在课题组，介绍了人血清中 18 种 PFAS 的 UPLC-MS/MS

测定方法。

1. 样品前处理

吸取 200μl 血清样品，加入 2ml 缓冲液（Na$_2$CO$_3$ 5.30g、NaHCO$_3$ 4.20g 置于200ml 水中，pH=10），1ml 四丁基硫酸氢铵（TBAH）溶液（称取 TBAH 17.00g置于 100ml 水中）和 40μl 的 12.5ng/ml 内标溶液，之后加入 4ml MTBE，用涡流振荡器以 250r/min 振荡 20min，用离心机以 4000r/min 离心 10min，吸取上清液，重复上述步骤 2 次，合并上清液，用氮吹仪在 40℃下吹干，用 200μl 甲醇溶液复溶，以 12 000r/min 离心 15min，吸取上清液进行测定。

2. 分析条件

（1）LC 参考条件如下。色谱柱：Waters Acquity UPLC BEH C$_{18}$柱（100mm×2.1mm，1.7μm）。流动相：2mmol/L 乙酸铵（A）和乙腈（B）。梯度洗脱程序：0min，90% A；1.0min，80% A；4.0～6.0min，10% A；6.1～8.0min，90% A。流速：300μl/min。柱温：40℃。进样量：10μl。

（2）MS 参考条件如下。离子源：ESI 源；电离方式：负电离模式；碰撞气（CAD）：83kPa；气帘气（CUR）：103kPa；雾化气（GS1）：345kPa；加热气（GS2）：241kPa；喷雾电压（IS）：−4000V；去溶剂温度：550℃；扫描方式：MRM 模式。18 种 PFAS 及其对应内标的质谱参数见表 9-2，色谱图见图 9-2。

表 9-2　18 种 PFAS 及其对应内标的质谱参数

目标物	缩写	对应内标	母离子/子离子（Q1/Q3）	碰撞能量（CE）	去簇电压（V）
全氟丁酸	PFBA	^{13}C$_4$-PFBA	212.6/168.9	−11	−24
全氟戊酸	PFPeA	^{13}C$_5$-PFPeA	262.6/219.0	−12	−25
全氟己酸	PFHxA	^{13}C$_5$-PFHxA	312.6/269.0	−9	−22
全氟庚酸	PFHpA	^{13}C$_4$-PFHpA	362.8/319.0	−17	−15
全氟辛酸	PFOA	^{13}C$_8$-PFOA	412.9/368.9	−14	−16
全氟壬酸	PFNA	^{13}C$_9$-PFNA	462.9/419.2	−15	−30
全氟癸酸	PFDA	^{13}C$_6$-PFDA	513.0/469.1	−14	−31
全氟十一酸	PFUnDA	^{13}C$_7$-PFUnDA	563.0/519.2	−17	−23
全氟十二酸	PFDoA	^{13}C$_2$-PFDoA	613.0/569.2	−15	−31
全氟十三酸	PFTrDA	^{13}C$_2$-PFTeDA	663.0/619.0	−15	−41
全氟十四酸	PFTeDA	^{13}C$_2$-PFTeDA	713.0/669.0	−18	−35

续表

目标物	缩写	对应内标	母离子/子离子 （Q1/Q3）	碰撞能量 （CE）	去簇电压 （V）
全氟丁烷磺酸	PFBS	$^{18}C_3$-PFBS	299.0/80.0	−48	−48
全氟戊烷磺酸	PFPeS	$^{18}C_3$-PFBS	348.9/80.0	−55	−30
全氟己烷磺酸	PFHxS	$^{18}C_3$-PFHxS	399.0/80.0	−56	−43
全氟辛烷磺酸	PFOS	$^{13}C_8$-PFOS	498.9/99.0	−66	−56
全氟壬烷磺酸	PFNS	$^{13}C_8$-PFOS	548.9/80.0	−57	−55
全氟癸烷磺酸	PFDS	$^{13}C_8$-PFOS	599.1/80.0	−70	−57
全氟十一烷磺酸	PFDoS	$^{13}C_2$-PFTeDA	699.1/80.0	−75	−75

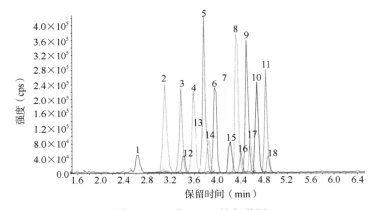

图 9-2　18 种 PFAS 的色谱图

1. PFBA；2. PFPeA；3. PFHxA；4. PFHpA；5. PFOA；6. PFNA；7. PFDA；8. PFUnDA；9. PFDoA；10. PFTrDA；
11. PFTeDA；12. PFBS；13. PFPeS；14. PFHxS；15. PFOS；16. PFNS；17. PFDS；18. PFDoS

3. 方法特性

（1）方法检出限和定量限：以胎牛血清为基质，配制校准曲线，标准系列浓度点分别为 0.010ng/ml、0.025ng/ml、0.050ng/ml、0.100ng/ml、0.250ng/ml、0.500ng/ml、1.00ng/ml、2.50ng/ml、5.00ng/ml、10.00ng/ml、25.00ng/ml，内标浓度为 2.50ng/ml，标准曲线相关系数均大于 0.998。根据校准曲线低浓度点的信噪比估算方法的检出限（3 倍信噪比）和定量限（10 倍信噪比），检出限为 0.01～0.2ng/ml，定量限为 0.03～0.5ng/ml。

（2）加标回收率和精密度：吸取 200μl 胎牛血清，分别加入质量浓度为 1.00ng/ml、5.00ng/ml 和 10.0ng/ml 的混合标准溶液 40μl，以及 12.5ng/ml 的混合内标溶液 40μl，进行低浓度（0.200ng/ml）、中浓度（1.00ng/ml）和高浓度（2.00ng/ml）3 个浓度梯度的加标回收试验，每个浓度点平行测定 6 次，18 种 PFAS 的回收率为 71.4%～119.8%，RSD 为 3.3%～14.9%。

（3）准确度评价：测定 NIST 标准参考物质（NIST SRM1957）和 INSPQ 标准参考物质（AMSY1807、AMSY1808、AMSY1809），并与其他课题组已有的测定结果进行比较（表 9-3），结果表明方法的准确度能够满足检测需求。

4. 质量控制措施

实验过程中应避免使用聚四氟乙烯和玻璃材质的色谱管路与器皿，用到的枪头、进样小瓶、离心管、塑料滴管、管线等耗材均需做空白筛查，以排除或降低背景干扰。流动相尽量使用 MS 级的试剂配制，乙酸铵溶液宜现用现配。

进行批量样品测定时，每批不少于 5 个标准浓度点，1 个质控样，1 个过程空白。测定前，需评估标准及内标的质谱响应信号，当低于正常值 50% 时，表明仪器需要维护、清洗或校准。过程空白应尽量低于定量限，若不能，需评估空白来源及稳定性，再决定是否予以扣除。空白稳定性评价中，需进行不少于 6 批次的试剂空白试验，计算空白中目标物质谱响应信号的 RSD，若低于 20%，表示试剂空白稳定。样品中目标物浓度超过线性范围时，需对样品进行复测，复测时可减少取样体积或稀释样品。

样品测定过程中同批测定空白样品和质控样品。定性时，应同时考虑保留时间的偏移和相对丰度变化。没有一一对应内标的目标物，样品溶液中目标物的保留时间与相近浓度标准溶液中的保留时间偏差在 ±2.5% 之内；有一一对应内标的目标物，目标物的保留时间与其对应内标的保留相对误差不超过 5%。

5. 方法应用

笔者所在课题组测定了在氟化工厂附近居住的 89 名青少年血清中 PFAS 的内暴露水平（Xie et al., 2021）。结果表明，血清 PFAS 总浓度为 76.8～867ng/ml，所有样品均检测到 PFCA（C_4、C_7～C_{11}）和 PFSA（C_6～C_8），分别有 95.5% 和 68.5% 的样品中检测到 PFHxA（C_6）和 PFDoA（C_{12}），PFPeA（C_5）的检出率低于 50%。PFOA 是主要的 PFCA，占 PFAS 总浓度的 87.6%～98.7%，浓度范围为 70.0～845ng/ml，平均浓度为 223ng/ml；其次是 PFOS，平均浓度为 3.45ng/ml，占 PFAS 总量的 0.4%～6.7%；之后是 PFHpA（平均浓度为 1.47ng/ml）和 PFNA（平均浓度为 0.934ng/ml）；其他 PFCA（C_5、C_6、C_{11}、C_{12}）和 PFSA（C_6、C_7）的浓度非常低，仅占 PFAS 总浓度的 0.07%～2.3%。

表 9-3 标准参考物质测定结果（ng/ml）

数据来源		PFHxA	PFHpA	PFOA	PFNA	PFDA	PFUnDA	PFHxS	PFHpS	PFOS
NIST 1957	本课题组	/	0.220~0.236	4.51~4.63	0.811~0.943	0.15~0.20	0.092~0.106	3.23~4.04	/	18.8~19.5
	Olsen et al.（2017）	/	0.203	3.75	0.698	0.216	0.0897	3.25	/	19.9
	Gebbink et al.（2015）	/	0.18~0.22	3.73~3.99	0.68~0.76	0.23~0.25	0.10~0.12	3.19~3.31	/	17.8~19.2
	Yeung et al.（2013 a，b）	/	0.141~0.255	3.75~4.45	0.687~0.841	0.263~0.323	0.106~0.130	3.68~4.60	/	18.1~20.5
	Munoz et al.（2017）	/	0.33~0.43	3.5~3.7	0.69~0.89	0.24~0.28	<LOQ	3.1~3.7	/	20.8~22
	Pan et al.（2017）	/	0.246~0.294	4.59~5.33	0.803~0.883	0.234~0.290	0.104~0.132	3.58~4.13	/	18.1~19.2
	参考值	/	0.254~0.356	4.56~5.44	0.801~0.955	0.27~0.51	0.136~0.208	3.17~4.83	/	19.8~22.4
AMSY 1807	测定值	1.50~1.63	0.078~0.104	2.83~3.17	2.49~2.68	0.165~0.198	1.92~2.45	11.2~12.1	0.074~0.105	32.9~36.1
	参考值	1.58	0.103	3.21	2.47	0.22	2.29	11.9	0.0741	33.2
AMSY 1808	测定值	0.70~0.82	0.236~0.286	6.42~6.66	0.648~0.83	1.67~1.81	0.771~0.836	4.62~5.01	0.721~0.741	72.9~76.6
	参考值	0.76	0.251	6.84	0.669	1.78	0.778	4.79	0.699	73.1
AMSY 1809	测定值	3.69~4.25	1.07~1.12	4.57~5.04	1.68~1.81	0.42~0.52	1.10~1.41	1.12~1.32	4.01~4.51	23.9~27.5
	参考值	3.94	1.15	5.16	1.7	0.49	1.22	1.14	3.73	24.9

注：LOQ，定量限。

9.2　有机氯农药

有机氯农药（organochlorine pesticide，OCP）是 20 世纪 40 至 80 年代使用最为广泛的农药种类之一，为农林畜牧业的除虫和疾病控制等带来明显成效。OCP主要分为以苯为原料和以环戊二烯为原料两大类，前者包括使用最早、应用最广泛的杀虫剂六氯环己烷（六六六）（hexachlorocyclohexane，HCH）和滴滴涕（dichlorodiphenyl trichloroethane，DDT），杀螨剂三氯杀螨砜、三氯杀螨醇，以及杀菌剂五氯硝基苯等；后者包括作为杀虫剂的氯丹、硫丹、七氯、艾氏剂、狄氏剂、异狄氏剂等。OCP 是一类典型的 POP，具有半挥发性、高毒性、持久性和生物蓄积性。2001 年《斯德哥尔摩公约》明确提出淘汰的首批 12 种 POP 中，有 9 种为 OCP，包括艾氏剂、狄氏剂、异狄氏剂、滴滴涕、氯丹、六氯苯、灭蚁灵、毒杀芬和七氯；2009 年《斯德哥尔摩公约》新增列 9 种 POP，其中包括十氯酮、五氯苯、α-六氯环己烷、β-六氯环己烷和林丹 5 种 OCP；2011 年《斯德哥尔摩公约》又将硫丹列为 POP。

9.2.1　暴露来源、途径及健康风险

1. 暴露来源

OCP 的环境释放源一般包括农业应用、垃圾填埋场、废弃物燃烧和工业生产等。OCP 具有环境持久性，通过生物富集和食物链对人体健康产生威胁。OCP 在各营养级中的生物富集系数均较高，DDT 的生物富集系数为 6.96×10^6，α-HCH 为 1.4×10^4，氯丹为 3.6×10^5，七氯为 3.9×10^4，艾氏剂为 2.5×10^5。OCP 在人体中的蓄积以 DDT 和 HCH 为主，DDT 的代谢产物以 p, p'-二氯二苯二氯乙烯（p, p'-DDE）为主，HCH 的代谢产物以 β-六氯环己烷（β-HCH）为主。另外，OCP 及其代谢物在人体中半衰期较长，如 DDT 的半衰期约为 6 年（普亚兵，2015）。

2. 暴露途径

目前已经在全球范围内的环境介质，如土壤、水源、底泥、空气、树皮等中普遍检出 OCP，其在环境中难以降解，一般通过挥发、扩散等途径在不同环境介质中迁移，造成土壤、水资源等的严重污染。对于普通人群而言，OCP 的暴露途径主要有饮食摄入、呼吸道吸入和皮肤吸收，其中饮食摄入是主要的暴露途径，占暴露总量的 90% 以上，其次是呼吸道吸入和皮肤吸收。涉及的食物一般脂肪含量相对较高，如牛奶、鱼类、贝类、肉类、蛋类、乳汁等。1985 年，WHO 和联合国粮食及

农业组织规定了 DDT 和 γ-HCH 的每日允许摄入剂量（ADI）分别为 20 000ng/kg bw 和 8000ng/kg bw。

3. 健康风险

研究发现 OCP 暴露会导致甲状腺功能异常，影响胎儿发育，还可能引发神经系统、内分泌系统和生殖系统疾病，甚至有诱发癌症的风险。Rathore 等（2002）对 123 名妇女的研究发现，甲状腺功能减退与血液中高浓度狄氏剂有关。坦桑尼亚的一项研究发现，分别在 100%、75% 和 66% 的母乳样品（n=97）中检出 p, p'-DDE、p, p'-DDT 和狄氏剂，最大值分别为 2400ng/g lw（脂重）、133ng/g lw 和 937ng/g lw；健康风险评估结果表明，分别有 2 份和 6 份母乳中的 DDT 和狄氏剂含量对哺乳期婴儿存在潜在健康风险；此外，女性婴儿的头围与 p, p'-DDE 暴露呈负相关，提示妊娠期 OCP 暴露可能影响胎儿生长（Müller et al.，2017）。Kuang 等（2020）对我国金华市母乳样品（n=55）中 OCP 含量水平的研究发现，分别有 5 份和 9 份母乳中六氯苯和 HCH 含量超过了加拿大卫生部建议的健康阈值（0.27μg/kg bw 和 0.3μg/kg bw），存在健康风险。

9.2.2　生物材料与监测指标选择

1. 生物材料选择

OCP 脂溶性强，进入人体后不易被体内的酶降解，更容易在肝、肾、心脏等脂肪较多的组织中贮藏和富集。以往的研究发现，母乳是研究人体内 OCP 含量的最佳介质，原因是富含 3%～7% 的脂肪；样品容易获取，取样简单；取样周期长。1951 年有文献首次报道了母乳中 DDT 的含量，并估算了人体中 DDT 的浓度水平，自此各国研究人员开始以母乳为生物材料，开展 OCP 相关的各类研究（Laug et al.，1951）。与母乳不同，血液样品的获取没有性别限制，且相对容易获取不同年龄层的样品，同时在配对设计研究中较容易获取病例–对照样品，在 OCP 与疾病发生的关联性研究中应用较广泛。相对于其他生物材料，头发具有非损伤性特点，便于采集和储存，且不受年龄、性别限制，脂肪含量相对较高（2%～4%），适合脂溶性较强的目标物的测定。

2. 监测指标确定

结合中国（Lu et al.，2015）、美国（U.S. CDC，2021）、加拿大（Canada，2010），以及其他国家（Bergkvist et al.，2012；Hajjar et al.，2016；Jaacks et al.，2019；Müller et al.，2017）的调查和研究报道，常用于 OCP 及其代谢物人体内暴露监测指标如表 9-4 所示。

表 9-4　常见可用于评估 OCP 暴露的生物标志物

OCP 类别	英文名称或缩写	对应代谢物
滴滴涕	DDT（包括 o, p'-DDT、p, p'-DDT）	二氯二苯二氯乙烯（DDE）、二氯二苯二氯乙烷（DDD）等
六六六	HCH（包括 α-、β-、γ- 等旋光异构体）	六氯苯（HCB）、五氯酚（PCP）
氯丹	chlordane	氧氯丹（oxychlordane）
七氯	heptachlor	环氧七氯（heptachlor epoxide）
艾氏剂	aldrin	狄氏剂
狄氏剂	dieldrin	/
异狄氏剂	endrin	/
九氯	nonachlor（cis-，trans-）	/
灭蚁灵	mirex	/
毒杀芬	toxaphene	/

9.2.3　前处理方法

人体生物样品中 OCP 的前处理过程包括提取和净化两部分，提取方法除了传统的 LLE，还有索氏提取、加速溶剂萃取等。前处理过程中主要的基质干扰成分是蛋白质和脂肪，需要对样品进行进一步净化。传统的去除脂肪的方法有冷冻离心法、硫酸净化法等，近年来凝胶渗透色谱法（gel permeation chromatography，GPC）和 SPE 的应用也较多。

1. 样品提取

（1）LLE：多用于血清、母乳等液态基质样品。尹杉杉（2018）以正己烷和二氯甲烷混合溶剂（1+1）为萃取溶剂，提取妊娠女性血清样品中 10 种 OCP 及其代谢物，萃取步骤重复 3 次，合并萃取液，待柱层析净化。Jaacks 等（2019）以正己烷为萃取溶剂，提取血浆中 p, p'-DDE，再进行进一步的 SPE 净化。Hajjar 等（2016）采用乙酸乙酯、甲醇和丙酮混合溶液（1+2+2，10ml）提取乳汁（5ml）中 10 种 OCP 及其代谢物，待净化。

（2）其他提取方法：对于固态基质样品多采用索氏提取、加速溶剂萃取等方法。Yuan 等（2017）采用索氏提取法提取人头发中的 OCP，取 3g 头发，加入 4ng OCP 内标物，用 80ml 己烷和丙酮混合溶液（1+1）提取 48h，待净化。童燕玲（2014）取 0.5g 左右超微粉碎后的头发混合样品，以石油醚和丙酮混合溶液（1+1）作为提取溶剂，置于 34ml 不锈钢萃取池中进行自动加速溶剂萃取。结束后，过滤萃取液，于 40℃条件下将萃取液旋蒸至近干，用石油醚复溶，后氮吹浓缩至 1ml，待测。OCP 平均加标回收率为 92.8%，RSD 为 5.6%，该方法具有良好的回收率和精密度，能够满足痕量测量的要求。

2. 样品净化

（1）冷冻离心法：Kuang 等（2020）测定乳汁中 OCP 时，采用冷冻离心法。首先，取 2ml 母乳置于 15ml 离心管中，加入内标物（25μl，2μg/ml），再加入 1% 甲酸乙腈溶液 4ml，充分振荡。随后，向每个样品中添加 0.8g 无水硫酸镁和 0.2g 乙酸钠，剧烈摇晃 1min，防止盐结块，以 6000r/min 离心 5min，吸取上清液，在 −20℃放置 2h，用漏斗过滤去除脂质，并转移处理液。

（2）硫酸净化法：Chávez-Almazán 等（2016）测定乳汁中 OCP 及其代谢物时，将经过 LLE 的 10ml 样品溶液转移到带塞子的试管中，并添加 1ml 硫酸，盖上试管塞，用力摇动 1min，使脂肪沉淀，并予以去除。Müller 等（2017）采用类似方法处理经过 LLE 的母乳样品，用于测定 DDT 及其代谢物。

（3）GPC：特别适用于脂肪含量较高样品的净化。Lu 等（2015）在测定母乳中 DDT、HCH、HCB 等 27 种 OCP 及其代谢物时，以环己烷和乙酸乙酯混合溶液（1+1）为流动相，采用 GPC 净化 5ml 样品，倾倒、收集和清洗时间分别设置为 0～8min、8～18min 和 18～21min，所有 GPC 组分浓缩后用 0.5ml 正己烷复溶，待进一步 SPE 净化。

（4）固相萃取法：SPE 是 OCP 及其代谢物测定中常用的净化方法。Lu 等（2015）采用弗罗里硅土 SPE 柱对经过 GPC 净化的母乳样品进行进一步净化，用 9ml 二氯甲烷和正己烷混合溶剂（4+1）洗脱目标物，洗脱液浓缩至 0.5ml，待测。Hajjar 等（2016）则采用 C_{18} SPE 柱净化经过 LLE 的母乳，先采用异辛烷、乙酸乙酯、甲醇、蒸馏水（各 2ml）平衡小柱，再用 1ml 乙腈溶液（1+3）清洗 SPE 柱 2 次，减压抽干，最后用 0.5ml 异辛烷洗脱 SPE 柱 2 次，洗脱液用氮气吹干，待测。

9.2.4 检测方法

OCP 常用分析方法为 GC 及 GC-MS 联用技术。另外，LC、LC-MS、ELISA 也被应用于 OCP 及其代谢物的测定中。

1. 气相色谱及其联用技术

GC 是 OCP 及其代谢物的传统测定方法，常用的 ECD 具有选择性强、灵敏度高等特点，适用于含卤素等杂原子的化合物分析。Mishra 等（2011）采用 GC-ECD 测定人体血液样品中 9 种 HCH、DDT、DDE 异构体，以 HP-5 毛细管柱为分离柱，

DDT 和 HCH 的方法检出限分别为 0.018～0.032ng/L 和 0.013～0.041ng/L，加标回收率为 85.2%～93.4%，RSD 均<11%，能够满足人体血液中痕量 OCP 检测需求。Chávez-Almazán 等（2016）采用 GC-ECD 测定母乳中 7 种 OCP 及其代谢物，HCB、α-HCH 和 γ-HCH 的检出限为 0.001mg/kg（脂质校正），β-HCH、p, p'-DDE、o, p'-DDT 和 p, p'-DDT 的检出限为 0.002mg/kg（脂质校正）。为保证方法的准确性，在 0.01～0.04mg/kg（脂质校正）水平下加标回收率为 87%～101%，RSD<11%，精密度较好。

近年来，借助于质谱检测器强大的结构鉴定能力，GC-MS 得到良好的发展和应用。Kuang 等（2020）采用 EI 源，在 SIM 模式下，对母乳中 8 种 OCP 及其代谢物（DDT、HCH、DDE 等）进行鉴定和定量，方法检出限为 0.15～12.73μg/L，加标回收率为 76.0%～116.2%，RSD（n=8）为 1.09%～15.4%。Jaacks 等（2019）采用 GC-MS/MS，在 MRM 模式下测定人体血浆中 DDT 及其代谢物，通过测定质控样品评价方法的准确度。Medehouenou 等（2014）采用 GC-MS 对加拿大人群血浆中 11 种 OCP 及其代谢物（包括艾氏剂、灭蚁灵、β-HCH、HCB 等）进行测定，方法检出限为 0.005～0.20μg/L，日间 RSD≤12%。

2. 液相色谱及其联用技术

早期，HPLC 在 OCP 及其代谢物测定中有所应用，尤其适用于挥发性小和热稳定性差的农药。Furusawa（2004）建立了脂肪中 5 种 OCP 及其代谢物（艾氏剂、狄氏剂、DDT、DDE、DDD）的 HPLC 测定方法，该方法以反向硅胶色谱柱为分离柱，以乙醇溶液（1+1）为流动相，通过光电二极管阵列检测器测定，不同含量目标物（0.2～5.0μg/g）的平均回收率为 84%～98%，RSD<5%。艾氏剂定量限为 0.16μg/g，狄氏剂为 0.10μg/g，DDT 为 0.06μg/g，DDE 为 0.07μg/g，DDD 为 0.05μg/g。与 MS 检测器相比，光电二极管阵列检测器的灵敏度较差，难以满足人体生物样品中低浓度 OCP 及其代谢物的测定。

LC-MS 一般适用于极性相对较大、不易气化和热稳定性较差化合物的测定，但随着大气压光化学电离技术的出现和发展，LC-MS 的适用范围进一步扩大。Chusaksri 等（2006）建立了 12 种 OCP 及其代谢物（异狄氏剂、α-硫丹、β-硫丹、硫丹硫酸盐、七氯、环氧七氯、o, p'-DDD、p, p'-DDD、o, p'-DDE、p, p'-DDE、o, p'-DDT 和 p, p'-DDT）的 HPLC-APCI-MS/MS 测定方法。色谱分离在 ChromSpher 5 农药柱上进行，采用梯度洗脱，流动相为 1mmol/L 乙酸铵水溶液和乙腈。异狄氏剂、α-硫丹、β-硫丹、硫丹硫酸盐、七氯和环氧七氯在负电离模式下测定，其余化合物在正电离模式下测定。除七氯采用选择离子模式外，其余目标物均使用多反应监测模式。该方法的线性范围为 0.009～30.60μg/L，相关系数>0.99；在不同加标浓度水平下，回收率为 72%～119%。

3. ELISA

ELISA 具有检测成本低、速度快、操作简便等优点，广泛应用于食品、医学和环境等领域的检测中。Hongsibsong 等（2011）报道了检测 p, p'-DDE 的 ELISA 法。在半抗原合成中，分别以 2, 2'-双（4-氯苯基）乙醇和戊二酸酐为前驱体和间隔臂，将半抗原与牛血清白蛋白结合作为免疫原，并与卵清蛋白结合作为 ELISA 的包被抗原，可用于检测乳汁样本中的 p, p'-DDE，并与 GC-ECD 的结果进行比较。ELISA 的批内 RSD 为 5.7%～10.4%，批间 RSD 为 10.6%～19.6%。ELISA 与 GC-ECD 测定 p, p'-DDE 的浓度相关系数为 0.766，在可接受范围内，因此 ELISA 可作为检测母乳等样品中 p, p'-DDE 的替代方法。

9.2.5 应用实例

本应用实例来自美国 CDC，介绍了人体血清中 9 种 OCP 及其代谢物的 GC-HRMS 测定方法（U.S.CDC，2018）。

1. 样品前处理

从 –70℃冰箱中取出血清样品，完全解冻后，用涡旋振荡器混匀。取 2ml，加入内标，加入 0.5ml 浓度为 6mol/L 的盐酸溶液，涡旋振荡不少于 10s；加入 2.5ml 甲醇，涡旋振荡不少于 10s，混匀。采用自动 LLE，以正己烷/甲基叔丁基醚为萃取剂提取目标物。在 50℃条件下干燥提取溶液，加入足量含 5%二氯甲烷的正己烷溶液，采用自动 SPE 系统净化，以活性硅胶柱（300mg，3ml）为 SPE 柱。

2. 分析条件

（1）GC 参考条件如下。色谱柱：Rxi-5sil MS（30m×0.25mm i.d.，0.25μm），或等效 5%苯基柱。载气：恒定流量 1.0ml/min。进样方式：不分流进行。进样量：1.0μl。进样口温度：275℃。升温程序：100℃保持 1min；以 30℃/min 的速度升温至 200℃，保持 5min；以 4℃/min 的速度升至 250℃，以 45℃/min 的速度升至 320℃，保持 2min。

（2）MS 参考条件如下。离子源温度：（275±5）℃；电离模式：EI 源；离子源能量：45eV，其他质谱参数见表 9-5。

3. 方法特性

取样量为 2ml 血清时，OCP 的方法检出限为 3～16pg/g（脂质校正）。除 p, p'-DDE 外，所有目标物的线性范围为 0.5～1000ng/ml，由于未知样品中 p, p'-DDE 的含量偏高，其校准曲线延长至 6000ng/ml。对 36 个质控样品进行测定，目标物的 RSD 为 1.3%～5.5%。

表 9-5　OCP 及其代谢物的质谱参数

目标物	定量离子（m/z）	定性离子（m/z）	内标定量离子（m/z）	内标定性离子（m/z）
HCB	283.8102	285.8072	289.8303	291.8273
β-HCH	182.9349	184.9320	188.9550	190.9521
γ-HCH	182.9349	184.9320	188.9550	190.9521
氧氯丹	386.8052	388.8023	396.8388	398.8358
反-九氯	406.7870	408.7840	416.8205	418.8176
p, p'-DDE	246.0003	247.9974	258.0406	260.0376
o, p'-DDT	235.0081	237.0052	247.0484	249.0454
p, p'-DDT	235.0081	237.0052	247.0484	249.0454
灭蚁灵	271.8102	273.8072	276.8269	278.8240

4. 质量控制措施

在本方法中，一组样品定义为 24 个未知样品、3 个空白样品和 3 个质控样品。通过重复测定质控样品来表征分析精度，确定质量控制限。此外，一组样品的每次测量必须满足以下标准才能视为有效测量：①每种目标物和对应的 ^{13}C 标记内标物所监测的两种离子的比值与理论值的偏差不得超过 26%；②每种目标物与其对应 ^{13}C 标记内标物的保留时间之比必须在 0.99～1.01；③测定内标回收率必须在 10%～150%。此外，应通过实验室能力验证或比对项目，评估操作人员和方法的准确性。

5. 方法应用

NHANES（2013～2014）项目（U.S. CDC，2021）应用该方法测定人体血清中 OCP 及其代谢物水平，结果表明在非拉美裔男性白人（≥60 岁）中氧氯丹、反-九氯、p, p'-DDT、p, p'-DDE、HCB、β-HCH 和灭蚁灵的脂质校正浓度平均分别为 23.1ng/g、42.1ng/g、3.01ng/g、387ng/g、11.3ng/g、11.8ng/g 和 19.1ng/g, o, p'-DDT 和 γ-HCH 未测定。

9.3　溴代阻燃剂

阻燃剂（flame retardant，FR）作为普遍使用的工业化学制剂，因能够有效降低产品着火风险，被广泛用于印刷电路板、涂层、塑料、电子电气设备，以及各种纺织品（窗帘、地毯等）。在众多种类的阻燃剂中，溴代阻燃剂（brominated flame retardant，BFR）具有成本低、阻燃效率高、热稳定性好等优点，而且对产品的物理和机械性能影响小，因此产量和用量最大。常用的 BFR 包括多溴联苯醚（PBDE）、多溴联苯（PBB）、四溴双酚 A（TBBPA）、六溴环十二烷（HBCD）等，详见表 9-6。上述几种常用的 BFR 中，除 TBBPA 属于反应型外，其余均属于添加型 BFR。据统计，1970～1976 年美国含 PBB 的商业化产品产量达 0.6 万吨（张龙飞等，2020），2001 年全球对 PBDE 的需求量高达 7 万吨，2004 年全球对 TBBPA 的需求量高达 17 万吨，2011 年全球对 HBCD 的需求量为 2.3 万吨（Pivnenko et al.，2017）。自 2009 年以来，PBDE 的一些低溴代同系物（如四溴联苯醚、七溴联苯醚、五溴联苯醚、八溴联苯醚等）逐步被列入《斯德哥尔摩公约》的 POP 名单中；作为 PBB 的一种，六溴联苯（HBB）也作为 POP 被列入《斯德哥尔摩公约》；2013 年，作为 PBDE 替代品的 HBCD 同样被列为 POP。

9.3.1 暴露来源、途径及健康风险

1. 暴露来源

大多数 BFR 属于添加型阻燃剂，被广泛应用于纺织品、家具、汽车、电子产品、建筑隔热材料、胶黏剂、塑料、纤维等日常产品中，且因其通常具有半挥发性、持久性等特点，添加 BFR 的产品在生产、使用、消耗和处置过程中会不同程度地迁移到环境中，表现出难降解、生物蓄积性、生物毒性等 POP 特征，给环境和人体健康带来诸多负面影响。BFR 具体暴露来源主要包括含有 BFR 的电器或电子产品在使用过程中，因温度升高导致的 BFR 释放；废旧物品处置（回收利用、垃圾焚烧、垃圾填埋）过程中 BFR 的释放，以及工厂、污水处理厂等排放的废弃物中 BFR 的释放等。

2. 暴露途径

人体 BFR 的主要暴露途径是饮食摄入、呼吸道吸入和皮肤吸收，也存在母婴暴露。HBCD 广泛存在于各种环境介质中，Cao 等（2018）综述了近年来我国不同环境介质（空气、土壤、水、河流沉积物、污泥）和日常食物等中 HBCD 的研究进展，评估了 HBCD 对人体健康的危害，并认为食物是人类接触 HBCD 的主要途径，尤其是肉类；土壤和道路扬尘也是其重要的暴露途径。此外，垃圾倾倒场和工业区内及其周围的工人、居民（尤其是婴儿）的 HBCD 暴露风险在各类人群中最高。Lu 等（2018）调查了我国重庆地区土壤（$n=81$）和道路灰尘（$n=43$）中的 BFR 浓度水平，发现土壤样本中 TBBPA 和 HBCD 的平均含量分别为 2.40ng/g dw 和 3.23ng/g dw、

道路灰尘中 TBBPA 和 HBCD 的平均含量分别为 20.7ng/g dw 和 9.45ng/g dw；通过估算经灰尘摄入、皮肤吸收和道路粉尘吸入 TBBPA 和 HBCD 的 EDI，认为所有 EDI 均远低于参考剂量（RfD），但幼儿 TBBPA 和 HBCD 的 EDI 相对较高，应引起重视。新生儿全血中 PBDE 的出现证实了这些化合物可透过胎盘屏障，存在母婴暴露途径。Ma 等（2013）采用 GC-HRMS 测定了 1997～2011 年纽约州新生儿的干血斑样品（共 1224 名新生儿的 51 个血斑复合物）中的 7 种 PBDE 同系物，检出率最高的是 BDE-47（86%），其次是 BDE-99（45%）和 BDE-100（43%），BDE-47、BDE-99 和 BDE-100 的平均浓度分别为 0.128ng/ml、0.040ng/ml 和 0.012ng/ml。

3. 健康风险

BFR 脂溶性强，可经过食物链富集产生生物放大效应，从而影响人体健康。已有研究表明，BFR 会对生物体产生神经毒性、生殖毒性、免疫毒性、内分泌毒性等，甚至能够诱导基因重组，从而引发癌变。Yu 等（2018）的研究表明，暴露于室内灰尘中的 PBDE 可能会影响男性精液质量；我国南方地区长期（3～17 年）居住在电子垃圾处理厂附近的居民精液质量明显下降，精子 DNA 损伤程度加重；多元线性回归分析表明，精子浓度和数量均与精液中 BDE-47 水平呈负相关（$\beta=-0.295$，95%CI：$-0.553\sim-0.036$；$\beta=-0.400$，95%CI：$-0.708\sim-0.092$）。此外，精子运动力和活力均与室内灰尘中的 BDE-100 水平呈负相关（$\beta=-0.360$，95%CI：$-0.680\sim-0.040$；$\beta=-0.114$，95%CI：$-0.203\sim-0.025$）；配对精液和灰尘样品中 PBDE（如 BDE-28、BDE-47、BDE-153）水平呈显著正相关（$rs=0.367\sim0.547$，$P<0.05$）。Allen 等（2016）研究了美国妇女甲状腺疾病和血清中 PBDE 水平的相关性，发现血清中多溴二苯醚浓度（BDE-47、BDE-99、BDE-100 和 BDE-153）与甲状腺疾病的发生有关。Yuan 等（2017）研究了美国人群中 PBDE 浓度与炎症生物标志物之间的关系，发现 BDE-153 与碱性磷酸酶和绝对中性粒细胞计数之间存在显著正相关。

9.3.2　生物材料与监测指标选择

1. 生物材料选择

BFR 具有较高的亲脂性，容易在人体脂肪含量较高的部位富集和储存，脂肪组织和母乳是较为理想的监测介质，但脂肪组织获取难度较大，母乳则适用于特定人群。血液作为通用的监测介质，不受人群限制，可用于人群 BFR 内暴露检测，但存在采样难度大等问题。相比较而言，母乳的脂肪含量较血液等其他样品高，且属于非损伤性采样方式，能够获取更大的样本量以提高检测灵敏度，成为 BFR 内暴露检测最有意义的生物材料。此外，母乳样品的测定结果不仅反映母体 BFR

暴露水平，一定程度上也能反映生命早期胎儿和母乳喂养婴儿的暴露情况，对于获取母婴暴露相关信息具有重要意义。

2. 监测指标确定

结合中国（Shi et al.，2017）、美国（U.S. CDC，2021）、加拿大（Canada，2010）及其他国家（Drage et al.，2019；Dufour et al.，2017）的调查和研究报道，常见 BFR 人体内暴露监测指标如表 9-6 所示。

表 9-6 常见可用于评估 BFR 暴露的生物标志物

中文名称	英文全称	缩写
4, 4'-二溴联苯醚	4, 4'-dibromodiphenyl ether	BDE-15
2, 2', 4'-三溴联苯醚	2, 2', 4'-tribromodiphenyl ether	BDE-17
2, 3', 4-三溴联苯醚	2, 3', 4-tribromodiphenyl ether	BDE-25
2, 4, 4'-三溴联苯醚	2, 4, 4'-tribromodiphenyl ether	BDE-28
2', 3, 4-三溴联苯醚	2', 3, 4-tribromodiphenyl ether	BDE-33
2, 2', 4, 4'-四溴联苯醚	2, 2', 4, 4'-tetrabromodiphenyl ether	BDE-47
2, 3', 4, 4'-四溴联苯醚	2, 3', 4, 4'-tetrabromodiphenyl ether	BDE-66
2, 2', 3, 4, 4'-五溴联苯醚	2, 2', 3, 4, 4'-pentabromodiphenyl ether	BDE-85
2, 2', 4, 4', 5-五溴联苯醚	2, 2', 4, 4', 5-pentabromodiphenyl ether	BDE-99
2, 2', 4, 4', 6-五溴联苯醚	2, 2', 4, 4', 6-pentabromodiphenyl ether	BDE-100
2, 2', 4, 4', 5, 5'-六溴联苯醚	2, 2', 4, 4', 5, 5'-hexabromodiphenyl ether	BDE-153
2, 2', 4, 4', 5, 6'-六溴联苯醚	2, 2', 4, 4', 5, 6'-hexabromodiphenyl ether	BDE-154
2, 2', 3, 4, 4', 5', 6-七溴联苯醚	2, 2', 3, 4, 4', 5', 6-heptabromodiphenyl ether	BDE-183
2, 2', 3, 3', 4, 4', 5, 5', 6, 6'-十溴联苯醚	2, 2', 3, 3', 4, 4', 5, 5', 6, 6'-decabromodiphenyl ether	BDE-209
2, 2', 4, 4', 5, 5'-六溴联苯	2, 2', 4, 4', 5, 5'-hexabromobiphenyl	PBB-153
α-六溴环十二烷	α-hexabromocyclododecane	α-HBCD
β-六溴环十二烷	β-hexabromocyclododecane	β-HBCD
γ-六溴环十二烷	γ-hexabromocyclododecane	γ-HBCD
四溴双酚 A	tetrabromobisphenol-A	TBBPA

9.3.3 前处理方法

1. 样品提取

（1）索氏提取法：Shi 等（2017）采用索氏提取法提取母乳样品中的 BDE-209、HBCD 和 TBBPA，将 20～25ml 样品冷冻干燥，加入 5ng 内标溶液，索氏提取法用 150ml 正己烷+丙酮（1+1）提取 20h，提取液蒸发至恒重后，进行 GPC 净化处理。索氏提取是经典方法，提取效果好，常作为标准方法用于评价新方法的可靠性，但存在提取时间长、溶剂消耗量大等问题，已逐渐被其他高效环保的前处理方法所替代。

（2）LLE：操作简便，实验设备成本低，广泛应用于血清、母乳等生物样品中污染物的测定。Darnerud 等（2015）采用乙醚+正己烷（1+1）提取血清样品中10 种 PBDE 和 HBCD，加入内标溶液，萃取、离心、转移，重复 2 次，合并上清液，氮吹后进行净化处理。

（3）加速溶剂萃取法：Drage 等（2019）采用加速溶剂萃取法提取血清中 7种 PBDE 和 3 种 HBCD 同分异构体，将血清置于离心管中，加入 10μl 内标溶液，振荡 2min 后将样品转移至萃取池中。在 1500psi、90℃下，用正己烷+二氯甲烷（3+2）进行萃取。预热 5min，静态萃取 4min，吹扫 120s，淋洗体积为萃取池体积的 50%。为了使所有目标物达到最大回收率，重复萃取 2 次。合并提取液，进行氮吹、净化等后续步骤。所有 BFR 的加标回收率均在 87%～116%，RSD 均＜15%。

（4）超声辅助萃取法：常用于干血斑等固态基质样品中 BFR 的提取。Ma 等（2013）测定了 1997～2011 年美国新生儿筛查计划的干血斑样本中的 7 种 PBDE同系物。样品中加入 2ml 甲酸–丙酮混合物（2+3）、0.5ng 内标和 2ml 己烷+二氯甲烷（4+1），超声处理 30min，涡流振荡 1min，离心（5000g）分离上清液，重复 1 次，合并上清液，待净化。

2. 样品净化

提取后的生物样品中通常还会有脂肪等共萃物，需要进一步净化处理。

（1）凝胶渗透色谱法（GPC）：是常用的生物样品中 BFR 的净化方法，该方法通过具有分子筛作用的凝胶，分离不同分子量的目标物，具有净化容量大、可重复使用、净化时间短、自动化程度高等优点。Shi 等（2017）对经过索氏提取法提取的母乳样品进行 GPC 净化，使用低压柱（BioBeads S-X3，2cm×50cm），以环己烷+乙酸乙酯（1+1）为流动相，流速为 5ml/min，去除大部分脂质后收集 19～40min 的部分，蒸发至干燥，2ml 己烷复溶，用 1ml 浓硫酸振荡，以消化剩余脂质，待 SPE 净化。

（2）柱层析法：常用的净化柱类型包括硅胶柱、弗罗里硅土柱、氧化铝柱等。Drage 等（2017）将硫酸和柱层析相结合，提取、净化血清中的 HBCD。往血清中添加 5ml 甲酸（50%浓缩）后，将样品装入经过预处理（5ml 二氯甲烷、5ml甲醇、5ml MilliQ-水）的 Oasis HLB 柱（6ml/500mg）中，真空干燥 30min，用 12ml二氯甲烷洗脱目标物，40℃氮吹至近干，1ml 正己烷复溶，加入 1ml 浓硫酸振荡30s，4℃放置过夜。上清液转移到预处理的（6ml 二氯甲烷，6ml 己烷）硅胶柱

（3ml/500mg）中，先用 6ml 正己烷洗脱，再用 10ml 二氯甲烷洗脱目标物，氮吹至近干，之后进行 LC-MS/MS 分析。3 种 HBCD 异构体的加标回收率均为 87%～91%，RSD 均＜15%。

9.3.4 检 测 方 法

1. 气相色谱–质谱法

GC-MS 具有柱效高、选择性好、灵敏度高等优点，适用于易挥发和半挥发性组分的测定，是 PBDE、PBB 类 BFR 较为成熟的测定方法，常用的检测器是 MS。负化学电离源对于测定 PBDE 等电负性强的物质具有特殊优势。Shi 等（2017）采用 GC-MS/MS 测定乳汁中的 BDE-209，以甲烷为反应气，负化学电离源 SIM 模式下进行定量分析，方法检出限为 10pg/g（脂质校正），在 1～10ng/g（脂质校正）浓度水平下进行加标回收试验，BDE-209 的回收率为 80%～120%，RSD＜15%。

GC-HRMS 是美国 EPA 推荐的 PBDE 测定方法，在灵敏度和选择性方面都有极大优势，但对样品的净化要求较高，仪器运转成本也相对较高。Ma 等（2013）采用 GC-HRMS 测定干血斑样品，在 0.02～10ng/ml 浓度范围内，7 种 PBDE 同系物标准曲线的相关系数均＞0.99；BDE-47、BDE-153 和 BDE-154 的定量限均为 0.003ng/ml，BDE-28、BDE-99 和 BDE-100 的定量限为 0.008ng/ml，BDE-183 的定量限为 0.017ng/ml；0.2ng/ml 和 2.0ng/ml 浓度条件下的加标回收率为 77.0%～107%，RSD 均＜15%。

2. 液相色谱–质谱法

HBCD 的 3 种异构体（α-、β-、γ-）在高温条件下会发生构象转化，无法采用 GC 进行测定，采用 LC-MS 的 ESI 源或 APCI 源能达到良好的分离效果。TBBPA 极性较强，采用 GC 测定需要预先进行衍生化处理，LC-MS 是其目前主要的测定方法。Shi 等（2017）采用 LC-MS/MS 测定母乳，使用 C$_{18}$ 色谱柱（100mm×2.1mm，1.7μm），以水和甲醇为流动相，采用梯度洗脱程序对 TBBPA 和 HBCD 异构体进行分离，流速为 0.3ml/min；采用 ESI 源、负离子 MRM 模式进行检测，同位素内标法定量。TBBPA、α-HBCD、β-HBCD 及 γ-HBCD 的检出限分别为 5pg/g、8pg/g、5pg/g 及 10pg/g（脂质校正），在 1～10ng/g（脂质校正）浓度水平下进行加标回收试验，4 种目标物的回收率在 80%～120%，RSD 均＜15%（n=5）。Drage 等（2019）采用 LC-MS/MS 测定血清中 3 种 HBCD 同分异构体，以内部质控品监测方法的稳定性和准确度，α-HBCD、β-HBCD 及 γ-HBCD 的平均加标回收率为 91%、90% 及 87%，RSD 均＜15%，方法检出限均为 0.1ng/g（脂质校正）。

9.3.5　应　用　实　例

本应用实例来自美国 CDC，介绍了血清中 12 种 BFR 的 GC-HRMS 测定方法。样品前处理及质量保证措施等内容与血清中 OCP 及其代谢物的测定方法类似，可参见 9.2 相关内容（U.S. CDC，2018）。

1. 分析条件

（1）GC 参考条件如下。Rxi-5HT MS（15m×0.25mm i.d.，0.10μm），或等效 5%苯基柱；载气：恒定流量 0.8ml/min；进样方式：不分流；进样量：2.3μl；进样口温度：260℃；升温程序：140℃保持 1min，以 10℃/min 的速度升温至 300℃，保持 7min。

（2）MS 参考条件如下。离子源温度：（290±5）℃；电离模式：EI 源；离子源能量：45eV，其他质谱参数见表 9-7。

表 9-7　12 种 BFR 的质谱参数

目标物	定量离子（m/z）	定性离子（m/z）	内标定量离子（m/z）	内标定性离子（m/z）
BDE-17	405.8021	407.8001	417.8424	419.8403
BDE-28	405.8021	407.8001	417.8424	419.8403
BDE-47	483.7126	485.7106	495.7529	497.7508
BDE-66	483.7126	485.7106	495.7529	497.7508
BDE-99	403.7865	405.7844	415.8267	417.8247
BDE-100	403.7865	405.7844	415.8267	417.8247
BDE-85	403.7865	405.7844	415.8267	417.8247
BDE-154	483.6949	485.6934	493.7372	495.7352
BDE-153	483.6950	485.6930	493.7372	495.7352
BDE-183	721.4406	723.4380	733.4809	735.4783
BDE-209	797.3355	799.3329	809.3757	811.3731
PBB-153	465.7021	467.7000	477.7423	479.7403

2. 方法特性

取样量为 2ml 血清时，BFR 的方法检出限为 0.55～65pg/g（脂质校正）。所有目标物在校准曲线的整个浓度范围内均是线性的，线性范围为 0.5～1000ng/ml。对 39 个质控样品进行测定，目标物的 RSD 为 3.3%～13.9%。

3. 方法应用

NHANES（2003～2004）项目应用该方法，通过二次抽样，测定了 2040 名年龄≥12 岁人群血清合并样品中 6 种 BFR 浓度，即 BDE-28、BDE-47、BDE-99、BDE-100、BDE-153 和 BDE-154，检出率分别为 80.6%、98.0%、70.3%、94.0%、93.9%和 55.1%，脂质校正的几何均值分别为 1.27ng/g、23.1ng/g、5.60ng/g、4.36ng/g、6.08ng/g 和 0.66ng/g（Yuan et al.，2017）。

9.4　短链氯化石蜡

氯化石蜡（chlorinated paraffin，CP）是一类人工合成的氯取代饱和烷烃，自 20 世纪 30 年代开始生产，基于其低挥发、阻燃性、绝缘性和廉价等优点，被广泛应用于金属加工液、密封剂、橡胶和纺织品的阻燃、皮革加工及涂料涂层中。CP 化学通式为 $C_mH_{2m+2-n}Cl_n$，通常含有 10～30 个碳原子，氯取代程度为 40%～70%。CP 具有不同碳链长度和氯化度，同系物和同分异构体种类达上万种。根据碳链长度的不同，CP 分为短链氯化石蜡（SCCP，C_{10}～C_{13}）、中链氯化石蜡（MCCP，C_{14}～C_{17}）和长链氯化石蜡（LCCP，C_{18}～C_{30}）。研究表明，CP 的毒性效应与碳链长度有关，碳链越短，毒性越强，即 SCCP 的毒性最强。SCCP 还具有持久性、半挥发性、生物蓄积性和远距离迁移等特点，2017 年 5 月被列入《斯德哥尔摩公约》POP 名单。近年来，美国、加拿大、欧盟等国家和地区已经制定了相应的法律法规限制或禁止 SCCP 的生产、销售和使用，我国也已将 SCCP 列为优先控制化学品目录。

9.4.1　暴露来源、途径及健康风险

1. 暴露来源

SCCP 在自然界没有天然来源，其在生产、储存、运输、使用及产品处置过程中会释放到环境中，主要来源为聚氯乙烯产品、金属加工业中的密封剂或黏合剂，以及塑料和橡胶产品的生产和使用。目前全球 SCCP 的产量估计至少为 16 500 吨/年，生产和使用量均高于其他 POP。2010～2014 年我国 SCCP 排放总量大幅增长，大气排放量从 2011 年的 434.67 吨增加到 2014 年的 894.81 吨（张佩萱等，2021）。据研究估算，2014 年我国排放的 SCCP 总量为 3083.88 吨，释放到空气中的为 894.81 吨，释放到水体中的为 2189.07 吨。SCCP 的生产、使用和排放导致其在不同环境介质中被普遍检出，对环境和人体带来潜在风险。

2. 暴露途径

SCCP 的人体暴露途径包括饮食摄入、呼吸道吸入、母婴暴露和皮肤吸收等。已有研究表明，SCCP 具有生物累积潜力，可通过食物链富集，对于普通人群而言，饮食摄入是 SCCP 的主要暴露途径，呼吸道吸入是重要途径之一。Gao 等（2018）通过采集北京市食物、室内空气、室内灰尘和饮用水样品，评估了普通人群 SCCP 的外暴露途径，在室内灰尘、空气和食物中 SCCP 含量的几何均值分别为 92μg/g、80ng/m³ 和 83ng/g；外暴露特征分析表明，人体摄入 SCCP 的主要途径是膳食摄入（经口摄入）和灰尘摄入（呼吸道吸入和皮肤吸收）。Liu 等（2017）对 5 种不同室内环境（包括商业商店、住宅公寓、宿舍、办公室和实验室）中 SCCP 浓度水平和人体暴露风险进行了研究，结果发现 SCCP 的浓度范围为 10.1～173.0μg/g，采用蒙特卡罗模拟方法预测人体暴露风险，结果表明婴幼儿存在 SCCP 的暴露风险，可能会导致肿瘤发生。母乳和胎盘中 SCCP 的检出提示其存在母婴暴露风险。夏丹（2017）分析了我国 2007 年和 2011 年第四次和第五次总膳食研究的母乳样品（n=28）中 SCCP 的浓度水平，2007 年 12 个省份母乳样品中 SCCP 的浓度范围为 170～6150ng/g lw，平均值为 681ng/g lw；2011 年 16 个省份 SCCP 的浓度范围为 131～16 100ng/g lw，平均值为 733ng/g lw。Wang 等（2018）调查了胎盘中 SCCP 的浓度水平，所有样品（n=54）均检出 SCCP，浓度范围为 98.5～3771ng/g lw，以碳链长度 10～11、氯原子数目 6～7 的 SCCP 为主，该调查为人体 SCCP 暴露水平研究提供了依据。

3. 健康风险

目前 SCCP 的毒性效应研究多集中于细胞和动物层面。Geng 等（2015）的研究表明，SCCP 会干扰 HepG2 细胞氨基酸和脂肪酸的代谢。SCCP 暴露会改变斑马鱼下丘脑-垂体-甲状腺（HPT）轴的基因表达，影响甲状腺激素水平，从而破坏甲状腺功能（Liu et al.，2016）。Gong 等（2019）研究表明 SCCP 能够通过激活 PPARα 通路破坏雄性大鼠肝脏脂肪酸的代谢。Wang 等（2019）研究表明 SCCP 暴露会对成年雄性小鼠产生免疫调节效应。对于人体中 SCCP，目前已经进行了一些生物监测研究，以评估 SCCP 的健康风险，然而相关流行病学研究极少（Liu et al.，2021）。Xu 等（2021）测定了 2007～2017 年我国城市和农村地区母乳样品中 SCCP 的浓度水平，结果发现，城市和农村地区母乳样品中的 SCCP 浓度中位值分别为 393ng/g 和 525ng/g，依此估计的膳食摄入量分别为 1230ng/（kg·d）和 2510ng/（kg·d），初步评估表明，SCCP 对婴儿的健康构成较高风险。一项针对山东济南 197 名居民的流行病学研究表明，血清中 SCCP 的内暴露与肝功能异常显著相关，提示 SCCP 可能会造成人体肝脏毒性（Liu et al.，2021）。

9.4.2　生物材料与监测指标选择

1. 生物材料选择

SCCP 是一类脂溶性较高的化合物，容易在人体脂肪组织或脂肪含量较高的部位富集。母乳样品采集为非侵入方式，相对于脂肪组织简便易得，是 SCCP 内暴露研究较为合适和常用的生物样品。母乳中 SCCP 浓度不仅反映人体的暴露水平，也可用于评估母婴暴露风险。血液作为通用性样品，也可用于 SCCP 内暴露检测。

2. 监测指标确定

结合我国及其他国家的调查和研究报道（Xia et al., 2017；Zhou et al., 2020），常见 SCCP 人体内暴露监测指标如表 9-8 所示。

表 9-8　常见可用于评估 SCCP 暴露的生物标志物

碳链长度	分子式
C_{10}	$C_{10}H_{19}Cl_3$、$C_{10}H_{18}Cl_4$、$C_{10}H_{17}Cl_5$、$C_{10}H_{16}Cl_6$、$C_{10}H_{15}Cl_7$、$C_{10}H_{14}Cl_8$、$C_{10}H_{13}Cl_9$、$C_{10}H_{12}Cl_{10}$、$C_{10}H_{11}Cl_{11}$、$C_{10}H_{10}Cl_{12}$
C_{11}	$C_{11}H_{21}Cl_3$、$C_{11}H_{20}Cl_4$、$C_{11}H_{19}Cl_5$、$C_{11}H_{18}Cl_6$、$C_{11}H_{17}Cl_7$、$C_{11}H_{16}Cl_8$、$C_{11}H_{15}Cl_9$、$C_{11}H_{14}Cl_{10}$、$C_{11}H_{13}Cl_{11}$、$C_{11}H_{12}Cl_{12}$
C_{12}	$C_{12}H_{24}Cl_2$、$C_{12}H_{23}Cl_3$、$C_{12}H_{22}Cl_4$、$C_{12}H_{21}Cl_5$、$C_{12}H_{20}Cl_6$、$C_{12}H_{19}Cl_7$、$C_{12}H_{18}Cl_8$、$C_{12}H_{17}Cl_9$、$C_{12}H_{16}Cl_{10}$、$C_{12}H_{15}Cl_{11}$、$C_{12}H_{14}Cl_{12}$、$C_{12}H_{13}Cl_{13}$、$C_{12}H_{12}Cl_{14}$
C_{13}	$C_{13}H_{26}Cl_2$、$C_{13}H_{25}Cl_3$、$C_{13}H_{24}Cl_4$、$C_{13}H_{23}Cl_5$、$C_{13}H_{22}Cl_6$、$C_{13}H_{21}Cl_7$、$C_{13}H_{20}Cl_8$、$C_{13}H_{19}Cl_9$、$C_{13}H_{18}Cl_{10}$、$C_{13}H_{17}Cl_{11}$、$C_{13}H_{16}Cl_{12}$、$C_{13}H_{15}Cl_{13}$、$C_{13}H_{14}Cl_{14}$

9.4.3　前处理方法

1. 母乳样品前处理

母乳样品含大量脂肪，通常需要提取及多步净化过程。Xia 等（2017）采用加速溶剂萃取法提取了母乳样品中 24 种 SCCP，样品提取前加入 2.5ng $^{13}C_{10}$-反式氯丹作为内标，以正己烷+二氯甲烷（1+1）为萃取溶剂，萃取温度为 100℃，系统压力为 1500psi，加热时间为 5min，静态时间为 10min，循环 3 次，冲洗体积为60%，吹扫时间为 60s，提取后的样品置于旋转蒸发器上浓缩至 1ml 左右，再加入到 GPC 层析柱以去除脂肪和生物大分子，柱填料为 30g SX-3，规格为 60cm×25mm，用 70ml 正己烷+二氯甲烷（1+1）预淋洗，再用 130ml 正己烷+二氯甲烷（1+1）淋洗，收集含有 SCCP 的洗脱液，并旋转蒸发至 1ml 左右。采用复合硅胶柱对 GPC 处理后的母乳样品进行进一步净化。首先进行干法装柱，从下往上依次填充 3g

弗罗里硅土、2g 硅胶、5g 44%酸化硅胶、4g 无水 Na₂SO₄。样品加入前用 50ml 正己烷预淋洗层析柱，加样后先用 40ml 正己烷预淋洗，再用 100ml 正己烷+二氯甲烷（1+1）继续淋洗并收集洗脱液，旋转蒸发至 1ml 左右，氮吹至近干，待测。该方法 SCCP 的平均加标回收率为 92%（57%～119%），检出限为 5.6ng/ml，可满足母乳中 SCCP 的测定。

2. 血液样品前处理

Aamir 等（2019）采用 LLE 提取人体血清中的 SCCP。将加入内标物（$^{13}C_{10}$-反式氯丹）的 2ml 血清与 0.5ml 甲酸和 2.5ml 乙醇混合，用 20ml 正己烷+二氯甲烷（1+1）萃取，超声 10min，以 2000r/min 离心 10min，收集有机相，重复超声提取 3 次，合并提取液旋转蒸发至 1ml，待净化。多层硅胶柱从下到上填充有 2g 活化硅胶、5g 酸性硅胶（30%H₂SO₄，w/w）和 2g 无水硫酸钠（Na₂SO₄）。上样后，依次采用 50ml 正己烷、100ml 正己烷+二氯甲烷（1+1）和 50ml 正己烷+二氯甲烷（1+2）洗脱。收集洗脱液，在碱性氧化铝（5g）柱上进一步净化，依次用 50ml 正己烷和 70ml 二氯甲烷洗脱，收集二氯甲烷洗脱液，氮吹至近干，50μl 正壬烷复溶，待测。该方法 SCCP 的检出限为 2.1ng/ml，加标回收率为 87.1%～97.6%，RSD＜10%。

Xu 等（2019）将 0.9～2.0g 血浆转移至预洗的 50ml 玻璃离心管中，加入 2ml 浓硫酸，使用 10ml 正己烷+二氯甲烷（1+1）萃取，优化萃取时间和萃取次数后发现萃取 3 次，每次 5min，提取效率即可接近 100%；对萃取液进行涡流振荡，以 4000r/min 离心 10min，将有机相转移到平底烧瓶中，旋转蒸发至约 1ml；采用多层硅胶柱进行进一步净化处理，优化洗脱条件，用 80ml 正己烷+二氯甲烷（1+1）进行洗脱，回收率可达 99.2%。Ding 等（2020）则直接用多层硅胶柱净化血清，该柱自下而上由 3g 弗罗里硅土、2g 中性硅胶、5g 酸性硅胶（30%，w/w）和 4g 无水硫酸钠组成。用 50ml 正己烷对硅胶柱进行活化，之后用 100ml 正己烷+二氯甲烷（1+1）洗脱，洗脱液旋转蒸发浓缩至约 2ml，氮吹至近干，100μl 乙腈复溶，待测。该方法总 SCCP 的检出限为 8.35ng/g，加标回收率为 94.6%～106%，RSD 为 5.30%～11.6%。

9.4.4　检　测　方　法

SCCP 组成较为复杂，其同类物和相似 POP 的干扰使得仪器分析存在极大难度。GC-MS 是其最常用的测定方法，LC-MS 也逐渐得到应用。

1. 气相色谱–质谱法

SCCP 测定过程中分离一般选择 DB-5MS、HP-5 等弱极性色谱柱，检测主要使用配备电子捕获负化学电离源（ECNI）的质谱。Xu 等（2019）采用气相色谱–电子捕获负化学电离源–低分辨质谱（GC-ECNI-LRMS）测定血浆中的 SCCP。对样品进行 LLE 和多层硅胶柱净化处理，方法检出限为 12.6ng/g，3 个浓度水平（25ng/g、50ng/g、125ng/g）的加标回收率为 95%～115%，RSD 分别为 10.9%、7.5%和 3.1%。相对于 GC-ECNI-LRMS，GC-HRMS 具有更高灵敏度和选择性。Wang 等（2018）采用气相色谱–高分辨四级杆飞行时间质谱（GC-Q-TOF-HRMS），在负化学电离（NCI）模式下测定 24 种 SCCP，加标回收率为 93.8%～126.6%，SCCP 的方法检出限为 98.5ng/g（肪质校正）。二维气相色谱（GC×GC）通过线性程序升温和色谱柱间固定相极性的改变，可实现目标物的正交分离，明显提高结构相似物的分离度。夏丹（2017）采用 GC×GC-ECNI-TOF-HRMS，以弱极性的 DB-5MS（30m×0.25mm，0.25μm）为第一色谱柱，中等极性的 BPX-50（1m×0.1mm，0.1μm）为第二色谱柱，采用程序升温对 SCCP 进行分离，方法检出限为 5.6ng/ml，加标回收率为 57%～119%。

2. 液相色谱–质谱法

随着近年来 SCCP 关注度的不断提高，LC-MS 也逐渐被应用到 SCCP 测定中。Li 等（2017）建立了 UPLC-ESI-Q-TOF-MS 联用技术，用于测定血液样本中 261 种 CP（SCCP、MCCP、LCCP）。ESI 源采用负离子模式，全扫描的质量范围为 200～1500Da，扫描时间为 1s，该方法具有峰形好、灵敏度高、干扰小等优点，SCCP 的加标回收率为 77.5%～93.6%，检出限为 3.7ng/g。该方法应用于我国深圳地区普通人群血液样本（n=50）中 SCCP 的测定，SCCP 的浓度范围为 370～35 000ng/g（脂质校正）。Ding 等（2020）采用大气压化学电离–四级杆飞行时间质谱（APCI- Q-TOF-MS）测定人体血清样品中的 SCCP（$C_{10\sim13}Cl_{5\sim13}$），无须色谱分离，直接进样，乙腈为流动相，其流速为 150μl/min，在流动相中加入二氯甲烷以提高[M+Cl]⁻的检测灵敏度。该方法 SCCP 的检出限为 8.35ng/g，加标回收率为 94.6%～106%，RSD 为 5.30%～11.6%，应用于山东济南 145 位居民（50～84 岁）血清样品中 SCCP 的测定，SCCP 的中位值为 13 800ng/g（脂质校正），SCCP 同系物中 C_{13}-SCCP 含量最高，占 SCCP 的 39.4%，其次是 C_{10}-SCCP、C_{11}-SCCP 和 C_{12}-SCCP，分别占 SCCP 的 22.2%、19.9%和 18.4%。

（谢琳娜　朱　英）

参 考 文 献

李龙飞. 2013. 污泥施用土壤中全氟化合物的生物有效性研究. 北京：中国科学院大学硕士学位论文.

普亚兵. 2015. 典型地区有机氯农药人群内暴露水平监测及其与出生缺陷的关联性分析. 武汉：华中科技大学硕士学位论文.

苏红巧. 2017. 氟化工园区周边居民健康风险研究. 北京：中国科学院生态环境研究中心博士学位论文.

童燕玲. 2014. 持久性有机氯农药及多氯联苯在人体生物样本中的监测分析研究. 北京：北京协和医学院药用植物研究所硕士学位论文.

王媛. 2017. 环状全氟化合物与氯代多氟醚磺酸在典型区域的环境行为及人体暴露. 北京：中国科学院大学博士学位论文.

夏丹. 2017. 短链和中链氯化石蜡的分析方法及人体暴露水平研究. 北京：中国科学院大学博士学位论文.

尹杉杉. 2018. 塑化剂、有机氯农药和多环芳烃的人体暴露的负荷水平、健康效应及机制. 杭州：浙江大学博士学位论文.

张龙飞，乔艺飘，田良良，等. 2020. 水产品中六溴联苯污染研究进展. 环境化学，39（12）：3410-3424.

张佩萱，高丽荣，宋世杰，等. 2021. 环境中短链和中链氯化石蜡的来源、污染特征及环境行为研究进展. 环境化学，40（2）：371-383.

Aamir M，Yin S，Guo F，et al. 2019. Congener-specific mother-fetus distribution，placental retention，and transport of C10-13 and C14-17 chlorinated paraffins in pregnant women. Environmental Science & Technology，53（19）：11458-11466.

Allen J G，Gale S，Zoeller R T，et al. 2016. PBDE flame retardants，thyroid disease，and menopausal status in U.S. women. Environmental Health，15（1）：60.

Bergkvist C，Aune M，Nilsson I，et al. 2012. Occurrence and levels of organochlorine compounds in human breast milk in Bangladesh. Chemosphere，88（7）：784-790.

Canada Government. 2010. Report(2007-2009)on human biomonitoring of environmental chemicals in Canada. https://www.Canada.Ca/content/dam/hc-sc/migration/hc-sc/ewh-semt/alt_formats/hecs-sesc/pdf/pubs/contaminants/chms-ecms/report-rapport-eng.Pdf.

Cao X，Lu Y，Zhang Y，et al. 2018. An overview of hexabromocyclododecane（HBCDs）in environmental media with focus on their potential risk and management in China. Environmental Pollution，236：283-295.

Chávez-Almazán L A，Diaz-Ortiz J，Alarcón-Romero M，et al. 2016. Influence of breastfeeding time on levels of organochlorine pesticides in human milk of a Mexican population. Bulletin of Environmental Contamination and Toxicology，96（2）：168-172.

Chusaksri S，Sutthivaiyakit S，Sutthivaiyakit P. 2006. Confirmatory determination of organochlorine pesticides in surface waters using LC/APCI/tandem mass spectrometry. Analytical and Bioanalytical Chemistry，384（5）：1236-1245.

Darnerud P O，Lignell S，Aune M，et al. 2015. Time trends of polybrominated diphenylether(PBDE) congeners in serum of Swedish mothers and comparisons to breast milk data. Environmental Research，138：352-360.

Ding L，Luo N，Liu Y，et al. 2020. Short and medium-chain chlorinated paraffins in serum from residents aged from 50 to 84 in Jinan，China：occurrence，composition and association with hematologic parameters. Science of the Total Environment，728：137998.

Drage D S，Harden F A，Jeffery T，et al. 2019. Human biomonitoring in Australian children：brominated flame retardants decrease from 2006 to 2015. Environment International, 122：363-368.

Drage D S，Mueller J F，Hobson P，et al. 2017. Demographic and temporal trends of hexabromocy-clododecanes（HBCDD）in an Australian population. Environmental Research，152：192-198.

Dufour P，Pirard C，Charlier C. 2017. Determination of phenolic organohalogens in human serum from a Belgian population and assessment of parameters affecting the human contamination. Science of the Total Environment，599-600：1856-1866.

EFSA CONTAM Panel. 2020. Panel on contaminants in the food chain（contam panel）risk to human health related to the presence of perfluoroalkyl substances in food，european food safety authority panel on contaminants in the food chain. https：//www.Efsa.Europa.Eu/en/consultations/call/public-consultation-draft-scientific-opinion-risks-human-health.

Furusawa N. 2004. A toxic reagent-free method for normal-phase matrix solid-phase dispersion extraction and reversed-phase liquid chromatographic determination of aldrin，dieldrin，and DDTs in animal fats. Analytical and Bioanalytical Chemistry，378（8）：2004-2007.

Gao K，Gao Y，Li Y，et al. 2016. A rapid and fully automatic method for the accurate determination of a wide carbon-chain range of per- and polyfluoroalkyl substances（C_4-C_{18}）in human serum. Journal of Chromatography A，1471：1-10.

Gao W，Cao D，Wang Y，et al. 2018. External exposure to short- and medium-chain chlorinated paraffins for the general population in Beijing，China. Environmental Science & Technology，52（1）：32-39.

Gao Y，Liang Y，Gao K，et al. 2019. Levels，spatial distribution and isomer profiles of perfluoroalkyl acids in soil，groundwater and tap water around a manufactory in China. Chemosphere，227：305-314.

Gebbink W A，Glynn A，Berger U. 2015. Temporal changes（1997-2012）of perfluoroalkyl acids and selected precursors（including isomers）in Swedish human serum. Environmental Pollution，199（15）：166-173.

Geng N，Zhang H，Zhang B，et al. 2015. Effects of short-chain chlorinated paraffins exposure on the viability and metabolism of human hepatoma HEPG2 cells. Environmental Science & Technology，49（5）：3076-3083.

Gong Y，Zhang H，Geng N，et al. 2019. Short-chain chlorinated paraffins（SCCPs）disrupt hepatic fatty acid metabolism in liver of male rat via interacting with peroxisome proliferator-activated receptor α（PPARα）. Ecotoxicology and Environmental Safety，181：164-171.

Hajjar M J，Al-Salam A. 2016. Organochlorine pesticide residues in human milk and estimated daily intake（EDI）for the infants from eastern region of Saudi Arabia. Chemosphere，164：643-648.

Hongsibsong S，Wipasa J，Pattarawarapan M，et al. 2011. Development and application of an indirect competitive enzyme-linked immunosorbent assay for the detection of p，p′ -DDE in human milk and comparison of the results against GC-ECD. Journal of Agricultural and Food Chemistry，60（1）：16-22.

Hu X C，Andrews D Q，Lindstrom A B，et al. 2016. Detection of poly- and perfluoroalkyl substances

（PFASs）in U.S. drinking water linked to industrial sites，military fire training areas，and wastewater treatment plants. Environmental Science & Technology Letters，3（10）：344-350.

Jaacks L M，Yadav S，Panuwet P，et al. 2019. Metabolite of the pesticide DDT and incident type 2 diabetes in urban India. Environment International，133（A）：105089.

Kuang L，Hou Y，Huang F，et al. 2020. Pesticides in human milk collected from Jinhua，China：levels，influencing factors and health risk assessment. Ecotoxicology and Environmental Safety，205：111331.

Langlois I，Berger U，Zencak Z，et al. 2007. Mass spectral studies of perfluorooctane sulfonate derivatives separated by High-Resolution Gas Chromatography. Rapid Communications in Mass Spectrometry，21（22）：3547-3553.

Laug E P，Kunze F M，Prickett C S. 1951. Occurrence of DDT in human fat and milk. American Medical Association Archives of Industrial Hygiene & Occupational Medicine，3（3）：245-246.

Li J，Guo F，Wang Y，et al. 2013. Can nail，hair and urine be used for biomonitoring of human exposure to perfluorooctane sulfonate and perfluorooctanoic acid? Environment International，53：47-52.

Li T，Wan Y，Gao S，et al. 2017. High-throughput determination and characterization of short-，medium-，and long-chain chlorinated paraffins in human blood. Environmental Science & Technology，51（6）：3346-3354.

Liu J，Li J，Zhao Y，et al. 2010. The occurrence of perfluorinated alkyl compounds in human milk from different regions of China. Environment International，36（5）：433-438.

Liu L H，Ma W L，Liu L Y，et al. 2017a. Occurrence，sources and human exposure assessment of SCCPs in indoor dust of northeast China. Environmental Pollution，225：232-243.

Liu L，Li Y，Coelhan M，et al. 2016. Relative developmental toxicity of short-chain chlorinated paraffins in zebrafish（danio rerio）embryos. Environmental Pollution，219：1122-1130.

Liu Y，Han X，Zhao N，et al. 2021. The association of liver function biomarkers with internal exposure of short-and medium-chain chlorinated paraffins in residents from Jinan，China. Environmental Pollution，268：115762.

Liu Z，Lu Y，Shi Y，et al. 2017b. Crop bioaccumulation and human exposure of perfluoroalkyl acids through multi-media transport from a mega fluorochemical industrial park，China. Environment International，106：37-47.

Lopez-Espinosa M J，Mondal D，Armstrong B G，et al. 2016. Perfluoroalkyl substances，sex hormones，and insulin-like growth factor-1 at 6-9 years of age：A cross-sectional analysis within the C8 health project. Environmental Health Perspectives，124（8）：1269-1275.

Lu D，Wang D，Ni R，et al. 2015. Organochlorine pesticides and their metabolites in human breast milk from Shanghai，China. Environmental Science and Pollution Research，22（12）：9293-9306.

Lu J F，He M J，Yang Z H，et al. 2018. Occurrence of tetrabromobisphenol a（TBBPA）and hexabromocyclododecane（HBCD）in soil and road dust in Chongqing，western China，with emphasis on diastereoisomer profiles，particle size distribution，and human exposure. Environmental Pollution，242（A）：219-228.

Ma W L，Yun S，Bell E M，et al. 2013. Temporal trends of polybrominated diphenyl ethers（PBDEs） in the blood of newborns from New York state during 1997 through 2011: analysis of dried blood spots from the newborn screening program. Environmental Science & Technology, 47（14）: 8015-8021.

Medehouenou T C M, Ayotte P, Carmichael P H, et al. 2014. Plasma polychlorinated biphenyl and organochlorine pesticide concentrations in Dementia: the Canadian study of health and aging. Environment International, 69: 141-147.

Mishra K, Sharma R C, Kumar S. 2011. Organochlorine pollutants in human blood and their relation with age, gender and habitat from north-east India. Chemosphere, 85（3）: 454-464.

Müller M H B, Polder A, Brynildsrud O B, et al. 2017. Organochlorine pesticides（OCPs）and polychlorinated biphenyls（PCBs）in human breast milk and associated health risks to nursing infants in Northern Tanzania. Environmental Research, 154: 425-434.

Munoz G, Labadie P, Geneste E, et al. 2017. Biomonitoring of fluoroalkylated substances in Antarctica seabird plasma: development and validation of a fast and rugged method using on-line concentration liquid chromatography tandem mass spectrometry. Journal of Chromatography A, 1513: 107-117.

Olsen G W, Mair D C, Lange C C, et al. 2017. Per- and polyfluoroalkyl substances（PFAS）in American Red Cross adult blood donors, 2000-2015. Environmental Research, 157（17）: 87-95.

Pan Y, Zhang H, Cui Q, et al. 2017. First report on the occurrence and bioaccumulation of hexafluoropropylene oxide trimer acid: an emerging concern. Environmental Science & Technology, 51（17）: 9553-9560.

Pivnenko K, Granby K, Eriksson E, et al. 2017. Recycling of plastic waste: Screening for brominated flame retardants（BFRs）. Waste Management, 69: 101-109.

Rathore M, Bhatnagar P, Mathur D, et al. 2002. Burden of organochlorine pesticides in blood and its effect on thyroid hormones in women. Science of the Total Environment, 295（1/3）: 207-215.

Rewerts J N, Morré J T, Massey Simonich S L, et al. 2018. In-vial extraction large volume gas chromatography mass spectrometry for analysis of volatile PFASs on papers and textiles. Environmental Science & Technology, 52（18）: 10609-10616.

Ruan T, Lin Y, Wang T, et al. 2015. Identification of novel polyfluorinated ether sulfonates as PFOS alternatives in municipal sewage sludge in China. Environmental Science & Technology, 49（11）: 6519-6527.

Shi Z, Zhang L, Zhao Y, et al. 2017. A national survey of tetrabromobisphenol-a, hexabromocy-clododecane and decabrominated diphenyl ether in human milk from China: Occurrence and exposure assessment. Science of the Total Environment, 599-600: 237-245.

Shrestha S, Bloom M S, Yucel R, et al. 2015. Perfluoroalkyl substances and thyroid function in older adults. Environment International, 75: 206-214.

Su H, Lu Y, Wang P, et al. 2016. Perfluoroalkyl acids（PFAAs）in indoor and outdoor dusts around a mega fluorochemical industrial park in China: implications for human exposure. Environment International, 94: 667-673.

U.S. CDC. 2015. Laboratory procedure manual-online solid phase extraction-high performance liquid chromatography-turbo ion spray-tandem mass spectrometry（online spe-hplc-tis-ms/ms）. https: //

www.Cdc.Gov/nchs/data/nhanes/nhanes_13_14/pfas_h_met.Pdf.

U.S. CDC. 2018. Laboratory procedure manual. https：//wwwn.Cdc.Gov/nchs/continuousnhanes/ labmethods.Aspx?Beginyear=2013.

U.S. CDC. 2021. Fourth national report on human exposure to environmental chemicals. https：// www.Cdc.Gov/exposurereport/pdf/fourthreport_updatedtables_volume2_mar2021-508.Pdf.

U.S. EPA. 2016. Drinking water health advisory for perfluorooctanoic acid（PFOA）. https：// www.Epa.Gov/sites/production/files/2016-05/documents/pfoa_health_advisory_final-plain.Pdf.

Wang X，Zhu J，Kong B，et al. 2019. C9-13 chlorinated paraffins cause immunomodulatory effects in adult C57Bl/6 mice. Science of the Total Environment，675：110-121.

Wang Y，Gao W，Wang Y，et al. 2018. Distribution and pattern profiles of chlorinated paraffins in human placenta of Henan province，China. Environmental Science & Technology Letters，5（1）： 9-13.

Wang Y，Shi Y，Vestergren R，et al. 2018. Using hair，nail and urine samples for human exposure assessment of legacy and emerging per- and polyfluoroalkyl substances. Science of the Total Environment，636：383-391.

Washington J W，Jenkins T M，Rankin K，et al. 2015. Decades-scale degradation of commercial， side-chain，fluorotelomer-based polymers in soils and water. Environmental Science & Technology，49（2）：915-923.

Xia D，Gao L，Zheng M，et al. 2017. Human exposure to short- and medium-chain chlorinated paraffins via mothers' milk in Chinese urban population. Environmental Science & Technology，51 （1）：608-615.

Xie L N，Wang X C，Dong X J，et al. 2021. Concentration，spatial distribution，and health risk assessment of PFASs in serum of teenagers，tap water and soil near a Chinese fluorochemical industrial plant. Environment International，146：106166.

Xu C，Wang K，Gao L，et al. 2021. Highly elevated levels，infant dietary exposure and health risks of medium-chain chlorinated paraffins in breast milk from China：Comparison with short-chain chlorinated paraffins. Environmental Pollution，279：116922.

Yeung L W Y，Robinson S J，Koschorreck J，et al. 2013a. Part Ⅰ. A temporal study of PFCAs and their precursors in human plasma from two German cities 1982-2009. Environmental Science & Technology，47（8）：3865-3874.

Yeung L W Y，Robinson S J，Koschorreck J，et al. 2013b. Part Ⅱ. A temporal study of PFOS and its precursors in human plasma from two German cities in 1982-2009. Environmental Science & Technology，47（8）：3875-3882.

Yu Y J，Lin B G，Liang W B，et al. 2018. Associations between PBDEs exposure from house dust and human semen quality at an e-waste areas in south China—A pilot study. Chemosphere，198： 266-273.

Yuan H，Jin J，Bai Y，et al. 2017a. Organochlorine pesticides in tree bark and human hair in Yunnan province，China：Concentrations，distributions and exposure pathway. Science of the Total Environment，580：1027-1033.

Yuan Y, Meeker J D, Ferguson K K. 2017. Serum polybrominated diphenyl ether（PBDE）concentrations in relation to biomarkers of oxidative stress and inflammation：The national health and nutrition examination survey 2003-2004. Science of the Total Environment，575：400-405.

Zhou Y, Yuan B, Nyberg E, et al. 2020. Chlorinated paraffins in human milk from urban sites in China, Sweden, and Norway. Environmental Science & Technology，54（7）：4356-4366.

第十章　新兴污染物

新兴污染物（emerging pollutant）也被称作新污染物，是指具有生物毒性、环境持久性、生物累积性等特征的有毒有害化学物质。新污染物目前主要包括《斯德哥尔摩公约》管控的持久性有机污染物，以及内分泌干扰物、抗生素、微塑料等。随着对化学物质环境与健康危害认识的不断深入，以及检测技术的不断发展，可能被识别出来的新污染物还会持续增加。这类物质不一定是新的化学物质，通常是已长期存在于环境中，但由于浓度较低，其存在近期才被"发现"（与检测水平的提高有很大关系），并根据其检出频率、（生态）毒性、潜在健康影响，未来可能会被纳入管制的一类物质。新污染物往往与日常生活密切相关，其在生产、加工使用、消费、处理处置等过程中通过多种途径进入环境，并对人体产生持续暴露。更为严峻的是，多数新污染物风险比较隐蔽，其短期危害并不明显，一旦发现其危害性时，往往已经在环境或人体中富集较长时间。因此，国务院办公厅于 2022 年 5 月 24 日印发了《新污染物治理行动方案》，提出我国新污染物治理工作总体要求、行动举措和保障措施。本章主要介绍已纳入新污染物范畴的抗生素，以及近几年比较受关注的可能具有内分泌干扰效应的有机磷阻燃剂、芳香族类光引发剂、合成酚类抗氧化剂等潜在新污染物的人体内暴露检测技术。

10.1　抗　生　素

抗生素是天然产生，或半人工、人工合成的化合物，可以抑制相关微生物的生长和生存，被广泛用于人类疾病及动物疾病的预防治疗和动物生长促进。根据使用对象不同，抗生素可分为人用抗生素、兽用抗生素和人兽共用抗生素三类。目前存在的天然和合成抗生素有上万种，常用的抗生素有以下几类：磺胺类、四环素类、喹诺酮类、大环内酯类、氨基糖苷类、β-内酰胺类等。

10.1.1　暴露来源、途径及健康风险

1. 暴露来源

我国是抗生素生产、消费和出口大国，2015 年中国科学院广州地球化学研究

所的一项研究结果显示，2013 年我国总的抗生素生产量达 24.8 万吨，总使用量为 16.2 万吨。

环境中抗生素主要来源于人用抗生素、兽用抗生素和抗生素生产工业废水等。自然界中的动植物、微生物本身分泌的抗生素总体含量很低，不足以对生态环境产生影响。抗生素通过人类和动物粪便、工业生产废水、水产养殖投药等途径进入环境，污染水体和土壤。研究发现，在我国地表水中可检出 68 种抗生素，其中磺胺甲噁唑、磺胺甲嘧啶、诺氟沙星、红霉素等是报道及检出次数最多的抗生素，有些养殖场的土壤中检出了四环素类抗生素，除此之外地下水甚至自来水中也检出了抗生素。

抗生素的理化性质非常稳定，不易降解，属于持久性污染物，抗生素残留进入土壤环境后经过一系列转化过程，被某些植物吸收、富集并迁移至茎叶及果实，最终进入食物链。

2. 暴露途径

抗生素不仅广泛存在于各种环境介质中，在食物中也发现了抗生素的残留。经口摄入（饮水、饮食）和皮肤接触是人类暴露于抗生素的主要途径。

（1）经口摄入：食用受污染的食物及饮用受污染的水是人体暴露于兽用抗生素的主要途径。安徽省多个城市的自来水中检出了四环素、土霉素、金霉素、多西环素、磺胺二甲基嘧啶、磺胺甲噁唑抗生素，含量为 3.86～10.82ng/L（叶必雄等，2015）。2016～2018 年对湖北地区鸡肉和鸡蛋进行抗生素残留检测发现，四环素类抗生素的检出率为 15.61%，其中多西环素的检出率最高（孙言凤等，2019）。

（2）母婴暴露：对女性妊娠期抗生素使用和新生儿出生结局的队列研究发现，在 62.1%的胎粪中出现 12 种抗生素（Zhao et al.，2019），检出率为 0.3%～43.9%，检出率最高的 3 种抗生素分别为金霉素（43.9%）、青霉素（16.5%）及氯霉素（10.8%），浓度最高的是青霉素（24 243.15μg/kg），这意味着抗生素可能穿过胎盘屏障到达胎儿，女性在妊娠期暴露于抗生素，可直接影响婴儿体内抗生素内暴露水平。

（3）皮肤吸收：对于特定人群，皮肤吸收也是抗生素暴露的另一个可能途径，如未采取保护措施的水产业工人的皮肤直接接触到大量抗生素，可能引发过敏和毒性效应。

3. 健康风险

环境中抗生素的存在会导致各种生物产生抗药基因，经食物链的积累对人体产生不利影响。抗生素可干扰人体肠道菌群，特定抗生素的暴露与肥胖的发生以及 2 型糖尿病合并糖稳态紊乱有关。此外，即使是低浓度的抗生素也会导致多药耐药，并促进抗生素耐药基因的流行，短期的抗生素使用也可能使耐药细菌种群稳定并在人体内持续数年。儿童较成年人更容易受抗生素影响（Li et al., 2017）而引发相关疾病，如儿童哮喘、儿童肥胖、炎症性肠病或结肠直肠癌。华东地区 1000 多名儿童尿液样品中 18 种抗生素的检测结果（Wang et al., 2015）显示，58.3% 的尿液样品中检出了抗生素，包括 3 种兽用抗生素（恩诺沙星、金霉素、泰乐菌素），其中恩诺沙星检出率最高（4.2%）。这些数据说明，抗生素的使用种类多、用量大，可诱导产生抗性菌，同时也使人体产生抗药性，对人体健康具有潜在威胁。

10.1.2　生物材料与监测指标选择

1. 生物材料选择

目前开展的对人群中抗生素体内负荷的监测研究较少，已报道的研究多采用尿液基质。大部分抗生素的半衰期为 6～8 小时，在暴露后几小时内即可通过尿液排出，尿液是评估人体抗生素暴露的理想生物材料。Geng 等（2020）检测了 3235 名妊娠女性尿液样品中的抗生素，结果表明大多数女性在妊娠期间频繁暴露于低剂量兽用抗生素，其中一些妊娠女性存在与肠道微生物群紊乱相关的健康风险。少量研究利用血清、胎粪作为生物材料（Liu et al., 2017；Zhao et al., 2019b）。

另外，为了反映人体内真实的抗生素暴露水平，受试对象需确保检测前至少 60 天未使用任何抗生素，以避免因使用药物而导致样品中抗生素的残留。

2. 监测指标确定

抗生素种类繁多，一般选择环境介质已检出的抗生素作为监测指标，表 10-1 是基于几项内暴露研究统计的常见抗生素监测指标（Geng et al., 2020；Liu et al., 2017；Liu et al., 2020）。抗生素在人体内的代谢形式取决于其化学性质、官能团和结构中的活性原子，一项研究对尿液中磺胺类药物代谢物的结构进行鉴定，在尿样中鉴定出 10 种不同的化合物，包括 5-羟基磺胺嘧啶、4-羟基磺胺嘧啶、5-羟基磺胺嘧啶葡萄糖醛酸苷和 5-羟基磺胺嘧啶硫酸酯等形式，这些代谢物均源自一种抗生素，可作为特定抗生素的生物标志物。

表 10-1　常见可用于评估抗生素暴露的生物标志物

抗生素类别	监测指标
四环素类	四环素[c]、金霉素[a]、土霉素[c]、美他环素[c]、多西环素[c]
磺胺类	磺胺甲噁唑[c]、磺胺甲嘧啶[a]、磺胺嘧啶[c]、磺胺氯哒嗪[a]、磺胺间甲氧嘧啶[a]、磺胺噻唑[c]、磺胺对甲氧嘧啶[c]、磺胺喹噁林[a]、磺胺胍[c]、甲氧苄啶[c]、奥美普林[a]、磺胺氯吡嗪[a]

抗生素类别	监测指标
喹诺酮类	环丙沙星[c]、恩诺沙星[a]、诺氟沙星[c]、氧氟沙星[c]、培氟沙星[c]、洛美沙星[c]、氟罗沙星[c]、双氟哌酸[c]、达氟沙星[c]
大环内酯类	红霉素[c]、克拉霉素[b]、阿奇霉素[b]、罗红霉素[b]、替米考星[a]、泰乐菌素[a]
β-内酰胺类	头孢噻肟[c]、头孢喹肟[a]、头孢克洛[b]、青霉素[c]、头孢氨苄[c]、阿莫西林[c]、氨苄西林[b]、头孢哌酮[c]
其他	氟苯尼考[a]、氯霉素[b]、林可霉素[b]、甲砜霉素[c]

a 兽用抗生素；b 人用抗生素；c 人兽共用抗生素。

10.1.3 前处理方法

1. 样品的酶解

以磺胺类药物为例，胺基羟基化、葡萄糖醛酸与酰胺基结合，以及胺基乙酰化是磺胺类药物在人体内的主要代谢过程，其他抗生素也与水溶性分子结合，以类似的方式代谢。因此，常采用β-葡萄糖醛酸酶将尿液中结合态的抗生素酶解为游离态再进行测定。通常加入缓冲溶液调节生物样品的pH，并在37℃酶解过夜。Zhu等（2020）和Yao等（2018）分别通过EDTA二钠-McIlvaine缓冲溶液（pH=4.0）和乙酸铵溶液（pH=6.0）调节pH。

2. 样品提取与净化

生物样品基质复杂，抗生素在样品中的含量低，需要对酶解后的样品进行进一步净化，同时富集目标物，提高检测灵敏度。提取方法主要有SPE、LLE等。

（1）SPE：抗生素种类繁多，酸碱性各异，pK_a范围比较宽，目前多采用通用型HLB小柱对尿液及血液样品进行前处理，能获得较高的回收率。Wang等（2014）使用高通量96孔板SPE提取尿液中14种抗生素，该方法被多项研究参照使用（Zhu et al.，2020；Zeng et al.，2020），回收率为79.6%～121.3%。Huang等（2019，2020）选用roQ™ QuEChERS分散SPE提取尿液中18种抗生素，回收率为73%～136%，该方法准确度较高，操作简单，用时短，已被用于青藏高原地区3个民族学龄儿童体内抗生素负荷的测定。

（2）LLE：由于抗生素的性质差别较大，LLE多用于提取性质相似的一类或几类抗生素，对同时提取多种不同类型抗生素的适用性较差。Pastor-Belda等（2020）采用分散液液微萃取法提取尿液样品，甲砜霉素、氟苯尼考、氯霉素的提取回收率达83%～104%。

10.1.4 检 测 方 法

1. 液相色谱–质谱法

LC-MS 是生物样品中抗生素检测最常用的方法。LC-MS 中的 LC 主要选用 UPLC，MS 包括三重四极杆串联质谱、四极杆飞行时间串联质谱（Q-TOF）、静电场轨道阱质谱（Orbitrap）等。Huang 等（2019）利用 LC-MS/MS 测定了尿液中 18 种抗生素，大多数目标物的检出限为 0.3～7.5μg/L，该方法能够实现尿液中抗生素的定量测定，具有较高的灵敏度和稳定性。相比于三重四极杆串联质谱，Q-TOF 和 Obitrap 具有更高的分辨率，可以实现生物样品中抗生素的筛查，可用于监测抗生素的使用及暴露情况。相对而言，Obitrap 的分辨率更高，可达 14 万～20 万。Wang 等（2014）采用 UPLC-Q-TOF 测定了 14 种抗生素，并建立了包含 74 种抗生素的筛查数据库，检出限可达 0.04～1.99μg/L。LC 分离多采用 T$_3$ 色谱柱和 C$_{18}$ 色谱柱等，质谱检测时，需要根据不同种类抗生素的质谱行为差异，选择不同的检测模式。例如，氯霉素在负离子模式下有较强信号，在正离子模式下信号较弱；而磺胺类药物正好相反。因此，如果检测多种类型抗生素，一般同时选取正、负离子模式，一次性对所有目标物进行测定，从而减少分析时间。

2. 其他方法

抗生素的检测方法还包括微生物法、免疫分析法等。微生物法基于抗生素对微生物生理代谢的抑制作用来定性或定量检测样品中的抗生素，其定量检测灵敏度为 0.5～1mg/g，有文献采用嗜热脂肪芽孢杆菌作为指示菌对动物血清中的抗生素残留进行检测，血清中抗生素的残留与胆硫乳琼脂（DHL）平皿的菌落生长有一定相关性。免疫分析法是根据抗原与抗体的特异性反应进行检测的一种技术，常用的是酶联免疫吸附法（ELISA），其检测限通常可达 ng 级。此方法灵敏度和特异度高，用量少，操作简便，适用于一种抗生素的大规模快速筛查，但不适用于多种抗生素的同时测定。陈霞等（2013）应用 ELISA 测定动物组织中氯霉素的残留，结果显示，该方法对样品的检测限<0.1μg/kg。

10.1.5 应 用 实 例

本应用实例来自上海复旦大学公共卫生学院周颖课题组，介绍了尿液中 14 种抗生素的 96 孔板-SPE-二维 UPLC-Q-TOF 测定方法（Wang et al.，2014）。

1. 样品前处理

在 1.0ml 尿液样品中加入内标溶液，4-甲基伞形酮葡萄糖醛酸苷，200μl 浓度为 1.0mol/L 的乙酸铵缓冲溶液（pH 为 5.0）和 15μl β-葡萄糖醛酸酶溶液（≥10 000U/ml），涡旋后，37℃酶解过夜。4-甲基伞形酮葡萄糖醛酸苷用于检测葡萄糖醛酸酶的酶解效率。将酶解后的尿液样本装入 Oasis HLB 型 96 孔 SPE 板。用 1.2ml 纯水和 1.2ml 30%甲醇水溶液依次洗涤平板，去除乙酸铵缓冲溶液和 HLB 上残留的干扰物质。抽真空 30min 后，用 2ml 甲醇洗脱抗生素。用氮气浓缩仪在 45℃下将洗脱液浓缩至干燥，将残留物复溶于 0.5ml 20%甲醇水溶液中，待测。

2. 分析条件

（1）LC 参考条件如下。仪器：Acquity UPLC 双泵二维 UPLC 系统；捕集柱：XBridge 柱（30mm×2.1mm，10μm）；分析柱：Acquity UPLC HSS T_3 柱（100mm×2.1mm，1.8μm）；进样量：200μl。

通过六通阀的切换控制在线浓缩及分离模式之间的转换。阀门切换时间为 0~0.80min，阀门保持在浓缩位置；0.80min 时，阀门移动到分离位置，并保持至 10.00min；10.00min 时，阀门移回浓缩位置，并保持至 13.00min。在线浓缩程序以 0.2%甲酸水溶液为流动相。泵 1 和泵 2 以恒定的比例输送流动相：泵 1 为 25%，泵 2 为 75%。流速：0~0.50min，保持在 2.0ml/min；0.50~0.60min，降低至 0.2ml/min，并保持至 10.50min；10.50~11.00min，增加至 2.0ml/min，并保持至 13.00min。

正离子模式下，流动相：甲醇（A）和 0.1%甲酸水溶液（B）；流速：0.3ml/min；梯度洗脱程序：0~1.00min，0% A；1.00~2.00min，增加到 20% A；2.00~7.00min，增加到 60% A；7.00~8.50min，增加到 95% A，保持至 11.00min；11.00~11.50min，减少到 0% A，保持至 13.00min。

负离子模式下，流动相：乙腈（A）和水（B）；流速：0.3ml/min；梯度洗脱程序：0~1.00min，0% A；1.00~5.00min，增加到 15% A；5.00~10.00min，增加到 95% A，保持至 11.00min；11.00~11.50min，减少到 0% A，保持至 13.00min。

（2）MS 参考条件如下。离子源：ESI 源；离子源温度：110℃；毛细管电压：3.0kV（正离子模式）、-2.8kV（负离子模式）；去溶剂气体：氮气；碰撞气体：氩气；在 400℃温度下，脱溶剂气体流速 800L/h；锥形气体流速 30L/h；锥形电压 30V。氯霉素以负离子模式检测，其他抗生素以正离子模式检测。其他质谱参数见表 10-2。

3. 方法特性

14 种抗生素的检出限为 0.04~1.99ng/ml，定量限为 0.14~6.65ng/ml，回收率为 79.6%~121.3%，具体方法特性指标见表 10-3。

表 10-2 14 种抗生素的质谱参数

类别	目标物	母离子*	子离子		
			碰撞能量（CE）	1（m/z）	2（m/z）
β-内酰胺类	氨苄西林	350.1166	17	192.0484	106.0658
	头孢哌酮	646.1506	12	530.1328	—
喹诺酮类	环丙沙星	332.1407	20	314.1301	288.1503
	恩诺沙星	360.1722	22	342.1617	316.1824
四环素类	金霉素	479.1221	20	462.0957	444.0849
	土霉素	461.1566	18	444.1321	426.1181
	四环素	445.1612	17	427.1469	410.1235
大环内酯类	阿奇霉素	749.5154	35	591.4218	573.4114
	克拉霉素	748.4838	27	590.3902	158.1189
	泰乐菌素	916.5278	42	772.4468	174.1136
磺胺类	磺胺嘧啶	251.0603	18	156.0122	108.0450
	磺胺甲噁唑	254.0593	18	156.0123	108.0446
	甲氧苄啶	291.1458	28	261.0985	230.1161
氯霉素类	氯霉素	321.0042	27	152.0346	121.0288

* 定量离子。

表 10-3 14 种抗生素的线性范围、检出限、定量限、基质效应和回收率

抗生素	线性（n=3）		灵敏度		基质效应（%）		平均日间回收率（RSD，n=12）		
	范围（ng/ml）	r	LOD	LOQ	50ng/ml	100ng/ml	低浓度（20ng/ml）	中浓度（50ng/ml）	高浓度（100ng/ml）
氨苄西林	2.0~200	0.998	0.23	0.76	60.8	70.8	112.1	96.3	98.7
头孢哌酮	10.0~200	0.996	1.57	5.25	55.2	58.5	95.7	91.0	101.5
环丙沙星	2.0~200	0.992	0.29	0.98	60.6	65.9	97.1	110.4	92.9
恩诺沙星	2.0~200	0.995	0.48	1.61	68.2	77.5	103.8	97.2	86.3
金霉素	5.0~200	0.983	0.73	2.43	63.2	62.3	110.6	107.3	106.2
土霉素	5.0~200	0.991	1.08	3.61	68.6	69.9	79.6	88.2	94.3
四环素	5.0~200	0.998	0.86	2.88	65.5	67.0	86.3	91.6	86.2
阿奇霉素	2.0~200	0.996	0.36	1.19	52.1	56.0	121.3	106.1	98.7
克拉霉素	1.0~200	0.991	0.04	0.14	53.6	58.5	89.6	103.7	103.5
泰乐菌素	5.0~200	0.995	0.59	1.96	71.2	74.6	98.2	89.7	92.0
磺胺嘧啶	10.0~200	0.994	1.99	6.65	53.7	57.6	96.8	95.8	105.3
磺胺甲噁唑	5.0~200	0.996	0.52	1.75	63.3	62.7	85.8	90.2	98.2
甲氧苄啶	1.0~200	0.998	0.14	0.47	66.5	69.8	82.1	90.7	96.0
氯霉素	2.0~200	0.998	0.22	0.73	65.0	70.6	105.2	96.8	102.5

4. 方法应用

从 8～11 岁的学龄儿童中筛选 60 个尿液，检测 14 种目标抗生素。阿奇霉素、磺胺嘧啶、甲氧苄啶和土霉素共 4 种目标抗生素分别在 12 份（20.0%）、2 份（3.3%）、4 份（6.7%）和 2 份（3.3%）尿液中被检测到。阿奇霉素在 12 份尿液中的浓度为 5.6～7101ng/ml，中位数为 60.7ng/ml；磺胺嘧啶在 2 份尿液中的浓度分别为 7.5ng/ml 和 12.6ng/ml；甲氧苄啶在 4 份尿液中的浓度为 15.3～101.7ng/ml，中位数为 60.7ng/ml；土霉素在 2 份尿液中的浓度分别为 3.9ng/ml 和 20.4ng/ml。

10.2 有机磷酸酯阻燃剂

有机磷酸酯阻燃剂（organophosphorus flame retardant，OPFR）是一类重要的新型阻燃剂，被广泛添加到塑料制品、纺织品、电子电气设备、建筑材料等。OPFR 与聚合物基材相容性良好，同时具有优越的延展性和阻燃性，常用的主要有磷酸酯类阻燃剂、含氮磷酸酯类阻燃剂和含卤素磷酸酯类阻燃剂。磷酸酯类阻燃剂兼具增塑和阻燃效果，是 OPFR 中应用最广泛的一类阻燃剂。

10.2.1 暴露来源、途径及健康风险

1. 暴露来源

OPFR 作为 PBDE 的替代品备受人们的青睐，其生产和使用量在 PBDE 被列入《斯德哥尔摩公约》后呈明显上升趋势，目前已被列入高用量化学品（high volume production chemical，HVPC）清单。据统计，2005 年欧洲 OPFR 消耗量为 85 000 吨，2007 年我国 OPFR 的产量为 70 000 吨，2011 年全球 OPFR 消耗量超过 50 万吨。OPFR 被广泛添加到各种材料中，易通过磨损和挥发进入环境介质，并通过污染源排放、径流、吸附解吸、大气沉降及传输等过程发生迁移。

2. 暴露途径

目前在大气、自然水体、饮用水、土壤、室内灰尘等多种环境介质及生物体内均检出 OPFR，人们在日常生活中接触 OPFR 的途径众多。

（1）经口摄入：饮食摄入可能是人体暴露于 OPFR 的最主要途径。研究显示，海洋及湖泊中的野生鱼类体内 OPFR 的浓度最高可达 15 000ng/g，表明食物可导致较高水平的 OPFR 暴露。对于儿童，食用奶粉及母乳成为其摄入 OPFR 的重要途径。饮水摄入是 OPFR 暴露的重要途径之一。针对浙江省杭州市、衢州市等地区开展的 OPFR 研究显示，自来水和饮用水中 OPFR 的浓度分别为 123～338ng/L

和 $17\sim126$ng/L，估算由不同类型水源摄入的 OPFR 每日摄入量为 $0.14\sim7.07$ng/kg，非致癌风险值为 $10^{-7}\sim10^{-4}$，致癌风险值低于 10^{-7}（Ding et al.，2015）。

（2）呼吸道吸入：OPFR 被广泛用于建筑和家装材料、家具及电子设备中，在家庭居所、医院及私家车内等采集的灰尘中均检出了较高浓度的 OPFR，且其浓度比室外样品中的浓度高出 2 个数量级。Brandsma 等（2014）采集了家庭居所和汽车内塑料制品表面的灰尘样品，并与周围不相关部位的灰尘样品进行比较，结果显示塑料制品表面采集的灰尘样品中 OPFR 浓度较高，表明塑料制品是室内灰尘中 OPFR 的重要污染来源。与普通居民室内灰尘中 OPFR 浓度（9.34μg/g）相比，电子垃圾拆解地灰尘样品中可检出更高水平（25μg/g）的 OPFR，表明电子产品是 OPFR 重要的污染途径（He et al.，2015）。该研究还发现我国不同地区室内灰尘中 OPFR 呈现不同特点，如城市地区浓度明显高于农村地区，表明经济发达地区人群可能遭受更高水平的暴露。

（3）皮肤吸收：由于 OPFR 广泛应用于纺织品，皮肤摄入作为其重要的暴露途径逐渐被重视（Kristin et al.，2018），文献报道通过皮肤的 OPFR 暴露剂量（从 $6\sim12$ 个月婴儿的 917pg/kg bw 到新生儿的 1.13×10^{3}pg/kg bw 不等）与通过室内灰尘的暴露剂量（儿童为 1.91×10^{3}pg/kg bw）或通过饮用水的暴露剂量（新生儿为 1.25×10^{3}pg/kg bw）相当，说明皮肤摄入与呼吸摄入处于同一水平，并成为不容忽视的暴露途径之一。

3. 健康风险

目前，多项毒理学实验表明 OPFR 暴露可引起神经毒性、生殖紊乱、内分泌干扰及致癌等多种毒性效应（Behl et al.，2015）。有研究利用 PC12 细胞进行离体实验暴露，发现 OPFR 具有神经毒性，可以促进 PC12 细胞的神经分化，引起神经调节蛋白和结构蛋白的基因及蛋白表达改变。Ma 等（2015）发现 OPFR 可以影响与水生动物体内的激素调节、生殖发育显著相关的雌激素受体通路。哺乳类动物实验表明 OPFR 暴露可引起小鼠机体较强的氧化应激，还可引起氨基酸代谢、能量代谢和脂代谢异常（Deng et al.，2018）。

目前有关 OPFR 的人群流行病学研究相对有限，多集中于 OPFR 对内分泌干扰系统的影响。Zhao 等（2019）发现芳基化 OPFR 暴露与三酰甘油和总胆固醇浓度呈明显正相关，且效应高于烷基化及卤化 OPFR；Wei 等（2020）基于美国 NHANES 2013～2014 年的数据，证明了 OPFR 暴露可导致女性青少年血中性激素结合球蛋白降低和雌二醇水平降低；另一项研究则表明 OPFR 暴露能引起血中游离甲状腺素水平改变，进而降低男性精子质量而导致生殖毒性（Meeker et al.，2010）。

10.2.2 生物材料与监测指标选择

1. 生物材料选择

目前,用于人群内暴露评估的生物材料主要有血液、尿液、母乳、唾液和头发。尿液易采集、无损,是研究 OPFR 人体内暴露水平最常用的材料。婴幼儿食物来源较单一,通过测定母乳中的污染物浓度,既可以揭示母体的内暴露水平,又可以评估婴幼儿的接触水平,在评估婴幼儿 OPFR 暴露方面具有优势。例如,Chen 等(2021)通过测定母乳中的 13 种 OPFR,评估了婴幼儿的 OPFR 摄入情况。血液样品不易采集,相关应用较少,唾液和头发具有容易获取且无损等优点,在 OPFR 的人群内暴露研究方面具有较好的应用潜力。

2. 监测指标确定

OPFR 进入体内后,可迅速进行生物代谢转化。目前,卤代 OPFR 是研究最广泛的化合物,氯代 OPFR 的代谢途径涉及醚键的裂解(O-脱烷基)和氧化末端碳原子的脱卤化,可生成二酯和羟基化代谢物。与卤代 OPFR 相似,烷基化 OPFR 也很容易通过水解、脱烷基形成二酯类代谢物。此外,烷基化 OPFR 中的部分化合物还可进一步发生羟基化、羧基化或氧化脱烷基。因此,尿液中的二酯类和羟基化 OPFR 主要用于人体内 OPFR 的暴露评估研究。表 10-4 列出了目前可用于 OPFR 内暴露监测的主要前体物质和代谢物。

表 10-4　常见可用于评估 OPFR 暴露的生物标志物

OPFR 原形	OPFR 代谢物
有机磷酸三(1, 3-二氯-2-丙基)酯(TDCIPP)	磷酸二(1, 3-二氯-2-丙基)酯(BDCIPP), OH-TDCIPP, OH-BDCIPP, COOH-TDCIPP
三(2-氯乙基)磷酸酯(TCEP)	磷酸二(2-氯乙基)酯(BCEP), OH-TCEP
磷酸三(1-氯-2-丙基)酯(TCIPP)	磷酸二(1-氯-2-异丙基)酯(BCIPP), OH-TCIPP, OH-BCIPP, COOH-TCIPP
磷酸正丁基酯(TnBP)	磷酸二丁酯(DnBP), 磷酸一丁酯(MnBP), OH-TnBP, di-OH-TnBP
磷酸三(2-丁氧基)乙酯(TBOEP)	磷酸二(丁氧基)酯(BBOEP), 磷酸二(2-丁氧基乙基)2-羟基乙基三酯(BBOEHEP), 1-OH-TBOEP, 2-OH-TBOEP, COOH-TBOEP
磷酸三苯酯(TPHP)	磷酸二苯酯(DPHP), 磷酸单苯酯(MPHP), OH-TPHP, di-OH-TPHP, OH-DPHP
磷酸三对甲苯酯(TPCP)	磷酸二对甲苯酯(DPCP), OH-DPCP, COOH-TPCP
间苯二酚双(二苯基磷酸酯)(RDP)	DPHP, OH-RDP, di-OH-RDP
2-乙基己基二苯基磷酸酯(EHDPHP)	DPHP, OH-EHDPHP, 2-OH-EHDPHP

10.2.3 前处理方法

1. 样品的酶解

根据所检测的目标代谢物性质，确定样品是否需要酶解。研究表明，羟基化的 OPFR 代谢物，如磷酸-1-羟基-2-丙基双（1-氯-2-丙基）酯（BCIPHIPP），容易以结合态存在，需要先采用 β-葡萄糖醛酸酶和（或）硫酸酯酶对其进行酶解。二烷基和二芳基酯代谢物，如 DPHP 和 BDCIPP，在磷原子上含有羟基，酸性更强，以游离态存在，不需要事先进行酶解处理。

2. 样品提取与净化

LLE 和 SPE 是最常用的提取生物样品中 OPFR 的前处理方法，对于复杂样品则常采用液液萃取串联固相萃取法（LLE-SPE）。

（1）LLE：传统 LLE 对于强极性 OPFR 回收效率通常不太理想。新型 LLE，如微孔膜辅助液液微萃取（micro-porous membrane liquid liquid micro-extraction，MMLLE）处理生物样品，可有效去除样品中94%的酯类杂质，对血浆样品中5种常见 OPFR 的加标回收率可达72%～83%（Jonsson et al., 2001）。MMLLE 装置进行改装重组后，可用于血浆样品中8种 OPFR 的富集净化，回收率最高为89%（Jonsson et al., 2003）。也可将聚丙烯中空纤维装入聚四氟乙烯管中制成微型 LLE 装置，样品与有机相分别通入纤维内外侧相对流过，该方法对血液样品中8种 OPFR 的加标回收率为40%～80%。

（2）SPE：Strata-X-AW、Oasis Wax 和 Isolute Aminopropyl 等以弱阴离子交换剂为填料的 SPE 柱对 OPFR 代谢物有较好的回收效果。He 等（2015）以 Strata-X-AW 小柱为萃取柱，提取儿童尿液中11种 OPFR 代谢物，回收率可达74%～122%；也有文献以 Oasis Wax 小柱为萃取柱，检测尿液中9种代谢物，除1种代谢物外，其余代谢物的回收率均＞95%。另外，在线 SPE 方式可以进行生物样品中 OPFR 的自动富集在线测定，能低空白干扰，同时获得较高的回收率（60%～92%）（Amini et al., 2003）。

（3）LLE-SPE：对于基质较为复杂的乳汁样品，可采用 LLE-SPE，如以甲酸乙腈溶液为提取液，提取完成后再采用 SPE 进行净化，Ma 等（2015）采用该方法测定14种 OPFR，除磷酸三苯酯（TPHP）、2-乙基己基二苯基磷酸酯（EHDPHP）和磷酸异癸基二苯酯（IDDP）的回收率较低（51%～68%）外，其余11种典型 OPFR 的回收率为90%～112%，适用性较好。

10.2.4 检 测 方 法

早期，OPFR 的检测主要是针对环境样本及野生动物样品，而人体生物样品中 OPFR 检测相关报道相对较少。近年来，越来越多的研究关注 OPFR 及其代谢物的人群内暴露水平及健康影响，测定方法以 GC-MS 和 LC-MS/MS 较为常见。

1. 气相色谱–质谱法

鉴于基质的复杂性和目标物含量非常低等原因，生物样品中 OPFR 的测定基本采用 GC-MS，甚至是 GC-MS/MS，以提高检测灵敏度，并有效降低基质效应。大多数方法采用 EI 源，在 SIM 模式下可获得较好的灵敏度和选择性。Schindler 等（2009）采用 SPE 前处理，五氟苄基溴衍生尿液样品，通过 GC-MS/MS 测定 4 种 OPFR 代谢物，方法检出限为 0.1～1.0μg/L。在此基础上，进一步扩展该方法，测定了尿液样品中磷酸二丁酯（DBuP）和磷酸二-(2-氯丙基)酯 2 种代谢物，检出限可达 0.25μg/L。Liu 等（2016）采用 GC-MS 测定头发和指（趾）甲中的 12 种 OPFR，方法检出限为 20～75ng/g，结果发现几乎所有头发、指（趾）甲样品中均能检测到磷酸三(2-氯乙基)酯（TCEP）、磷酸三(2-氯丙基)酯（TCIPP）、磷酸三(1, 3-二氯异丙基)酯（TDCIPP）和 TPHP 4 种 OPFR。

2. 液相色谱–质谱法

OPFR 虽属于同族化合物，但其理化性质主要取决于磷酸酯化过程中醇类物质的性质，因此不同 OPFR 的理化性质差异较大。部分 OPFR，如磷酸三(2-丁氧基)乙酯（TBOEP）等在进行 GC 检测时，会出现拖尾现象。与 GC 相比，LC 更适用于高沸点、热不稳定、极性强和难挥发的 OPFR 及其代谢物。同时，与在 SIM 模式下的 GC-MS/MS 相比，质谱多反应监测（MRM）模式下的 LC-MS/MS 有更好的灵敏度和选择性。目前，LC-MS/MS 的离子源普遍采用 ESI 源，根据不同物质性质分别采用正、负电离模式进行测定。其中，BDCIPP、DPHP、BBOEP 常采用负电离模式，BCIPP、TCEP、BBOEHEP 和羟基化磷酸代谢物（4-OH TPHP）等采用正电离模式。分离主要采用 C$_{18}$ 或 C$_8$ 等通用型色谱柱，流动相为传统的水和乙腈、甲醇，并通过乙酸铵、乙酸、三丁胺、甲酸等调节缓冲体系 pH。He 等（2018）以甲醇和乙酸水溶液为流动相，采用 LC-ESI-MS/MS 测定尿液中的 20 种目标物（9 种原形、11 种代谢物），检出限为 0.002～7.5ng/ml。ESI 源对极性 OPFR 效果较好，但也存在信号强弱易受样品基质影响等问题，影响定量测定。鉴于此，也有研究利用 APCI 源，在正离子模式下测定磷酸三乙酯（TEP）、磷酸三丙酯（TPrP）、TDCIPP 等 13 种

OPFR 原形物质，较 ESI 源能更有效地减小基质效应影响。Ya 等（2019）基于 UPLC-MS/MS 测定了血液样品中 OPFR 原形及其代谢物，在 APCI 正电离模式和 ESI 负电离模式下分别对弱极性和极性 OPFR 进行定量测定，方法检出限为 0.05～0.5ng/ml。

10.2.5　应　用　实　例

本应用实例来自美国 CDC，介绍了尿液中 BCEtP、磷酸二(1-氯-2-丙基)酯（BCPP）、磷酸二(1, 3-二氯异丙基)酯（BDCPP）、DBuP、磷酸二苄酯（DBzP）、DPHP、磷酸二邻甲酯（DoCP）、DPCP 和 2, 3, 4, 5-四溴苯甲酸（TBBA）9 种阻燃剂代谢物的 HPLC-MS/MS 测定方法（Jayatilaka et al.，2017）。

1. 样品前处理

吸取 400μl 尿液样品，加入同位素内标，以及 4-甲基伞形酮及其内标溶液用于评估酶解效率，加入 400μl β-葡萄糖醛酸酶/硫酸酯酶酶解溶液（pH=5）。酶解溶液需现用现配，一般在 0.2mol/L 乙酸钠缓冲溶液中加入 500 活力单位/mg 的 β-葡萄糖醛酸酶/硫酸酯酶。样品在 37℃下至少保持 6h。向酶解后的尿液样品中加入 800μl 2%甲酸溶液，混匀。将 96 孔板置于半自动 SPE 装置上。上样前，分别用 430μl 2%甲酸甲醇溶液和 430μl 2%甲酸溶液处理 96 孔板的 SPE 柱（60mg Strata-X-AW 聚合物填料）2 次。上样后，分别用 430μl 2%甲酸溶液和 430μl 2%甲酸甲醇溶液淋洗 2 次，抽真空干燥。目标物用 400μl 2%氨水甲醇溶液洗脱 3 次。洗脱液在 40℃干燥氮气条件下旋转蒸发至干，用 50μl 乙腈溶液（1+1）复溶，待测。

2. 分析条件

（1）LC 参考条件如下。色谱柱：ZORBAX Eclipse XDB-C$_8$色谱柱（4.6mm×150mm，5μm）。流动相：乙酸铵溶液（A），乙腈（B）。流速：0.7ml/min。柱温：45℃。进样量：10μl。梯度洗脱程序：0～0.5min：5% B；0.5～7.0min：增加到 75% B；7.0～8.5min：增加到 100% B；8.5～9.3min：100% B；9.3～10.3min：减少到 5% B；10.3～14.0min：5% B。

（2）MS 参考条件如下。离子源：ESI 源；电离方式：负电离模式；气帘气：20psi；碰撞气：中等强度；喷雾电压：−4500V；离子源温度：450℃；扫描方式：MRM 模式。9 种目标物及其内标的质谱参数见表 10-5。

表 10-5　9 种 OPFR 代谢物及其内标的色谱−质谱参数

目标物	缩写	定量离子对（m/z）	碰撞能量（CE）	定性离子对（m/z）	碰撞能量（CE）	保留时间（min）
磷酸二（2-氯乙基）酯	BCEtP	221→35	25	223→37	31	4.56
磷酸二（1-氯-2-丙基）酯	BCPP	249→35	33	251→37	27	5.12
磷酸二（1,3-二氯异丙基）酯	BDCPP	319→35	40	319→37	39	5.98
磷酸二丁酯	DBuP	209→153	28	209→79	19	5.44
磷酸二苄酯	DBzP	277→79	33	277→63	30	5.85
磷酸二苯酯	DPHP	249→155	33	249→93	28	5.96
磷酸二邻甲苯酯	DoCP	277→107	34	277→169	31	6.07
磷酸二对甲苯酯	DpCP	277→107	35	277→169	30	6.25
2,3,4,5-四溴苯甲酸	TBBA	436.7→392.7	14	434.7→390.7	13	6.06
磷酸二（2-氯乙基）酯内标	D$_8$-BCEtP	229→35	27	/	/	/
磷酸二（1-氯-2-丙基）酯内标	D$_{12}$-BCPP	261→35	33	/	/	/
磷酸二（1,3-二氯异丙基）酯内标	D$_{10}$-BDCPP	329→35	40	/	/	/
磷酸二丁酯内标	D$_{18}$-DBuP	227→79	30	/	/	/
磷酸二苄酯内标	D$_{14}$-DBzP	291→79	36	/	/	/
磷酸二苯酯内标	D$_{10}$-DPHP	259→98	33	/	/	/
磷酸二邻甲苯酯内标	D$_{14}$-DoCP	291→114	34	/	/	/
磷酸二对甲苯酯内标	D$_{14}$-DpCP	291→114	35	/	/	/
2,3,4,5-四溴苯甲酸内标	^{13}C$_6$-TBBA	442.7→398.7	14	/	/	/

3. 方法特性

9 种目标物的方法检出限为 0.05～0.16ng/ml，在 2～30ng/ml 的加标浓度范围内，回收率为 90%～113%，日内精密度和日间精密度均＜7%。

4. 质量控制措施

每批次样品应包括 1 个溶剂空白、10 个校准溶液、2 个低浓度质控样品、2 个高浓度质控样品及若干待测样品。质控样品的制备方式：将目标物浓度较低的尿液样品合并，并向合并尿液样品中加入标准溶液。其中，低浓度质控样品中目标物的浓度约为 4ng/ml，高浓度质控样品中目标物的浓度约为 15ng/ml。将加标质控样品在冷藏状态下混合 24h 后，分装至 1ml 聚丙烯小瓶中。分装样品在−20℃或以下温度储存至使用。

5. 方法应用

应用该方法测定 2015 年匿名收集的 76 份亚特兰大成年居民尿液样品，所有样品均检出 DPHP 和 BDCPP，未检出 DBzP、DoCP 和 TBBA。另外，该方法还用于测定 146 份消防员的尿液样品，样品是消防员穿戴全套防护服和自给式呼吸器（SCBA）进行灭火后采集的，样品中 BDCPP 和 DPHP 的中位值比普通人群样品的中位值分别高约 5 倍和 3 倍，表明职业接触可能高于背景接触（Jayatilaka et al.，2017）。

10.3 芳香族类光引发剂

光引发剂（photoinitiator，PI）是一类重要的人工化学品，其作用是在光照条件下产生活性物质（如自由基），进而引发聚合反应。根据分子结构的不同，常用的 PI 可分为苯酮类（benzophenone，BZP）、硫杂蒽酮类（thioxanthones，TX）、胺类共引发剂（amine co-initiator，ACI）和氧化膦类（phosphine oxide，PO）等。我国 PI 的年产量已超过 29 000 吨，成为世界上最大的 PI 生产及使用国之一。作为一类新兴有机污染物，目前人们对 PI 的认识还处于起步阶段，其在环境介质及人体中的赋存特征仍不是很清楚，有必要进一步开展环境中 PI 的赋存浓度、迁移转化规律，以及人群暴露、健康风险评估研究工作。

10.3.1 暴露来源、途径及健康风险

1. 暴露来源

PI 在人们日常生活中应用广泛，装修材料、家电设备、打印设备、文具及食品包装材料等均含有 PI 成分。PI 的用途之一是添加于紫外光固化油墨，这类油墨具有无有毒溶剂残留、附着力强和固化效果好等优良特性，在食品包装材料领域有逐渐取代有毒溶剂型油墨的趋势。PI 分子量相对较低，具有半挥发性。图 10-1 列出了几种常用的 PI 分子结构式。不同材料介质中的 PI 能够通过挥发、淋溶等过程释放进入环境，从而对人体产生潜在暴露。

BP　　　二苯基乙二酮　　　PI-184　　　4-MBP　　　PI-651

EAQ　　　MBB　　　PBZ　　　MBPPS

A

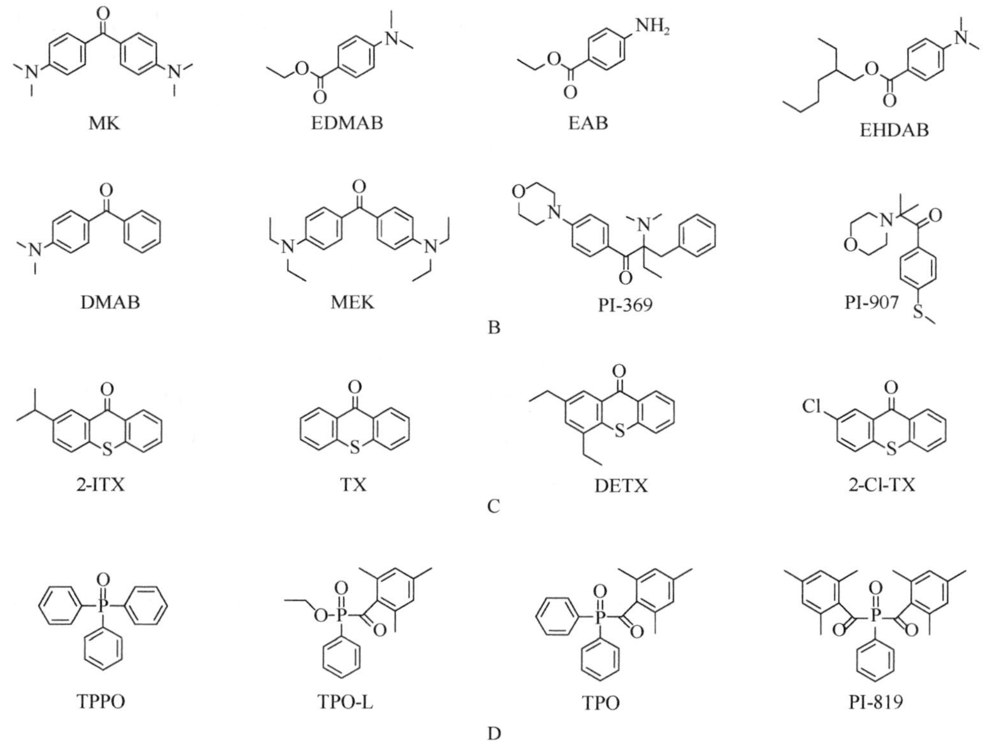

图 10-1 常见光引发剂的分子结构式

A. 苯酮类；B. 胺类共引发剂；C. 硫杂蒽酮类；D. 氧化膦类

2. 暴露途径

饮食是人体暴露于 PI 的重要途径，添加到食品包装材料中的 PI 能通过挥发、逸散等方式迁移到其所包裹的食品中。2005 年，光引发剂造成的食品污染事件首次报道，当时在欧盟市售的婴幼儿乳品中发现了 2-异丙基硫杂蒽酮（2-ITX），浓度为 120~300μg/L。随后，BP 和 4-(二甲氨基)苯甲酸 2-乙基己酯（EHDAB）等光引发剂在乳制品、果汁中被检出。近期，有研究人员在食品包装材料中检出了 25 种 PI，PI 总浓度为 122~44 113ng/g，提示需要关注 PI 在"包装材料-食品"体系中的迁移转化。

呼吸和皮肤吸收等也是人体暴露于 PI 的相应途径。研究人员首次在北京地区城市居民居所的室内灰尘中发现了 PI 的广泛污染，浓度为 245~5680ng/g，明显高于全国范围内主要城市污水处理厂污泥中的浓度（67.6~2030ng/g），认为 PI 具有吸附于颗粒物或沉积物上的能力，室内灰尘中赋存的 PI 是人体暴露的另一个重要途径（Liu et al.，2016）。随后，有研究又在加拿大办公区域室内灰尘中检出了 PI（234~23 625ng/g），数据表明办公区域 PI 的污染水平明显高于一般居所，推测与办公区较多使用打印设备有关，并估算儿童及成年人经呼吸道吸入 PI 的剂量分别为 11.4ng/（kg·d）和 0.93ng/（kg·d）（Liu et al., 2019a）。2020 年，Li 等（2020）在广东电子垃圾拆解地区拆解车间的灰尘（186～7290ng/g）和广州市区普通居民家庭的室内灰尘（447～8270ng/g）中均检出了 PI 残留，指出电子设备的使用可能是 PI 污染的重要来源。通过灰尘中 PI 的污染浓度水平，估算 PI 通过呼吸及皮肤吸收的量约为每日 7.72ng/kg bw。

3. 健康风险

PI 对生物体具有多种毒性效应。基于酵母菌的雌激素和雄激素测试表明 2-ITX 具有抗雄激素和抗雌激素效应。由于能与细胞的磷脂双分子层产生强烈的相互作用，2-ITX 也能影响生物膜的流动性/刚性。体外毒理学试验表明，PI 具有内分泌干扰效应，其中 EHDAB 具有雄激素和雌激素活性。BP 还被证明在大鼠和小鼠体内具有致癌性；米氏酮（MK）也被认为是潜在致癌物，能明显诱导人乳腺癌细胞增殖，具有强雌激素活性。TX 被证明可引起肝氧化应激损伤，激活芳香烃受体，诱导人源细胞色素家族蛋白表达等多种毒性效应。另外，活体动物实验模型证明 PI 在染毒浓度为 300ng/g 时，对大鼠具有致癌作用，而在 150μg/g 的暴露浓度下可导致大鼠 DNA 损伤。

10.3.2　生物材料与监测指标选择

由于 PI 的人群暴露尚未引起重视，关于其在人体的代谢动力学研究等相对匮乏。目前报道的用于开展 PI 监测的生物材料主要有血清、血浆和母乳。有文献建立了血清和母乳中 PI 的测定方法，用于评估一般人群和婴幼儿的 PI 暴露，研究结果表明母乳样品的检出浓度较高，与血清相比，母乳可能更适合作为评估人体内暴露的生物材料（Liu et al., 2018a）。Li 等（2019）建立了血浆中 PI 的测定方法，用于评估 PI 的母婴暴露行为，在脐带血中检出 PI，证明 PI 可透过胎盘屏障对胎儿造成暴露。暂未见利用尿液、唾液等生物材料评估 PI 人群内暴露的研究。

已有的生物监测均基于 PI 的原形，表 10-6 列举了母乳、血清和血浆样品中最为常见的 PI 监测指标。

表 10-6　常见可用于评估 PI 暴露的生物标志物

PI 类型	监测指标	生物材料
苯酮类	苯甲酮，4-甲基苯酮，1-羟基环己基苯基甲酮，4-苄基苯酮，2-乙基蒽醌，2-苯甲酰苯甲酸甲酯，二苯基乙二酮，2,2-二甲氧基-苯基苯乙酮	血清，血浆，母乳
硫杂蒽酮	硫杂蒽酮，2-氯噻蒽酮，2-异丙基硫杂蒽酮，2,4-二乙基硫杂蒽酮	血清，血浆，母乳

续表

PI 类型	监测指标	生物材料
胺类共引发剂	米氏酮,四乙基米氏酮,2-甲基-1-(4-甲硫基苯基)-2-吗啉基-1-丙酮,2-苄基-2-二甲基氨基-1-(4-吗啉苯基)丁酮,4-二甲氨基苯甲酸乙酯,4-二甲氨基苯甲酸异辛酯	血清,血浆,母乳
氧化膦类	三苯基氧化膦,氧化二苯基(2,4,6-三甲基苯甲酰)膦,2,4,6-三甲基苯甲酰基苯基膦酸乙酯,氧化二苯基(2,4,6-三甲基苯甲酰)膦	母乳

10.3.3　前处理方法

LLE 是最常见的前处理方法。PI 在体内的赋存浓度较低,因此需要对样品进行较大倍数的浓缩(浓缩倍数一般为 10)。研究人员以 MTBE 作为提取溶剂对血清样品进行处理,提取效率为 52.3%~97.8%,基质效应为 82%~117%;采用丙酮-MTBE 体系提取母乳中的 PI,可获得较好的净化效果(基质效应为 80%~120%)。此外,在前处理过程中,通过加入内标校正因提取效率低导致准确度差的问题(Liu et al.,2018a)。Li 等(2021)比较了正己烷、MTBE、乙酸乙酯、正己烷/乙酸乙酯、MTBE/乙腈、MTBE/甲醇、乙酸乙酯/乙腈、乙酸乙酯/甲醇 8种溶剂体系对 PI 提取效果的影响,结果表明相对于极性较强的甲醇、乙腈、乙酸乙酯等溶剂,正己烷和 MTBE 对血浆中 PI 的提取效果更好,其原因可能是正己烷和 MTBE 等溶剂极性较弱,与 PI 极性更匹配。血浆较血清基质更为复杂,仅采用 LLE 处理样品,并不能获得良好的净化效果,采用 LLE-SPE,能够获得更好的回收效果,21 种 PI 的加标回收率为 80%~120%。此外,如图 10-2 所示,样品经 LLE+SPE 处理后,基质效应亦得到明显改善,19 种 PI 单体表现出低基质效应(80%~120%),2 种 PI 单体表现出中基质效应(50%~80%或 120%~150%),未见任何 PI 单体表现出高基质效应(低于 50%或大于 150%)。

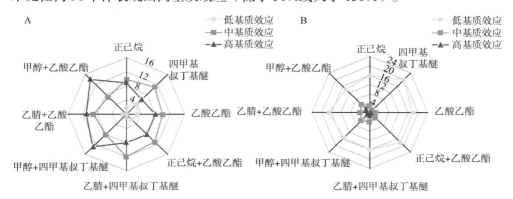

图 10-2　LLE 及 LLE+SPE 的基质效应比较

A. LLE;B. LLE+SPE

10.3.4 检 测 方 法

具有较高灵敏度的 LC-MS/MS 是检测 PI 的理想方法。目前可供参考的资料均采用 HPLC-MS/MS 或 UPLC-MS/MS 进行生物样品中 PI 的测定，一般以 0.1%甲酸水溶液和 0.1%甲酸甲醇溶液作为流动相，甲酸在某种程度上可增强多种 PI 的质谱响应。PI 的分离一般选用 C_{18} 通用型色谱柱，质谱检测采用 ESI 正电离、MRM 模式。近期，Li 等（2021）建立了血浆中 21 种 PI 的 HPLC-MS/MS 检测方法，方法检出限为 0.5～4pg/ml。Liu 等（2018a）利用美国普通人群的血清样品，测定了 18 种 PI 及其 4 种氧化代谢产物。结果显示，PI 总浓度的几何均值为836pg/ml，其中 BZP 的检出浓度最高，占比可达 73%；4 种 PI 代谢物总浓度的几何均值为 112pg/ml。美国母乳样品中 PI 的浓度水平明显高于血清，PI 总浓度的中位值为 10934pg/ml，且仍以 BZP 占比最高。

10.3.5 应 用 实 例

本应用实例来自暨南大学环境学院曾力希课题组，介绍了血浆中 21 种 PI 的 LC-MS/MS 测定方法（Li et al.，2021）。

1. 样品采集及前处理

产前 1～2 日使用抗凝采样管收集母体血液样品，产后立即收集脐带血（均约5ml）。采集完毕，迅速送至实验室于 4000r/min 在 4℃离心 10min，将上层淡黄色血浆吸出，转移至洁净的玻璃瓶中，置于–80℃保存。样品采集及保存过程中使用的镊子、剪刀、采样管、真空袋和玻璃瓶应不存在 PI 的空白干扰。

准确移取血浆样品 1.5ml 于 10ml 玻璃离心管中，分别加入 $^{13}C_6$-BP-3、BP-d_{10}和 2-ITX-d_7等同位素内标各 1.5ng。将混合样品在室温下平衡 2h，加入 3ml MTBE，于摇床上以 200r/min 摇匀 30min，提取后，以 3000r/min 离心 10min，上清液转移至另一离心管，反复提取 2 次，合并上清液。氮气缓慢吹干后加入 3ml 乙腈复溶，进行 SPE。用 3ml 乙腈活化 Oasis Prime HLB 柱，将复溶样品以 1 滴/秒的速度通过 SPE 柱。完成后，使用甲醇水溶液（5+95）淋洗 SPE 柱，再用 4ml 乙腈甲醇溶液（10+90）洗脱。收集洗脱液，氮气缓慢吹干。用 150μl 初始流动相复溶样品，过 0.2μm 滤膜上机测定。

2. 分析条件

（1）LC 参考条件如下。色谱柱：Waters XBridge® BEH C_{18}柱（2.1mm×100mm，

2.5μm）。保护柱：Waters XBridge® BEH C₁₈ Van Guard®柱（2.1mm×5mm，2.5μm）。
流动相：1%甲酸溶液（A），1%甲酸甲醇溶液（B）。梯度洗脱程序：0min：30%
B；1min：30% B；1～2min：65% B；2～10min：95% B；10～12.5min：95% B；
12.5～12.6min：30% B；12.6～14min：30% B；流速：0.3ml/min；柱温：40℃；
进样量：5μl。

（2）MS参考条件如下。离子源：ESI源；电离方式：正电离模式；喷雾电压：
5500V；离子源温度：550℃；雾化气（GS1）：40psi；辅助加热气（GS2）：40psi；
气帘气：35psi；碰撞气：氮气（中等强度）；扫描方式：MRM模式。目标物的
其他质谱参数见表10-7。

表 10-7　21 种 PI 的质谱参数

目标物	缩写	定量离子对（m/z）	碰撞能量（CE）	定性离子对（m/z）	碰撞能量（CE）	保留时间（min）
二苯甲酮	BP	183.1→77.1	44	183.1→105.1	22	5.49
4-甲基苯酮	4-MBP	197.2→105.1	25	197.2→119.0	21	6.18
1-羟基环己基苯基苯甲酮	PI-184	205.2→105.1	18	205.2→187.1	9	5.24
4-苄基苯酮	PBZ	259.2→105.1	26	259.2→77.1	55	8.01
二苯基乙二酮	Benzil	211.2→105.0	15	211.2→76.9	48	5.50
2-乙基蒽醌	EAQ	237.2→209.2	30	237.2→153.1	38	7.73
2-苯甲酰苯甲酸甲酯	MBB	241.2→209.1	20	241.2→152.2	48	4.87
2,2-二甲氧基-苯基苯乙酮	PI-651	225.2→197.1	22	225.2→104.9	29	5.86
4-对苯基硫代苯甲酮	MBPPS	305.3→105.1	27	305.3→77.1	65	9.49
4-二甲氨基二苯甲酮	DMAB	226.3→105.1	28	226.3→76.9	55	5.64
米氏酮	MK	269.3→148.1	34	269.3→120.1	44	5.98
四乙基米氏酮	MEK	325.4→176.1	38	325.4→133.1	60	7.96
2-甲基-1-(4-甲硫基苯基)-2-吗啉基-1-丙酮	PI-907	280.3→165.1	30	280.3→128.1	27	4.01
4-氨基苯甲酸乙酯	EAB	166.2→138.1	16	166.2→127.1	38	3.94
4-二甲氨基苯甲酸乙酯	EDMAB	194.3→151.2	32	194.3→166.2	23	5.56
4-二甲氨基苯甲酸异辛酯	EHDAB	278.2→166.2	30	278.2→151.1	43	10.12
2-苄基-2-二甲基氨基-1-(4-吗啉苯基)丁酮	PI-369	367.2→176.2	26	367.2→190.1	40	3.96
硫杂蒽酮	TX	213.2→184.1	40	213.2→152.0	59	6.36
2-氯噻蒽酮	2-Cl-TX	247.2→212.1	36	247.2→184.0	50	7.89
2-异丙基硫杂蒽酮	2-ITX	255.3→213.1	30	255.3→184.0	52	8.74
2,4-二乙基硫杂志蒽酮	DETX	269.3→241.1	30	269.3→213.0	38	9.83

3. 方法特性

21 种 PI 的方法定量限为 1.7～16ng/L，其中 19 种 PI 浓度在 100ng/ml 以下，2 种 PI（二苯基乙二酮和 EAQ）浓度在 200ng/ml 以下具有良好的线性关系（＞0.995）。低浓度（0.05ng/mL）、中浓度（0.5ng/ml）和高浓度（5ng/ml）3 个浓度水平加标回收率为 81%～109%，日内精密度和日间精密度＜14%。

4. 方法应用

曾力希课题组采用该方法测定了 14 个母婴配对血浆样品中的 21 种 PI。母体血液样品中检出 16 种，其中 9 种 PI 的检出率高于 50%，PI 总浓度为 303～3500pg/ml（几何均值为 712pg/ml）；BZP 是主要污染物，占比达 93.7%；ACI 和 TX 的浓度分别为 3.06～201pg/ml 和 2.48～22.5pg/ml，占比分别达 5.8% 和 0.5%。脐带血样品中检出 12 种，有 8 种 PI 的检出率高于 50%，PI 总浓度为 104～988pg/ml（几何均值为 275pg/ml）；脐带血样品和母体血液样品的暴露特征类似，BZP 仍然是主要污染物，占比达 60.5%，ACI 和 TX 的占比分别为 37.4% 和 2.1%，表明不同种类 PI 具有不同的母婴转移特点和行为。

10.4 合成酚类抗氧化剂

合成酚类抗氧化剂（synthetic phenolic antioxidant，SPA）是一类人工合成的化学物质，多数具有共同的结构特征，即其酚羟基的邻位上有烷基取代基团，能延缓氧化反应和延长产品保质期，被广泛添加到各种工业和家用产品中。2, 6-二叔丁基-4-甲基苯酚（BHT）是应用最广泛的抗氧化剂，在食品、动物饲料、化妆品、包装材料、药品、墨水等多个领域都有应用。常用的合成酚类抗氧化剂还包括 3-叔丁基-4-羟基苯甲醚（BHA）、2, 4-二叔丁基苯酚（DBP）等。

10.4.1 暴露来源、途径及健康风险

1. 暴露来源

SPA 的来源主要包括自然源和人为源，而人为源是 SPA 的主要来源。全球酚类抗氧化剂市场（天然和合成抗氧化剂的总和）预计以每年 5% 的速度增长，到 2023 年将达到 183 亿美元，SPA 的大量生产和广泛使用引起了环境污染，在德国奥得河采集的所有水样中都检测到了 BHT 及其转化产物 3, 5-二叔丁基-4-羟基苯甲醛（BHT-CHO），平均浓度分别为 178ng/L 和 102ng/L，在该地区采集的地下水中也发现了类似浓度的 BHT 和 BHT-CHO（Fries et al., 2004）。Wang 等（2018）

测定了采自中国渤海的 144 个表层沉积物样品中的 5 种 SPA，发现其主要由 BHT 组成，另外在海洋沉积物样品中还检测到 4 种 BHT 的转化产物——2,6-二叔丁基-4-羟甲基苯酚（BHT-OH）、BHT-CHO、3,5-二叔丁基-4-羟基苯甲酸（BHT-COOH）和 2,6-二叔丁基-1,4-苯醌（BHT-Q）。

2. 暴露途径

SPA 用于多种消费品及工业产品，可以经口、鼻、皮肤等途径进入体内。

（1）饮食摄入：是人类接触 SPA 的主要途径，BHT 可以单独添加或与 BHA 联合添加到食品中，是最常用的食品抗氧化剂之一。1998 年，联合国粮食及农业组织/世界卫生组织（FAO/WHO）联合专家委员会通过成员国的食物摄入量评估了 BHA 和 BHT 的日摄入量，BHA 的估计值为日本 3μg/kg bw、澳大利亚和新西兰 390μg/kg bw；BHT 的估计值为日本 0.85μg/kg bw、美国 390μg/kg bw（WHO，2000）。环境中的 BHT 可以通过食物链进入人体，有研究报道在养殖鱼类，如鳕鱼、大比目鱼、虹鳟鱼中检测到 BHT（Lundebye et al.，2010）。DBP 被报道是黄酒和红薯中的一种天然产物，因此食用这些食品可能会导致人体 DBP 暴露。对于母乳喂养的婴儿来说，母乳可能是一个重要的暴露途径，对中国南方地区哺乳期妇女的 80 份母乳样品的测定结果表明，母乳样品中检测到 10 种 SPA 和 4 种转化产物，其中 BHT 和 DBP 的检出浓度比较高（Zhang et al.，2020）。

（2）呼吸道吸入：SPA 以非化学键合的形式添加到聚合材料中，易通过挥发或材料磨损等方式渗透进入室内环境。Wang 等（2016a）调查了中国等 12 个国家/地区的室内灰尘情况，发现 99.5%的室内灰尘中能够检测出 BHT，并在粉尘样品中发现了 3 种 BHT 的主要转化产物——BHT-CHO、BHT-OH 和 BHT-Q。Liu 等（2018）则在加拿大多伦多的家庭和办公室灰尘样品中检测到 8 种 SPA。室内灰尘是 SPA 暴露的一个重要来源，尤其是对处于吸吮期的儿童来说，通过灰尘摄入比成年人有更高的暴露风险。

（3）皮肤吸收：SPA 被广泛用于各种个人护理产品。加拿大的一项研究对 214 种个人护理产品中的 SPA 进行检测，结果检出 9 种 SPA，其中 BHT 的检出率超过 50%，浓度范围为小于检出限至 828μg/g（中位值为 0.25μg/g）。成年女性通过使用个人护理产品皮肤接触 BHT 的摄入量估计值为每日 0.0498μg/kg bw，使用个人护理产品造成的皮肤吸收是 BHT 暴露的另一个途径（Liu et al.，2019）。

（4）其他途径：BHT 可用于牙齿密封胶，有研究通过测量牙齿密封胶中 BHT 的浓度评估成年人和儿童的日摄入量，根据中位值和 1~8 颗牙齿的替换量计算，成年人 BHT 的日摄入量为 6.49~51.9ng/kg bw，儿童替换 8 颗牙齿的最大日摄入量为 363ng/kg bw（Wang et al.，2016b）。另外，在聚氯乙烯袋内的静脉注射盐水中也检测到了 BHT，所以当人们通过静脉注射接受药物治疗时，可能会接触到 BHT。

3. 健康风险

动物实验研究报道了 BHT 的毒性效应，包括致癌性和生殖毒性（Takahashi，1992）。BHT 已被证明在乳腺癌细胞中具有雌激素性质，可破坏雌激素受体功能。BHT 的代谢物可引起细胞 DNA 损伤，具有遗传毒性和致癌性（Oikawa et al.，1998）。BHT 的某些代谢物，如 BHT-CHO 和 BHT-Q 比 BHT 本身毒性更大（Nagai et al.，1993）。其他一些 SPA，如 BHA 被报道可作为肿瘤促进剂、雌激素干扰物和致癌物（Kahl et al.，1993），扰乱内分泌系统导致肥胖。

10.4.2　生物材料与监测指标选择

1. 生物材料选择

SPA 在人体内代谢，其母体化合物的生物半衰期为几小时至几日。据报道，BHT 和 BHA 主要通过尿液排泄，所以尿液为 SPA 内暴露研究的理想生物材料。2020 年发布的德国环境调查（GerES，2014～2017）结果显示，3～17 岁儿童和青少年晨尿中 BHT 代谢物 BHT-COOH 浓度能达到 2.346μg/L，其中 3～5 岁儿童的内暴露量最高（Murawski et al.，2021）。此外，也有研究对人类脂肪组织、血清、母乳和指甲进行 SPA 内暴露检测（Zhang et al.，2020，Liu et al.，2018b，Li et al.，2019）。

2. 监测指标确定

BHT 是最常用的 SPA，在体内检出率最高，可以将其原形作为监测指标。此外，BHT 容易发生转化，其酚环氧化可以形成 BHT-Q、BHT-quinol，甲基氧化可以形成 BHT-CHO、BHT-OH、BHT-COOH 等，研究发现在尿液样品中检出了 60% 的 BHT-Q、60% 的 BHT-CHO、48% 的 BHT-OH 和 89% 的 BHT-COOH，4 种代谢物的浓度相加大于 BHT，说明 BHT 在人体内转化迅速。其中，BHT-COOH 的检出率和检出浓度较高且空白干扰最小，是 BHT 人体内暴露检测的适宜生物标志物。BHT 代谢物的浓度和原形的浓度水平相当，同时测定原形和代谢物对于评估代谢过程及暴露剂量非常重要。除了 BHT，还有一些 SPA 在内暴露研究中被检出，但缺乏代谢过程研究数据，主要以母体化合物原形作为监测指标，具体见表 10-8。

表 10-8 常见可用于评估 SPA 暴露的生物标志物

SPA 原形	SPA 代谢物
2,6-二叔丁基-4-甲基苯酚（BHT）	3,5-二叔丁基-4-羟基苯甲醛（BHT-CHO）
	2,6-二叔丁基-1,4-苯醌（BHT-Q）
	2,6-二（叔丁基）-4-羟基-4-甲基-2,5-环己二烯酮（BHT-quinol）
	2,6-二叔丁基-4-羟甲基苯酚（BHT-OH）
	3,5-二叔丁基-4-羟基苯甲酸（BHT-COOH）
3-叔丁基-4-羟基苯甲醚（BHA）	/
2,4-二叔丁基苯酚（DBP）	/
3,4,5-三羟基苯甲酸丙酯（PG）	/
3,4,5-三羟基苯甲酸辛酯（OG）	/
3,4,5-三羟基苯甲酸十二酯（DG）	/
2,2-亚甲基-双(4-甲基-6-叔丁基苯酚)（AO 2246）	/
2,4,6-三叔丁基苯酚（AO 246）	/
2,6-二(叔丁基)-4-(1-甲基丙基)酚（DTBSBP）	/
3-(3,5-二叔丁基-4-羟基苄基)均三甲苯（Irganox 1135）	/
十八烷基-3,5-双(1,1-二甲基乙基)-4-羟基苯丙酸酯（Irganox 1076）	/
2,4-二叔戊基苯酚（DtAP）	/

10.4.3 前处理方法

1. 样品的水解

合成酚类抗氧化剂易在肝脏中代谢为葡萄糖醛酸化形式，再通过尿液排出体外，所以人体负荷水平应用游离态和结合态浓度之和表示，测定前需先对样品进行水解。Gries（2020）评估了水解及不同水解方法对 BHT-COOH 测定的必要性。经 β-葡萄糖醛酸酶水解的 17 个尿液样品中 BHT-COOH 的浓度中位值为 4.11μg/L，而未水解的尿液样品中的中位值为 0.52μg/L，说明大量 BHT-COOH 以结合态存在。与酸水解相比，酶水解对目标物的测定没有明显差异，而酸水解时加标尿液样品中反复检测到异常信号。比较 β-葡萄糖醛酸酶和 β-葡萄糖醛酸酶/硫酸酯酶，发现使用 β-葡萄糖醛酸酶/硫酸酯酶水解时，BHT-COOH 的背景信号升高，而使用 β-葡萄糖醛酸酶时，没有上述情况发生，最终选择 β-葡萄糖醛酸酶进行水解。

2. 样品提取与净化

（1）LLE：目前的研究中多采用 LLE 进行样品提取与净化，萃取剂为甲基叔丁基醚、己烷、乙酸乙酯、乙腈等有机溶剂，通常需要对样品进行多次萃取，再进行浓缩。Liu 等（2019）分别采用己烷处理血清样品，甲基叔丁基醚处理尿液样品，结果显示血清样品中 BHT 等 7 种 SPA 及其代谢物的回收率为 79%～103%，尿液样品中 BHT 等 7 种 SPA 及其代谢物的回收率可达 72%～107%。Li 等（2019）采用二氯甲烷/环己烷混合物（3+1）提取指甲样品，结果显示 BHT 等 9 种目标物的回收率为 64%～107%。

（2）SPE：对于基质较复杂的生物样品，通常采用 LLE-SPE，有机溶剂提取后，再采用 SPE 净化。Du 等（2019）用正己烷超声提取胎盘样品后，用 HLB 小柱进行净化，结果显示 BHT 等 7 种 SPA 及其代谢物的回收率为 67%～86%。Zhang 等（2020）采用乙腈和正己烷的混合溶剂（3+5）对母乳样品进行提取，然后采用 Supelco 柱进行进一步净化，结果显示 BHT 等 9 种目标物的回收率为 72%～88%。

10.4.4　检 测 方 法

生物样品中 SPA 的测定多采用灵敏度较高的色谱–质谱联用技术，如 GC-MS 及 LC-MS。

1. 气相色谱–质谱法

BHT、BHA、BHT-CHO、BHT-Q 等挥发性强的小分子 SPA 可以直接通过 GC-MS 测定（检出限可达 ng 级甚至 pg 级），但大多数分子量大、难挥发的 SPA 需要进行衍生化处理，常用的衍生化方法是硅烷化，N-甲基-N-(叔丁基二甲基硅烷)-三氟乙酰胺（MTBSTFA）、BSTFA、MSTFA 是常见的衍生化试剂（Rodil et al.，2010）。因为衍生化处理较为烦琐，进行大量生物样品检测比较耗时，所以目前除 BHT 的测定多采用 GC-MS 外，其他 SPA 多采用 LC-MS。

2. 液相色谱–质谱法

LC-MS 不需要对目标物进行衍生化处理，BHA、BHT 代谢物等可以采用 LC-MS 同时测定。SPA 具有较高的疏水性，所以 LC 分离样品时基于反相色谱法，通过 C_{18} 色谱柱，以有机相和水作为流动相进行梯度洗脱，有机相多使用甲醇。SPA 含有的羟基基团具有较高极性，因此 MS 分析时常采用 ESI 源，负电离 MRM 模式。Liu 等（2019b）对尿液中的 BHA、DBP、BHT-OH、BHT-CHO、BHT-quinol、

BHT-COOH 进行检测，除 BHA 的定量限为 200pg/ml 外，其他 SPA 的定量限为 30～70pg/ml。

10.4.5 应 用 实 例

本应用实例来自德国环境调查（GerES Ⅴ 2014～2017），介绍了尿液中 BHT 代谢物 BHT-COOH 的 LC-MS/MS 测定方法（Gries，2020）。

1. 样品前处理

尿液样品在室温解冻并充分混合，取 0.5ml 到 2ml 压盖小瓶，加入 5μl 浓度 1mg/L $^{13}C_6$-BHT-COOH 内标溶液，混匀，加入 1ml 乙酸铵缓冲溶液后在摇床上彻底混合，加入 5μl β-葡萄糖醛酸酶，密封，混合，在 37℃ 条件下酶解 3h，恢复至室温，待测。

2. 分析条件

（1）LC 参考条件如下。色谱柱：Zorbax RRHD Eclipse Plus C_8柱（2.1mm × 100mm，1.8μm）；预柱：XBridge BEH C_8 Direct Connect HP（2.1mm ×30mm，10μm）；捕集柱：Oasis HLB Direct Connect HP（2.1mm ×30mm，20μm）；柱温：40℃；进样量：25μl。

通过六通阀的切换控制浓缩模式和分离模式之间的转换。阀门切换的时间点必须与浓缩和分离程序的开始和结束一致。阀门切换时间：0～0.5min，阀门保持在浓缩位置；0.5min 时，阀门移动到分离位置，并保持至 3.5min；3.5min 时，阀门移回浓缩位置，并保持至 10min。

泵 1，流动相：0.1%甲酸溶液（A）和 0.1%甲酸乙腈溶液（B）。流速：0.8ml/min。梯度洗脱程序：0～1.00min，10% B；1.00～1.50min，增加到 100% B，保持至 3.00min；3.00～3.50min，减少到 10% B，并保持至 10.00min。

泵 2，流动相：0.1%甲酸溶液（A），0.1%甲酸乙腈溶液（B）。流速：0.3ml/min。梯度洗脱程序：0～1.00min，10% B；1.00～7.00min，增加到 95% B，保持至 9.00min；9.00～9.50min，减少到 10%B，并保持至 10.00min。

（2）MS 参考条件如下。离子源：ESI 源；电离方式：正电离模式；去溶剂温度：400℃；离子源温度：150℃；扫描方式：MRM 模式。BHT-COOH 及其内标的色谱–质谱参数见表 10-9。

3. 方法特性

BHT-COOH 的检出限为 0.06μg/L，定量限为 0.2μg/L，BHT-COOH 在 0.1～

100μg/L 的加标浓度范围内，回收率为 82%～117%，日内精密度＜15%，日间精密度＜25%。

表 10-9　BHT-COOH 及其内标的色谱−质谱参数

目标物	保留时间（min）	母离子（m/z）	子离子（m/z）	锥孔电压（V）	碰撞能量（CE）
BHT-COOH	6.11	251.3	195.1	33.0	20.0
			139.0*	33.0	20.0
			57.1*	33.0	16.0
$^{13}C_6$-BHT-COOH	6.11	257.3	201.1*	47.0	22.0
			145.0*	47.0	20.0
			57.1	47.0	16.0

* 定量离子。

4. 质量控制措施

样品中目标物的识别基于保留时间和特定离子，定性离子用于确认目标物，在基质干扰的情况下，可使用定性离子代替常规的定量离子进行定量。

5. 方法应用

德国环境调查（GerES Ⅴ 2014～2017）采用该方法，对年龄在 20～29 岁的非职业暴露人群尿液中的 BHT 含量进行综合评估，98%的样品 BHT-COOH 含量超过定量限（0.2μg/L），测得的浓度中位值为 1.06μg/L（1.24μg/g 肌酐校正），男性与女性内暴露没有明显差异。

（张卓娜　张　续）

参 考 文 献

陈霞，杨晓霞，骆朋辉，等. 2013. 高灵敏度酶联免疫法快速检测动物源性产品中氯霉素残留的研究. 中国畜牧兽医，40（6）：233-236.

孙言凤，肖永华，黄长刚，等. 2019. 2016-2018 年湖北省鸡肉和鸡蛋中四环素类药物残留监测分析. 现代预防医学，46（14）：2554-2557.

叶必雄，张岚. 2015. 环境水体及饮用水中抗生素污染现状及健康影响分析. 环境与健康杂志，32（2）：173-178.

Amini N，Crescenzi C. 2003. Feasibility of an on-line restricted access material/liquid chromatography/tandem mass spectrometry method in the rapid and sensitive determination of organophosphorus triesters in human blood plasma. Journal of Chromatography B，795（2）：245-256.

Behl M，Hsieh J H，Shafer T J，et al. 2015. Use of alternative assays to identify and prioritize organophosphorus flame retardants for potential developmental and neurotoxicity. Neurotoxicology and Teratology，52（Pt B）：181-193.

Brandsma S H，Boer J D，Velzen M J M V，et al. 2014. Organophosphorus flame retardants（PFRs）and plasticizers in house and car dust and the influence of electronic equipment. Chemosphere，116：3-9.

Chen X，Zhao X，Shi Z. 2021. Organophosphorus flame retardants in breast milk from Beijing，China：Occurrence，nursing infant's exposure and risk assessment. Science of The Total Environment，771：145404.

Deng Y，Zhang Y，Qiao R，et al. 2018. Evidence that microplastics aggravate the toxicity of organophosphorus flame retardants in mice（Mus musculus）. Journal of Hazardous Materials，357：348-354.

Ding J J，Shen X L，Liu W P，et al. 2015. Occurrence and risk assessment of organophosphate esters in drinking water from Eastern China. Science of The Total Environment，538：959-965.

Du B，Zhang Y，Lam J C W，et al. 2019. Prevalence，biotransformation，and maternal transfer of synthetic phenolic antioxidants in pregnant women from south China. Environmental Science & Technology，53（23）：13959-13969.

Fries E，Püttmann W. 2004. Monitoring of the antioxidant BHT and its metabolite BHT-CHO in German river water and ground water. Science of The Total Environment，319（1/3）：269-282.

Geng M，Liu K，Huang K，et al. 2020. Urinary antibiotic exposure across pregnancy from Chinese pregnant women and health risk assessment：repeated measures analysis. Environment International，145：106164.

Gries W，Küpper K，Schmidtkunz C，et al. 2020. Butylated hydroxytoluene（BHT）-determination of 3，5-di-tert-butyl-4-hydroxybenzoic acid（BHT acid）in urine by LC-MS/MS. The MAK Collection for Occupational Health and Safety，5：1-19.

He C T，Zheng J，Qiao L，et al. 2015. Occurrence of organophosphorus flame retardants in indoor dust in multiple microenvironments of southern China and implications for human exposure. Chemosphere，133：47-52.

He C，English K，Baduel C，et al. 2018. Concentrations of organophosphate flame retardants and plasticizers in urine from young children in Queensland，Australia and associations with environmental and behavioural factors. Environmental Research，164：262-270.

Huang W，Qiu Q，Chen M，et al. 2019. Determination of 18 antibiotics in urine using LC-QqQ-MS/MS. Journal of Chromatography B，1105：176-183.

Huang Y，Zhang Z，Hou T，et al. 2020. Antibiotic burden of school children from Tibetan，Hui，and Han groups in the Qinghai-Tibetan Plateau. PLoS One，15（2）：e0229205.

Jayatilaka N K，Restrepo P，Williams L，et al. 2017. Quantification of three chlorinated dialkyl phosphates，diphenyl phosphate，2，3，4，5-tetrabromobenzoic acid，and four other organophosphates in human urine by solid phase extraction-high performance liquid chromatography-tandem mass spectrometry. Analytical and Bioanalytical Chemistry，409（5）：1323-1332.

Jonsson O B，Dyremark E，Nilsson U L. 2001. Development of a microporous membrane liquid-liquid extractor for organophosphate esters in human blood plasma：identification of triphenyl phosphate and octyl diphenyl phosphate in donor plasma. Journal of Chromatography B Biomedical Sciences & Applications，755（1-2）：157-164.

Jonsson O B，Nilsson U L. 2003. Determination of organophosphate ester plasticisers in blood donor plasma using a new stir - bar assisted microporous membrane liquid-liquid extractor. Journal of Separation Science，26（9-10）：886-892.

Kahl R，Kappus H. 1993. Toxicology of the synthetic antioxidants BHA and BHT in comparison with the natural antioxidant vitamin E. Z Lebensm Unters Forsch，196（4）：329-338.

Kristin L，Cynthia A D W，Ulla S，et al. 2018. Brominated flame retardants and organophosphate esters in preschool dust and children's hand wipes. Environmental Science & Technology，52（8）：4878-4888.

Li C，Cui X，Chen Y，et al. 2019a. Synthetic phenolic antioxidants and their major metabolites in human fingernail. Environmental Research，169：308-314.

Li J，Lam J C W，Li W Z，et al. 2019. Occurrence and distribution of photoinitiator additives in paired maternal and cord plasma in a south China population. Environmental Science & Technology，53（18）：10969-10977.

Li J，Li W Z，Gao X M，et al. 2020. Occurrence of multiple classes of emerging photoinitiators in indoor dust from E-waste recycling facilities and adjacent communities in south China and implications for human exposure. Environment International，136：105462.

Li J，Zhang X，Mu Y，et al. 2021. Determination of 21 photoinitiators in human plasma by using high-performance liquid chromatography coupled with tandem mass spectrometry：A systemically validation and application in healthy volunteers. Journal of Chromatography A，1643：462079.

Li N，Ho K W，Ying G G，et al. 2017. Veterinary antibiotics in food，drinking water，and the urine of preschool children in Hong Kong. Environment International，108：246-252.

Liu K Y，Zhang J J，Geng M L，et al. 2020. A stable isotope dilution assay for multi-class antibiotics in pregnant urines by LC-MS/MS. Chromatographia，83（4）：507-521.

Liu L Y，He K，Hites R A，et al. 2016. Hair and nails as noninvasive biomarkers of human exposure to brominated and organophosphate flame retardants. Environmental Science & Technology，50（6）：3065-3073.

Liu R，Lin Y F，Hu F B. 2016. Observation of emerging photoinitiator additives in household environment and sewage sludge in China. Environmental Science & Technology，50（1）：97-104.

Liu R，Mabury S A. 2018. First detection of photoinitiators and metabolites in human sera from United States donors. Environmental Science & Technology，52（17）：10089-10096.

Liu R，Mabury S A. 2018. Synthetic phenolic antioxidants and transformation products in human sera from United States donors. Environmental Science & Technology Letters，5（7）：419-423.

Liu R，Mabury S A. 2018. Unexpectedly high concentrations of a newly identified organophosphate ester，tris（2,4-di- tert-butylphenyl）phosphate，in indoor dust from Canada. Environmental Science & Technology，52（17）：9677-9683.

Liu R，Mabury S A. 2019. Identification of photoinitiators，including novel phosphine oxides，and their transformation products in food packaging materials and indoor dust in Canada. Environmental Science & Technology，53（8）：4109-4118.

Liu R，Mabury S A. 2019. Synthetic phenolic antioxidants in personal care products in Toronto，Canada：occurrence，human exposure，and discharge via greywater. Environmental Science & Technology，53（22）：13440-13448.

Liu R，Mabury S A. 2019. Unexpectedly high concentrations of 2, 4-di-tert-butylphenol in human urine. Environmental Pollution，252：1423-1428.

Liu S，Zhao G，Zhao H，et al. 2017. Antibiotics in a general population：Relations with gender，body mass index（BMI）and age and their human health risks. Science of the Total Environment，599-600：298-304.

Lundebye A K，Hove H，Måge A，et al. 2010. Levels of synthetic antioxidants（ethoxyquin，butylated hydroxytoluene and butylated hydroxyanisole）in fish feed and commercially farmed fish. Food Additives & Contaminants：Part A，27（12）：1652-1657.

Ma Z Y，Yu Y J，Tang S，et al. 2015. Differential modulation of expression of nuclear receptor mediated genes by tris（2-butoxyethyl）phosphate（TBOEP）on early life stages of zebrafish（Danio rerio）. Aquatic Toxicology，169：196-203.

Meeker J D，Stapleton H M. 2010. House dust concentrations of organophosphate flame retardants in relation to hormone levels and semen quality parameters. Environmental Health Perspectives，118（3）：318-323.

Murawski A，Schmied-Tobies M I H，Rucic E，et al. 2021. Metabolites of 4-methylbenzylidene camphor（4-MBC），butylated hydroxytoluene（BHT），and tris（2-ethylhexyl）trimellitate（TOTM）in urine of children and adolescents in Germany - human biomonitoring results of the German Environmental Survey GerES Ⅴ（2014-2017）. Environmental Research，192：110345.

Nagai F，Ushiyama K，Kano I. 1993. DNA cleavage by metabolites of butylated hydroxytoluene. Archives of Toxicology，67（8）：552-557.

Oikawa S，Nishino K，Oikawa S，et al. 1998. Oxidative DNA damage and apoptosis induced by metabolites of butylated hydroxytoluene. Biochemical Pharmacology，56（3）：361-370.

Pastor-Belda M，Campillo N，Arroyo-Manzanares N，et al. 2020. Determination of amphenicol antibiotics and their glucuronide metabolites in urine samples using liquid chromatography with quadrupole time-of-flight mass spectrometry. Journal of Chromatography B，1146：122122.

Rodil R，Quintana J B，Basaglia G，et al. 2010. Determination of synthetic phenolic antioxidants and their metabolites in water samples by downscaled solid-phase extraction，silylation and gas chromatography-mass spectrometry. Journal of Chromatography A，1217（41）：6428-6435.

Schindler B K，Förster K，Angerer J. 2009. Quantification of two urinary metabolites of organophosphorus flame retardants by solid-phase extraction and gas chromatography-tandem mass spectrometry. Analytical and Bioanalytical Chemistry，395（4）：1167-1171.

Takahashi O. 1992. Haemorrhages due to defective blood coagulation do not occur in mice and guinea-pigs fed butylated hydroxytoluene，but nephrotoxicity is found in mice. Pergamon，30（2）：89-97.

Wang H X，Wang B，Zhao Q，et al. 2015. Antibiotic body burden of Chinese school children：a multisite biomonitoring-based study. Environmental Science & Technology，49（8）：5070-5079.

Wang H X，Wang B，Zhou Y，et al. 2014. Rapid and sensitive screening and selective quantification of antibiotics in human urine by two-dimensional ultraperformance liquid chromatography coupled with quadrupole time-of-flight mass spectrometry. Analytical and Bioanalytical Chemistry, 406 (30): 8049-8058.

Wang W, Asimakopoulos A G, Abualnaja K O, et al. 2016a. Synthetic phenolic antioxidants and their metabolites in indoor dust from homes and microenvironments. Environmental Science & Technology, 50 (1): 428-434.

Wang W, Kannan P, Xue J, et al. 2016b. Synthetic phenolic antioxidants, including butylated hydroxytoluene (BHT), in resin-based dental sealants. Environmental Research, 151: 339-343.

Wang X, Hou X, Zhou Q, et al. 2018. Synthetic phenolic antioxidants and their metabolites in sediments from the coastal area of Northern China: Spatial and vertical distributions. Environmental Science & Technology, 52 (23): 13690-13697.

Wei B, O'Connor R, Goniewicz M, et al. 2020. Association between urinary metabolite levels of organophosphorus flame retardants and serum sex hormone levels measured in a reference sample of the US general population. Exposure and Health, 12 (4): 905-916.

World Health Organization. 2000. Evaluation of certain food additives (Fifty-first report). Geneva: World Health Organization.

Ya M, Yu N, Zhang Y, et al. 2019. Biomonitoring of organophosphate triesters and diesters in human blood in Jiangsu Province, eastern China: Occurrences, associations, and suspect screening of novel metabolites. Environment International, 131 (C): 105056.

Yao Y, Shao Y, Zhan M, et al. 2018. Rapid and sensitive determination of nine bisphenol analogues, three amphenicol antibiotics, and six phthalate metabolites in human urine samples using UHPLC-MS/MS. Analytical and Bioanalytical Chemistry, 410 (16): 3871-3883.

Zeng X, Zhang L, Chen Q, et al. 2020. Maternal antibiotic concentrations in pregnant women in Shanghai and their determinants: A biomonitoring-based prospective study. Environment International, 138 (C): 105638.

Zhang Y, Du B, Ge J, et al. 2020. Co-occurrence of and infant exposure to multiple common and unusual phenolic antioxidants in human breast milk. Environmental Science & Technology Letters, 7 (3): 206-212.

Zhao F, Li Y, Zhang S, et al. 2019. Association of aryl organophosphate flame retardants triphenyl phosphate and 2-ethylhexyl diphenyl phosphate with human blood triglyceride and total cholesterol levels. Environmental Science & Technology Letters, 6 (9): 532-537.

Zhao Y Y, Zhou Y H, Zhu Q Y, et al. 2019. Determination of antibiotic concentration in meconium and its association with fetal growth and development. Environment International, 123: 70-78.

Zhu Y, Liu K, Zhang J, et al. 2020. Antibiotic body burden of elderly Chinese population and health risk assessment: A human biomonitoring-based study. Environmental Pollution, 256: 113311.

第十一章 阴 离 子

除了前几章介绍的重金属、类金属及有机污染物，有些无机阴离子也会对人群健康产生特定影响。例如，高氯酸盐和碘化物被公认会影响甲状腺功能，氟化物会对牙齿和骨骼产生影响。其中，高氯酸盐主要作为化工原料使用，少量存在于自然界，通过地表、地面水域污染环境，并在环境中存在很长时间，容易被植物吸收。碘和氟虽然不是典型的环境污染物，但却已明确是能引起碘缺乏病、高碘性甲状腺肿、地方性氟中毒等生物地球化学性疾病的微量元素，而这些疾病的发病原因与环境因素，尤其是这些微量元素在当地环境中的浓度密切相关。与碘缺乏相关的甲状腺肿、克汀病及地方性氟中毒均是我国重点防治的 7 种地方病之一。近年来也有调查发现，电解铝、冶炼、磷肥生产等工业活动由于释放大量氟化物，严重污染当地环境，长此以往极有可能形成次生性氟地球化学区，提示氟化物也应作为环境污染物予以关注。

11.1 高 氯 酸 盐

高氯酸盐是一种无机化学物，其阴离子（ClO_4^-）含有 1 个氯原子和 4 个氧原子，阳离子通常为钠、钾或铵根离子。高氯酸盐在大多数环境和生理条件下是稳定的，但在浓酸、某些催化金属和还原剂的存在下具有很强的氧化性能。高氯酸盐可用于火箭和导弹的固体推进剂、烟花爆竹、火柴、汽车安全气囊充气装置和照明弹，以及制药、实验室分析、皮革鞣制、织物染色和电镀（US CDC，2020）。人类活动和自然过程的结合导致高氯酸盐在环境中广泛存在，并可通过竞争性抑制碘的吸收而破坏甲状腺功能（US EPA，2020）。

11.1.1 暴露来源、途径及健康风险

1. 暴露来源

高氯酸盐极易溶于水，被认为是一种可移动的、持久性的地下水和地表水污染物，很多地区的饮用水中均可检测到高氯酸盐。灌溉水、土壤或某些天然肥料中的高氯酸盐会导致其在粮食和饲料作物中积累。高氯酸盐也可以在老化的漂白

溶液中形成。因此，食物和水中痕量高氯酸盐的普遍存在导致人类广泛接触，饮用水、牛奶和某些水分含量高的植物可能是人类摄入高氯酸盐的主要来源。

2. 暴露途径

高氯酸盐主要通过食物或水经消化道进入人体。饮用水、大米、乳制品、蔬菜、水果等样品中都曾检出高氯酸盐。鉴于高氯酸盐的普遍存在，USEPA 推荐高氯酸盐的参考摄入剂量为 0.0007mg/（kg·d）。欧盟食品科学委员会建议高氯酸盐在食品中的限量为 0.05mg/kg。除膳食途径外，高氯酸盐还可通过母乳暴露于婴儿，通过胎盘和脐带血暴露于胎儿。固体高氯酸盐还可通过粉尘吸入等途径从肺部进入血液。高氯酸盐可能不会直接通过皮肤进入人体，但手口活动会导致口腔接触，从而增加摄入风险。

3. 健康风险

高氯酸盐对人体的健康效应主要是影响甲状腺功能。研究表明，当暴露量超过一定水平时，高氯酸盐会通过与具有相似形状和电荷的碘化物进行化学竞争来抑制（或阻止）碘化物进入甲状腺，导致甲状腺中的碘缺乏，从而干扰其正常功能，并对健康产生不利影响（USEPA，2020）。碘化物从血液转移到甲状腺是合成甲状腺激素的重要步骤。甲状腺激素在调节全身代谢过程中发挥重要作用，对胎儿和婴儿的发育，尤其是大脑的发育至关重要。妊娠早期和中期，发育中的胎儿需要依靠充足的母体甲状腺激素来维持其中枢神经系统的发育，然而母体高氯酸盐的暴露会影响碘化物的吸收，进而抑制甲状腺激素的产生。胎儿神经发育障碍风险增加已被确定与母亲低碘饮食有关。哺乳期妇女接触高氯酸盐可竞争性抑制碘化物分泌到母乳中，减少新生儿的碘摄入量，从而影响新生儿甲状腺激素的合成（Valentín-Blasini et al.，2011）。妊娠女性和哺乳期妇女碘摄入不足及其造成的甲状腺功能受损与婴儿和儿童的发育迟缓及学习能力下降有关。

11.1.2　生物材料选择

高氯酸盐一般在体内不会发生变化，血液可将高氯酸盐输送到身体的各个部位，一些组织器官（如甲状腺、乳腺组织和唾液腺）可以从血液中吸收大量高氯酸盐。高氯酸盐进入人体 10min 内，人体就开始通过肾清除体内的高氯酸盐，并将其释放到尿液中，粪便中也会排出少量的高氯酸盐，消除半衰期为 6～8h。尿液中的高氯酸盐是人体高氯酸盐暴露的有效生物标志物，其在尿液中的浓度较血清高得多，可以反映人体最近的暴露情况，为高氯酸盐接触和健康影响研究提供依据。羊水是胎儿暴露环境。有研究表明，妊娠女性尿液高氯酸盐水平与羊水高氯酸盐水平呈正相关（Blount，2009），提示妊娠女性尿液高氯酸盐是胎儿高氯酸盐暴露的有效生物标志物。美国 NHANES 项目利用尿液中高氯酸盐含量评估普通人群的高氯酸盐暴露量。

11.1.3　前处理方法

1. 稀释法

有文献报道通过含有内标的去离子水稀释尿液或羊水样品进行高氯酸盐测定。对于血液样品，去除蛋白后，再用去离子水稀释测定。Otero-Santos 等（2009）将甲醇加入到干燥的血液样品中以沉淀蛋白质，25℃蒸发浓缩，加入标记的高氯酸根内标水溶液旋涡、离心，测定干血斑中的高氯酸盐，并使用稳定同位素稀释校正样品制备过程中可变的高氯酸盐损失和检测过程中的电离抑制，使相对回收率接近 100%。

2. 固相萃取法

阴离子交换树脂柱对高氯酸根具有高选择性，可消除基质干扰，是生物样本中高氯酸盐检测常用的前处理方式。树脂吸附的高氯酸盐可用碘化物洗脱剂洗脱，洗脱液中的高氯酸根与新铜绿素可以离子对的形式萃取至有机溶剂中。Weiss 等（1972）利用 Amberlite IR-45 树脂吸附尿液或血清中的高氯酸盐，用 NaI 溶液洗脱，与染料络合的高氯酸盐经乙酸乙酯萃取，采用分光光度法测定。实验结果表明，当萃取尿液不超过 2ml，血清不超过 3ml 时，高氯酸盐的回收率接近 100%。Cheng 等（2006）评估了 10 种 SPE 滤芯单独或联合使用的净化效果。结果显示，疏水性的氨丙基柱与中性氧化铝柱联合处理 0.4ml 尿液样品能有效减少背景干扰，获得较好的回收率，高氯酸盐在 2.5μg/L、10μg/L 和 100μg/L 浓度下的加标回收率（±SD）分别为 67%±2.5%、77%±3.6%和 81%±1.7%，应用该前处理方法可检测尿液中低至 12.6μg/L 的高氯酸盐。

3. 液相微萃取法

Audunsson 等（1986）描述了一种基于支撑液膜萃取（supported liquid membrane，SLM）的 LPME 方法，并进一步发展成中空纤维 LPME 和电膜萃取技术。Kubáň 等（2012）提出了一种基于 SLM 的在线样品前处理技术，用于生物样本中高氯酸盐的毛细管电泳测定。该方法利用电动进样方式，高氯酸根选择性地通过用 1-己醇浸渍的聚丙烯膜后进入分离毛细管中，而干扰组分保留在 SLM 上，保证了样品的选择性进样和高效净化。

11.1.4　检 测 方 法

1. 分光光度法

早期，Nabar 等（1959）通过比色法测定尿液中的高氯酸盐。比色法的主要原理是，高氯酸根可与亚甲基蓝反应形成沉淀，过量的亚甲基蓝可用比色法测定，从而间接测定高氯酸盐含量。但是，许多阴离子如重铬酸根、硫酸根、高锰酸根、钼酸根和高碘酸根也会与亚甲基蓝形成沉淀，从而对测定产生干扰，故该方法实际应用受限。

Weissand Stanbury（1972）则利用离子交换的原理，将尿液和血清样品中的高氯酸盐通过 Amberlite IR-45 树脂柱进行净化、富集，与新铜绿素以络合物的形式萃取到乙酸乙酯中，于 456nm 处以分光光度法测定吸光度。该方法定量限为 5μg/ml，回收率为 83%～110%。

2. 毛细管电泳法

Kubáň 等（2012）建立了一种毛细管电泳–电容耦合非接触式电导率法用于测定生物样品中的高氯酸盐。样品通过电动注射穿过用正己醇浸渍的惰性聚丙烯膜，直接进入熔融石英毛细管。样品中高氯酸根和其他阴离子在 pH 为 3.3 的由 15mmol/L 烟酸和 1mmol/L 3-磺丙基十四烷基二甲基铵组成的背景电解质溶液中实现基线分离。高氯酸盐在尿液、母乳、血清中的检出限为 2～5μg/L，测量范围上限可至 1000μg/L，回收率为 97%～106%。

3. 离子选择电极法

离子选择电极法一般基于高氯酸根阴离子与不同有机化合物（长链季铵离子、有机碱、有机染料和金属螯合物）之间形成的离子缔合络合物和聚合物膜电极进行测定。Rezaei 等（2009）开发了一种以双（二苯甲酰甲基）钴（Ⅱ）络合物为离子载体的高氯酸根选择性聚合物膜电极，将适量的粉状聚氯乙烯、离子载体双（二苯甲酰甲基）钴（Ⅱ）、增塑剂邻苯二甲酸二丁酯和具有亲脂性阳离子的甲基三辛基氯化铵溶解在少量四氢呋喃中，制备成聚氯乙烯膜。大多数阴离子（硫氰酸根、高碘酸根、碘离子和硝酸根的阴离子除外）在高氯酸盐的测定中不会产生明显干扰，不需要预先分离，可简化检测过程。该电极在 pH 为 2.0～9.0 时可稳定 2 个月，检出限为 77.6μg/L，但不适合普通人群体内痕量高氯酸盐的测定。

4. 离子色谱及其联用技术

离子色谱（IC）配合电导检测器是阴离子测量常用的方法。常用的分析柱 IonPac

AS16/AS20，可在不使用有机溶剂的情况下，使用亲水性洗脱液（KOH 或 NaOH）对高氯酸根进行等度洗脱（Slingsby et al.，2006）。由于电导检测器缺乏定量复杂基质中痕量目标物所需的选择性和灵敏度，易受其他共存离子的干扰，检测易出现假阳性。

IC-MS/MS 适合从复杂生物样品中定量测定痕量高氯酸盐。在 AS16/AS20 色谱柱上通过 50mmol/L 氢氧化钠或氢氧化钾等度洗脱，可实现高氯酸盐与潜在干扰物（如硫酸盐）的色谱分离。在 MRM 模式下采集高氯酸根（99/83、101/85）和 $Cl^{18}O_4^-$ 内标（107/89、109/91）信号，以保留时间、质谱特征离子碎片峰和相对丰度作为定性判断依据，内标法定量，检出限为 0.020μg/L，测量范围上限可达 100μg/L。

5. 液相色谱–质谱法

Song 等（2019）利用 LC-MS/MS 测定尿液、全血和母乳中的高氯酸盐，实验发现 Athena C_{18}-WP（4.6mm×150mm，3μm）色谱柱具有保留时间短、分离效果好、灵敏度高的优点。样品在离心过滤装置中与内标溶液充分混合，取上清液进样，流动相为 0.1%甲酸水溶液+甲醇（90+10），在 ESI 源、MRM 模式下采集高氯酸根（99/83、101/85）和 $Cl^{18}O_4^-$ 内标（107/89、109/91）信号。不同基质中高氯酸盐的检出限为 0.06～0.3μg/L，定量限为 0.2～1μg/L，回收率为 81%～117%，精密度为 5%～18%。该方法对尿液、全血和母乳中高氯酸盐的检测具有较高的可靠性、灵敏性和选择性，也适用于唾液、血清、血浆、奶粉、乳制品等其他基质样品的检测。

11.1.5 应用实例

本应用实例来自美国 CDC，介绍了尿液中高氯酸盐的 IC-MS/MS 测定方法（US CDC，2020a）。

1. 样品前处理

将尿液样品解冻至室温，振荡混匀。取 250μl 尿液转移到自动进样器样品瓶中，加入 250μl 去离子水，500μl 同位素标记内标（$Cl^{18}O_4^-$），混匀，上机测定。

2. 分析条件

（1）IC 参考条件如下。分离柱：Ion Pac AS16 柱（2mm×250mm）；柱温：30℃；淋洗液：50mmol/L 氢氧化钾溶液；流速：0.5ml/min；进样量：25μl。

（2）MS 参考条件如下。离子源：ESI 源；监测模式：负离子 MRM 模式；离子源温度：600℃；喷雾电压：–4000V；碰撞气：12；气帘气：10；雾化气（GS1）：45psi；辅助气（GS2）：45psi。其他质谱参数见表11-1。

表 11-1　其他质谱参数

目标物		去簇电压（V）	射入电压（V）	碰撞能量（CE）	碰撞室射出电压（V）
高氯酸根	定量离子（98.9/83.1）	–55	–10	–45	–1
	定性离子（100.6/85.2）	–60	–10	–38	–3

3. 方法特性

校准曲线用浓度的倒数进行加权，相关系数＞0.99。高氯酸盐的线性范围为 $0.05 \sim 100 \mu g/L$，检出限为 $0.004 \mu g/L$，最低报告水平为 $0.05 \mu g/L$，精密度＜3.4%。

4. 质量控制措施

尿液样品的采集使用无菌聚苯乙烯低温瓶或聚丙烯离心管，所涉及的试剂、耗材应确保没有任何目标物污染。尿液样品在（4±3）℃下运输和储存，在（–20±5）℃下冷冻至测定；在–20℃下，尿液样品中高氯酸盐可稳定保存 9 个月以上；样品不会因重复的冻融循环而受损。

测定所需最小样品量为 0.50ml，最佳样品量为 2ml。进行批量样品测定时，每批不少于 6 个标准浓度点，同时测定空白样品和质控样品，质控样品优先选择有证标准物质，也可通过内部质控品或测定加标回收率等方式控制准确度。样品中目标离子浓度超过线性范围时，需将样品适当稀释后进行复测，不可简单稀释已处理过的样品。采用此方法时，在不到 1%的尿液样品中会有未知化合物干扰高氯酸盐的色谱峰，可通过将样品稀释 5 倍重新测定来解决此干扰问题。

5. 方法应用

美国 NHANES 项目应用该方法检测普通人群尿液中高氯酸盐浓度水平，2011～2012 年监测样本量为 2467 个，几何均值为 2.96μg/L；2013～2014 年监测样本量为 2644 个，几何均值为 2.63μg/L；2015～2016 年监测样本量为 3014 个，几何均值为 2.57μg/L（US CDC，2022）。

11.2　碘及其化合物

碘是一种具有多种形态的非金属元素，可分为无机碘和有机碘，常见的有游离的单质碘、碘化物、碘酸盐等多种形式，其中碘酸盐和碘化物在自然界广泛存在。岩石、土壤、水、动植物和空气中都含有微量碘。海水含碘量最为丰富和稳定，有"碘库"之称。碘化物大多溶于水，随水的流动而转移。海水中的碘通过海水蒸发进入大气，然后以雨、雪的形式降至陆地，降水再将土壤和岩石中的碘带入江、河、湖，最终汇入大海，从而形成碘在自然界的循环。

11.2.1　暴露来源、途径及健康风险

1. 暴露来源

人体内的碘有 80%～90% 来自食物，10%～20% 来自饮水（高水碘地区除外），不足 5% 来自空气。碘是某些食物中天然存在的微量元素，也作为膳食补充剂被添加到某些类型的盐中。海藻（如海带、海苔、紫菜和裙带菜）、鱼和其他海产品，以及鸡蛋、牛奶和乳制品都是碘的最佳食物来源，人类母乳和婴儿配方奶粉中也含有碘。植物饮料，如大豆和杏仁饮料，含有相对少量的碘。根据美国农业部品牌食品数据库 2019 年的数据，白面包、全麦面包、汉堡面包和热狗面包约 20%的成分标签上列出了碘盐。许多复合维生素、矿物质补充剂都含有碘。土壤中的碘浓度对农作物中碘含量有一定影响，缺碘土壤会增加该地区人群从膳食中碘摄入不足的风险。胎儿在妊娠早期的碘摄入完全依赖于母体。

2. 暴露途径

人们从消化道、皮肤、呼吸道和黏膜均可吸收碘。食物中的碘可分为无机碘和有机碘，无机碘（碘化物）在胃和小肠几乎 100% 被吸收。有机碘在消化道被消化、脱碘后，以无机碘形式被吸收。其中，与氨基酸结合的碘可直接被吸收，很少量的小分子有机碘可以被直接吸收入血，但绝大多数有机碘在肝脱碘后以无机碘的形式被吸收，只有与脂肪酸结合的有机碘可不经肝，而是由乳糜管吸收进入体液。进入胃肠道的碘一般在 3h 内可被完全吸收。胃肠道内过多的钙、氟、镁等元素会阻碍碘的吸收，在碘缺乏的条件下尤为明显。此外，人体蛋白质与能量不足时，也会妨碍胃肠对碘的吸收。

3. 健康风险

碘是合成甲状腺激素必不可少的基本成分，是大脑和身体正常生长、发育所必需的微量元素，还能增强人体的免疫功能，改善乳腺发育不良和乳腺纤维囊性疾病（US CDC，2020b）。碘缺乏病（iodine deficient disorder，IDD）曾是严重危害人体健康的世界性公共卫生疾病，可引起甲状腺肿、克汀病、智力障碍、脑损伤、智力迟钝、死产、自然流产、先天性畸形和围产儿死亡率增加（Becker et al.，2006）。不使用碘盐者、妊娠女性、素食主义者，以及很少或不食用乳制品、海

鲜和鸡蛋及生活在缺碘地区者等是最可能缺碘的人群（US NIH，2021）。研究表明，婴儿对碘缺乏的影响比其他年龄组更敏感。母乳含有碘，其浓度因母体碘水平而异。纯母乳喂养的婴儿主要依赖母亲体内充足的碘获得最佳发育。女性在妊娠期间摄入碘不足将导致妊娠期间甲状腺激素分泌不足和甲状腺功能减退，并造成不可逆的胎儿脑损伤。WHO 建议所有育龄妇女每日从饮食或维生素补充剂中摄入 150μg 碘，妊娠女性和哺乳期妇女每日应摄入 250μg 碘。

11.2.2　生物材料选择

碘在成年人体内的含量为 15～20mg，其中 70%～80% 存在于甲状腺。过量的无机碘很容易通过尿液排出，少量则通过粪便和汗液排出。血清和尿液样品中的碘浓度常被作为碘摄入量的评估指标。血液中的碘多以蛋白结合的形式及无机碘的形式存在，血清中的总碘不会随饮食中碘摄入量的变化而立即发生改变，能够较准确地反映近期机体碘的营养状况和甲状腺功能。在碘供应稳定且充足的条件下，人体排出的碘量几乎等于摄入的碘量。肾是碘排出的主要途径，尿碘占碘总排出量的 80% 以上（其中 90% 以上为无机碘，其余不到 10% 为有机碘）。粪便中的碘主要是未被吸收的有机碘，占总排出量的 10% 左右。肺及皮肤排出的碘较少，但大量出汗时可达到总排出量的 30%。哺乳期妇女每日可因哺乳消耗至少 30μg 的碘，随着婴儿的生长和泌乳量的增加，通过哺乳消耗的碘量也会随之增多，这可能是哺乳期妇女易发生甲状腺肿的原因之一。尿碘含量可大致反映碘摄入量和血液中的碘含量，尿碘分析是评估人群碘状况最常用的方法。儿童和成年人尿碘水平为 100～199μg/L，妊娠女性为 150～249μg/L；哺乳期妇女尿碘水平＞100μg/L时，表明碘的摄入量是足够的；儿童和非妊娠成年人尿碘水平＜100μg/L 时，表明碘摄入不足，尿碘水平＜20μg/L 时为严重碘缺乏（USNIH，2021）。自 1971 年以来，尿碘含量就被用于美国 NHANES 项目中普通人群的碘状况监测。

11.2.3　前处理方法

1. 酸消化法

通常以氯酸、过硫酸铵、高氯酸-氯酸钠溶液为消化剂，在控制温度的条件下对血液、尿液等生物样品进行消化，然后通过砷铈催化反应测定样品中的碘含量。王雪红等（2007）比较了氯酸法和过硫酸铵法 2 种消化方式对尿碘含量测定的影响，结果显示两者在标准曲线、检出限、精密度、准确度等方面无显著性差异，但过硫酸铵法相较于氯酸法更易于操作和普及。张亚平等（2017）发现过硫酸铵不宜作为血清碘消化剂；氯酸和高氯酸-氯酸钠溶液均对血清样品有较好的消解效果,但氯酸溶液制备质量对碘的检测有较大影响,且氯酸溶液不稳定,不便储存;高氯酸-氯酸钠溶液性质稳定,易于储存和使用。《尿中碘的测定 第 1 部分:砷铈催化分光光度法》(WS/T 107.1—2016)以过硫酸铵作为砷铈催化分光光度法测定尿液中碘的消化剂,《血清中碘的测定 砷铈催化分光光度法》(WS/T 572—2017)以高氯酸-氯酸钠溶液作为砷铈催化分光光度法测定血清中碘的消化剂。

2. 碱消化法

四甲基氢氧化铵(tetramethylammonium hydroxide,TMAH)消化是生物样品中碘化物测定的前处理方法之一,可将生物样品中有机和无机形式的碘转化为碘化物。Błażewicz 等(2014)在 90℃条件下使用 TMAH 对血清样品进行微波消解,碱性消化样品的回收率高于氨化后的酸性消化样品。

3. 碱灰化法

碱灰化法一般选择碳酸钾或碳酸钠等碱性物质固定碘,以硫酸锌等作为助灰化剂。在马弗炉中高温灼烧,使样品中的有机物灰化,碘全部转化为碘化物,经水提取,试样中的碘可转入溶液中。灰化温度通常控制在 450~650℃,温度过低,有机物破坏不完全;温度过高,会造成碘的损失。刘卫超等(2007)以无水碳酸钠、氨基乙酸、氯酸钾混合碱性消化液及硫酸锌等作为助灰化剂,在(600±10)℃下灰化尿液样品,用亚砷酸溶液溶解后取上清液,加入 26%氯化钠溶液和去离子水混匀,用砷铈催化分光光度法测定尿碘含量。通过对碱灰化、氯酸消化和过硫酸铵消化进行比较,发现 3 种消化方法的精密度、准确度均无显著性差异。

4. 直接稀释法

尿液用去离子水稀释后,可直接通过 IC 法测定尿碘含量(赵丹莹等,2013;宋子峰,2012);也有文献采用四甲基氢氧化铵和曲拉通 X-100 混合溶液稀释后通过 ICP-MS 测定。四甲基氢氧化铵和曲拉通 X-100 混合溶液可溶解样品中的有机组分,减少生物基质的电离抑制,防止高溶解固体堵塞系统通路。曲拉通 X-100 还有助于防止仪器进样系统内表面的生物沉积,并减少样品输送管中的气泡。美国 CDC(2018)还在样品稀释液中加入吡咯烷二硫代氨基甲酸铵(APDC)和乙醇,APDC 有助于溶解从生物基质中释放的金属;乙醇有助于有机组分的溶解,并可通过降低溶液的表面张力来促进气溶胶的产生。

5. 衍生化

通常在酸性条件下,使用过氧化氢或重铬酸钾将样品中的碘离子氧化为碘单质(杨月乔,2019;代澎等,2019),然后使用丁酮将碘单质衍生成易挥发的 3-

碘-2-丁酮。叶海明等（2016）以 3-戊酮代替丁酮作为衍生化试剂，并以甲醇增溶使其与反应体系互溶，得到单一衍生化产物 2-碘-3-戊酮。此方法适用于测定碘化物中的碘。张念华等（2009）在丁酮、过氧化氢反应体系中加入亚硫酸钠，实现了血清中总碘（包括碘酸根和碘化物中碘）的衍生测定。

11.2.4 检测方法

1. 砷铈催化分光光度法

该方法属于动力学光度分析法，砷铈反应的条件控制是准确测定样品中碘的重要环节。此法抗组分干扰特异度好，灵敏度和准确度高，是尿碘测定的传统方法。《尿中碘的测定 第 1 部分：砷铈催化分光光度法》（WS/T 107.1—2016）和《血清中碘的测定 砷铈催化分光光度法》（WS/T 572—2017）分别将砷铈催化分光光度法作为尿液和血清中碘检测的标准方法，但因反应条件难控制、操作复杂、稳定性差、比色时易受色度和浊度的干扰，且需要使用剧毒化学品三氧化二砷等问题，该方法的应用受到限制。

2. 电感耦合等离子体质谱法

ICP-MS 具有检出限低、线性范围广、干扰少、精密度高、分析速度快等优点。通过去溶技术、冷等离子体及屏蔽炬技术、动态反应池或碰撞池技术、多种进样方式、HRMS 等技术，联合标准加入法、内标法、基质匹配法、同位素稀释法等分析方式，消除或减小基质效应，实现样品中碘含量的定量分析（张亚平等，2008）。《尿中碘的测定 第 2 部分：电感耦合等离子体质谱法》（WS/T 107.2—2016）将 ICP-MS 作为尿碘检测的标准方法。美国 CDC 使用动态反应池-ICP-MS 测定人群尿碘含量。

3. 离子色谱法

离子色谱法（IC）具有选择性好、灵敏、快速、简便、可同时测定多组分等特点，广泛应用于碘的分析中。常以 IonPac AS7、IonPac AS19 或 DX-AS4A-SC 阴离子交换柱作为分离柱，50mmol/L 硝酸或 65mmol/L NaOH 水溶液或 8mol/L Na$_2$CO$_3$ 作为淋洗液。Błażewicz 等（2014）使用 IC-脉冲安培检测法，以 IonPac AS11 作为分析柱，IonPac AG11 作为保护柱，硝酸溶液作为淋洗液，测定血清和尿液样品中总碘含量，定量限为 0.5μg/L，平均回收率为 96.8%～98.8%。

4. 高效液相色谱法

样品中碘含量的测定可采用反相离子对色谱法，即将离子对试剂加入到含水流动相中，使碘离子形成离子对，增加其在非极性柱上的保留，改善分离效果。

Nguyen 等（2012）以含 2.5mmol/L Na$_2$HPO$_4$·12H$_2$O、0.5mmol/L EDTA 二钠溶液、2.5mmol/L TBAP 和 3mmol/L 二正丁胺离子对试剂的水+甲醇（95+5）为流动相（pH=6.8），将经过 SPE 和二氯甲烷 LLE 两步提取净化的尿液样品，通过 C$_{18}$ 反相色谱柱进行分离，该方法比较了恒直流安培检测器和脉冲安培检测器，结果发现使用银工作电极的脉冲安培检测器能有效改善色谱峰形、电极稳定性，以及线性和重现性。方法定量限为 6μg/L，测量最大浓度为 500μg/L，加标回收率为 94%～104%，精密度＜6%。

5. 气相色谱法

杨月乔（2019）在硫酸环境下，采用过氧化氢将尿液中的碘离子氧化成单质碘，通过丁酮衍生成易挥发的碘丁酮，用环己烷萃取，经毛细管气相色谱柱 CP-Sil19 CB 分离，ECD 检测尿碘含量。方法检出限为 0.637μg/L，测量范围上限可达 300μg/L，回收率为 87.51%～95.93%，精密度＜5%，与《尿中碘的测定 第 1 部分：砷铈催化分光光度法》（WS/T 107.1—2016）的砷铈分光光度法比较，结果无显著性差异（$P>0.05$），尿液中氟化物、氯化物、溴化物均不干扰碘化物的测定。张念华等（2009）采用 GC 测定血清中的总碘（包括碘酸根和碘离子）含量。在酸性环境、亚硫酸钠及 3.5%过氧化氢衍生条件下，血清中的碘离子和 97% 碘酸盐中的碘转化为单质碘，与丁酮衍生成碘丁酮，经 HP-5 毛细管色谱柱分离，ECD 检测血清碘含量。方法检出限为 4μg/L，测量范围上限可达 100μg/L，加标回收率为 83.0%～95.0%，精密度为 3.8%。

6. 色谱–质谱联用法

陆秋艳等（2016）采用 IC 与 ICP-MS 联用技术对尿液样品中的碘酸根和碘离子进行测定，以 Agilent G3154-65001（4.6mm×150mm，10μm）为分析柱，Agilent G3154-65002（4.6mm×10mm，10μm）为保护柱，硝酸铵溶液为淋洗液。IO$_3^-$与 I$^-$的检出限分别为 0.10μg/L 和 0.93μg/L，测量范围上限可达 50μg/L，加标回收率为 93.0%～120.0%，精密度＜5.0%。代澎等（2019）建立了尿液样品中碘化物的 GC-MS/MS 测定方法。乙酸锌和亚铁氰化钾沉淀尿液样品蛋白及杂质，在酸性条件下，使用重铬酸钾将碘离子氧化为碘单质，丁酮衍生成易挥发的碘丁酮，环己烷萃取后经 DB-5MS 毛细管色谱柱分离，采用 EI 离子源，在 MRM 模式下监测离子对（m/z）198.0/43.0/71.0，外标法定量。方法检出限为 1.0μg/L，定量限为 5.0μg/L，测量范围上限可达 500μg/L，加标回收率为 95.3%～98.0%，精密度＜4.1%。与《尿中碘的测定 第 1 部分：砷铈催化分光光度法》（WS/T 107.1—2016）比较，结果无显著性差异（$P>0.05$）。

11.2.5 应 用 实 例

本应用实例来自美国CDC，介绍了尿碘的ICP-MS测定方法（US CDC，2018）。

1. 样品前处理

将冷冻尿液样品平衡至室温，涡流混匀。取 250μl 尿液样品，加入 250μl 去离子水和 2000μl 样品稀释液（5μg/L ^{185}Re，0.4%四甲基氢氧化铵，1%乙醇，0.01%吡咯烷二硫代甲酸铵和 0.05%聚乙二醇辛基苯基醚），混匀，48h 内上机测定。对浓度大于校准工作曲线最高浓度的尿液样品需进一步稀释。

2. 分析条件

射频功率：1450W；等离子体气体流速（Ar）：15L/min；辅助气流速（Ar）：1.2L/min；雾化器气体流速（Ar）：0.90～1.0L/min；检测模式：STD 模式和 DRC 模式。

3. 方法特性及应用

方法检出限定义为零目标物浓度下标准偏差的估计值的 3 倍；定量限为该估计值的 10 倍。通过不同浓度质控品多次测量结果计算相对标准偏差，方法精密度 ＜4.7%。

本方法以 ^{185}Re 为内标，内标法定量。^{185}Re 的同位素 ^{186}Re 常作为放射性药物用于治疗癌症。如果一个人正在接受这种放射性治疗，^{186}Re 中残留的 ^{185}Re 可能会干扰该方法的准确性，导致结果偏低。

美国 NHANES 2003—2006 项目应用该方法监测 6 岁以上普通人群尿碘浓度，监测样本量为 5175 个，尿中碘化物的几何均值为 156μg/L。

11.3 氟 化 物

氟化物是元素氟的离子形式，在自然界普遍存在，广泛参与机体内许多化学反应及代谢过程。氟作为与人体健康密切相关的微量元素之一，适量摄入有益于机体的生长发育及维持骨骼、牙齿的正常结构和生理功能，但过量的氟摄入可引起机体急性或慢性氟中毒。同时，氟中毒作为特定地理环境中的一种地方性疾病，严重危害了人类健康。

11.3.1 暴露来源、途径及健康风险

1. 暴露来源

火山喷发产生的气体和颗粒，以及从基岩中浸出的矿物将氟化物释放到环境中，由于土壤和基岩的地质组成，氟化物可存在于饮用水中。除了这些自然来源，无机氟化物还可通过磷肥生产、化工生产和铝冶炼等人类活动释放出来（Health Canda，2017）。氟化氢是最常用的氟化物，是制冷剂、除草剂、药品、铝、塑料、高辛烷值汽油、电子元件和荧光灯泡生产的重要原料。在水中，氟化氢转化为氢氟酸，可用于金属和玻璃制造业。氟化钙可用于钢铁、铝、玻璃和搪瓷的生产，并作为生产氢氟酸和氟化氢的原材料。含氟化合物经常被添加到饮用水和牙科产品中以防止蛀牙。牙膏是最常用的含氟化物的牙科产品，其他含氟牙科产品还包括氟补充剂、含氟漱口水和牙线等。氟也被专业人士用于一些牙科填充物，如密封剂和氟清漆。氟化钠还被用作木材和胶水的防腐剂，用于玻璃、搪瓷、钢和铝的生产。六氟化硫广泛用于电力开关设备，如电力断路器、压缩气体传输线路和变电站的各种部件。

2. 暴露途径

一般人群主要通过含氟化物的饮用水、食品、饮料和牙科产品摄入氟化物。气态氟化物和含氟的气体及飘尘，可通过呼吸道进入人体，这是职业性或燃煤污染型氟中毒的主要原因。在摄入可溶性氟化物盐和吸入气态氟化氢后，氟化物被迅速而有效地吸收。一旦被吸收，氟化物通过血流迅速分布到全身各处。婴儿吸收的总氟化物中80%～90%、成年人约60%保留在骨骼和牙齿中，其余的氟化物通过尿液排出。

3. 健康风险

作为人体必需的微量元素，氟存在于人体各组织，但主要积聚在牙齿和骨骼。低剂量的氟化物可以增加骨骼硬度，预防牙釉质腐蚀（严重氟斑牙症），但剂量过量或不足都会影响人体健康。长期过量摄入氟化物，会导致氟中毒，主要临床表现为氟斑牙和氟骨症。氟斑牙既不美观，又影响咀嚼及消化功能，并可导致牙齿过早脱落。氟骨症对骨骼及其他软组织的损害，可表现为腰、腿及全身关节麻木、疼痛、关节变形，导致弯腰驼背、肌肉萎缩乃至瘫痪、丧失劳动能力、生活不能自理等。儿童最可能因过度接触氟化物而受到影响，因为它会在牙齿形成阶段影响牙齿。现有科学数据并不支持氟化物与癌症风险增加之间的关联，IARC将氟化物（饮用水中的无机氟化物）归为3类致癌物。

11.3.2　生物材料选择

血浆中的氟化物可作为一个人过去和当前氟化物暴露的生物标志物,美国CDC通过测定血浆中氟化物的浓度水平,监测普通人群的健康和营养状况(US CDC,2017)。目前尚未发现与血浆氟化物水平低(通常为 0.5～4.0μmol/L)有关的不利健康影响,若持续升高(≥10μmol/L)10 年或 10 年以上可能导致一定程度的氟骨症。

血清氟化物水平亦与氟摄入量直接相关,其水平增加表明体内氟负荷量增加。测定血清氟含量可了解氟在人体内的负荷状况,为研究因氟的含量增减而引起的疾病的发生、发展过程及氟中毒的防治提供了重要依据。研究发现,骨肉瘤患者血清中氟化物水平较正常人群明显升高(Sandhu et al.,2011),急性诱导的骨代谢变化会影响血清氟化物的浓度(Waterhouse et al.,1980)。

人体摄入的大部分氟化物固定在钙化组织上,主要是骨组织,然后在骨骼重塑过程中逐渐但缓慢地被循环利用。因此,测定骨氟化物含量,可以确定骨骼中氟化物的保留程度,可用于诊断氟骨症,也可用于监测骨质疏松症的治疗效果(Boivin et al.,1988)。

氟在体内的代谢时间较短,进入机体内的氟 50%通过不同途径以不同方式排出体外,其中75%由肾排出(王晓玲等,2002),因此人体尿液中氟化物的含量水平可用于近期氟化物的暴露评估,并在地方性氟中毒的防治研究及防龋研究中得以应用。《人群尿氟正常值》(WS/T 256—2005)推荐了非地方性氟中毒地区儿童和成年人群体尿氟含量正常值上限,分别为 1.4mg/L 和 1.6mg/L。

此外,也有少量研究测定了牙釉质、唾液和毛发中的氟化物。

11.3.3　前处理方法

液体样品,如血液、尿液样品中氟化物测定的前处理方法有直接测定法、超滤净化法、稀释法和 SPE。对于固体样品,如头发、骨骼,为避免氟的损失,一般在碱性环境中采用干法灰化,常以钙盐或镁盐作为固定剂(李富等,1996)。

骨骼和尿液样品一般只含有无机氟化物,而血清中含有无机氟化物和有机氟化物。直接测定法不需要进行样品前处理,多用于离子选择电极法测定尿液、血清中无机氟化物。但是要准确测定低浓度氟化物,还要对样品进行必要的前处理,去除可能的干扰成分。Rigalli 等(1999)为避免未知的血清成分对离子选择电极的干扰,将血清样品用生理盐水充分溶解后,离心,超滤净化再进行测定。美国CDC采用六甲基二硅氧烷促进扩散法,将血浆样品中的氟化物定量转移至较小体积的碱性捕获溶液中，实现目标物的富集。使用去离子水或 0.3mmol/L 的硼酸溶液（屈晶等，2010）对样品进行稀释，可降低基质效应。通过 C_{18} 柱对样品进行萃取，可实现目标物的净化、富集。三甲基氯硅烷或四氯高铁酸三乙酯（Ⅲ）对样品进行衍生化，可使样品中的氟离子衍生成挥发性的三甲基氟硅烷或氟乙烷，实现 GC 或 GC-MS 测定。

11.3.4 检测方法

1. 离子选择电极法

采用该法测定样品时，只需加入一定的缓冲剂和络合剂，以控制溶液的总离子强度和 pH，对参比电极产生的电极电位可以通过标准氟化物溶液进行校准，采用标准曲线定量。离子选择电极法因其结构简单、灵敏度高、易于测定、方法简便等优点被广泛使用，是我国血清和尿液中氟化物测定的标准方法。离子选择电极法是唯一无须事先分离，可以直接测量血清中无机氟化物的方法（Waterhouse et al.，1980）。蒙仕江等（2006）采用该方法对 224 例健康儿童少年、农民和工人血清氟含量进行测定，结果表明氟含量在不同人群之间无显著性差异。离子选择电极法测定的是溶液中氟离子的活度，测定结果容易受 pH、离子强度、温度和一些外来离子等因素的影响。因此，必须严格控制这些因素以获得有意义的结果。

2. 离子色谱法

离子色谱法（IC）具有灵敏、准确、样品用量少、自动化程度高等特点。样品分析前，需经预处理净化样品。IC 柱的性质、淋洗液浓度和淋洗液的流速对离子的分离效果具有重要影响。血液或尿液中氟化物的测定可选用 Metrosep A Supp5-250、DX-AS4A-SC、IonPac AS15 或 Metrosep A Supp4-250 分离柱；3.2mmol/L 碳酸钠–1.0mmol/L 碳酸氢钠–5%丙酮或 8mol/L 碳酸钠溶液或 4～60mmol/L 氢氧化钾溶液或 15mmol/L 四硼酸钠溶液–2mmol/L 碳酸氢钠溶液作为淋洗液，50mmol/L 或 0.1mol/L 硫酸溶液作为抑制器再生液（张福钢等，2017；戴猛，2014；宋子峰，2012；屈晶等，2010）。

3. 气相色谱–质谱法

一般采用 EI 源，样品经 DB-PLOT-Q 毛细色谱柱（30m×0.32mm，0.25μm）、DB-624 柱（6%氰丙基苯，94%二甲基聚硅氧烷）或聚苯乙烯-二乙烯基苯等其他等效柱分离，采用全扫描或 SIM 模式（中华人民共和国公安部，2016；Pagliano et al.，2013），以保留时间、质谱特征离子碎片峰和相对丰度作为定性判断依据，外标法定量，对于复杂样品的测定有一定优势。

11.3.5 应用实例

本应用实例来自笔者所在课题组，介绍了尿液中氟离子的 IC 测定方法。

1. 样品前处理

从 -70℃冰箱取出尿液样品，放置于 4℃冰箱中至少 8h，使其充分解冻。再从 4℃冰箱取出，放置于室温混匀，取 0.5ml 置于 15ml 离心管中，以 3500r/min 离心 10min，取 0.3ml 上清液，用去离子水稀释 30 倍，得到 9ml 稀释液。取 6ml 稀释液加入经过活化（2ml 甲醇，2ml 水）处理后的 C_{18} 萃取小柱，弃去滤液；再取 3ml 稀释后的样品加入上述固相萃取小柱，收集滤液，滤液经 0.22μm 尼龙滤头过滤，待测。

2. 分析条件

色谱柱：IonPac AS15（4.0mm×250mm）分离柱，IonPac AG15（4.0mm×50mm）保护柱。检测器：电导检测器。进样量：100μl。淋洗液：KOH 溶液（由在线发生器生成）。流速：1ml/min。梯度淋洗程序：0～16min，KOH 浓度为 4mmol/L，抑制器电流为 10mA；16.1～16.2min，KOH 浓度为 50mmol/L，抑制器电流增加到 124mA，保持至 36min；36～36.1min，KOH 浓度降至 4mmol/L，抑制器电流降低至 10mA，保持至 40min。

3. 方法特性

该方法检出限为 0.02mg/L，定量限为 0.08mg/L，测量范围为 0.08～1.5mg/L，日内精密度为 6.9%，日间精密度为 7.5%，加标回收率为 85.5%～93.2%。尿液样品中含有 ≤4mg/L 的 SO_4^{2-}、NO_2^-、Br^-、$H_2PO_4^-$、Cl^-、NO_3^-、二氯乙酸和三氯乙酸时，不干扰氟离子的测定。

4. 质量控制措施

实验开始之前，应对所有涉及的试剂、耗材进行筛查，避免本底氟化物污染。进行批量样品测定时，每批不少于 6 个标准浓度点，优先选择有证标准物质对每批试验进行准确度评估，也可通过内部质控样或测定加标回收率等方式控制准确度。样品测定过程中，通过固定间隔（24h 为宜）测定某一固定浓度标准溶液监控仪器稳定性，当响应信号低于正常值 50% 时，表明仪器需要维护、清洗或校准。通过比较保留时间，确保检出物质为目标离子。样品中目标离子浓度超过线性范围时，需将样品适当稀释后进行复测，不可简单稀释已处理的样品。

5. 方法应用

分别采用该方法和离子选择电极法测定 8 份实际尿液样品和 1 份质控样品，t 检验结果显示，两种方法无显著性差异。采用该方法测定我国 4 个省 7000 余人的尿液样品，结果显示，几何均值为 0.46mg/L，P_5 为 0.12mg/L（95% CI：0.11～0.12mg/L），中位值为 0.42mg/L（95% CI：0.41～0.43mg/L），P_{95} 为 0.94mg/L（95% CI：0.92～0.96mg/L）。

（付　慧　杨艳伟）

参 考 文 献

代澎，张欣，王璟，等. 2019. 气相色谱–三重四极杆质谱联用法测定尿样中的碘化物. 中国卫生检验杂志，29（2）：163-165.

戴猛. 2014. 离子色谱法检测尿液中的氟离子含量. 海峡预防医学杂志，20（4）：47-48.

李富，冯杰. 1996. 氟离子选择性电极法测定血尿发骨生物样品中的氟化物. 微量元素与健康研究，13（4）：49-50.

刘卫超，彭党舵. 2007. 尿碘含量测定中不同消化方法的比较. 河南预防医学杂志，18（4）：281-283.

陆秋艳，张文婷，张致远. 2016. 离子色谱–电感耦合等离子体质谱联用法测定碘酸根和碘离子. 海峡药学，28（9）：64-67.

蒙仕江，梁峰. 2000. 224 例健康人血清氟含量测定分析. 中国公共卫生，16（8）：728.

屈晶，周光明. 2010. 茶氟和尿氟含量的离子色谱测定法. 环境与健康杂志，27（6）：520-521.

宋子峰. 2012. 离子色谱法同时测定尿碘和尿氟的探讨. 中国卫生工程学，11（2）：148-151.

王晓玲，邵金凤. 2002. 氟化物的自然分布和在人体代谢及其生理作用. 中国地方病防治杂志，17（5）：314-316.

王雪红，招莉，卢经凤. 2007. 尿碘测定的氯酸消化法和过硫酸铵消化法比较. 预防医学情报杂志，23（4）：507-509.

杨月乔. 2019. 衍生萃取气相色谱法测定尿中碘化物. 微量元素与健康研究，36（4）：65-66.

叶海明，江阳，周凯. 2016. 3-戊酮衍生化–气相色谱法快速检测尿碘含量. 中国卫生检验杂志，26（10）：1393-1395.

张福钢，闫慧芳，潘亚娟，等. 2017. 人尿中氟测定的离子色谱法. 中华劳动卫生职业病杂志，35（8）：622-624.

张念华，应英，汤鋆，等. 2009. 气相色谱法测定血清中碘的方法. 中国卫生检验杂志，19（12）：2805-2806.

张亚平，黄淑英，李呐，等. 2017. 砷铈催化光度法测定血清碘的样品消化方法. 中华检验医学杂志，40（2）：119-125.

张亚平，张淑琼，黄三发. 2008. ICP-MS 分析技术及其在微量元素碘测定中的应用. 海峡预防医学杂志，14（2）：17-20.

赵丹莹，温雅，郭蒙京. 2013. 离子色谱法快速测定尿碘. 中国卫生检验杂志，23（7）：1725-1728.

中华人民共和国公安部. 2016. GA/T 1320—2016 法庭科学血液、尿液中氟离子气相色谱–质谱检验方法.

Audunsson G. 1986. Aqueous/aqueous extraction by means of a liquid membrane for sample cleanup and preconcentration of amines in a flow system. Analytical Chemistry，58（13）：2714-2723.

Becker D V，Braverman L E，Delange F，et al. 2006. Iodine supplementation for pregnancy and lactation-United States and Canada：recommendations of the American thyroid association. Thyroid，16（10）：949-951.

Błażewicz A，Klatka M，Dolliver W，et al. 2014. Determination of total iodine in serum and urine samples by ion chromatography with pulsed amperometric detection-Studies on analyte loss, optimization of sample preparation procedures，and validation of analytical method. Journal of Chromatography B，962（13）：141-146.

Blount B C，Rich D Q，Valentin-Blasini L，et al. 2009. Perinatal exposure to perchlorate，thiocyanate, and nitrate in New Jersey mothers and newborns. Environmental Science & Technology，43（19）：7543-7549.

Boivin G，Chapuy M C，Baud C A，et al. 1988. Fluoride content in human iliac bone：results in controls，patients with fluorosis，and osteoporotic patients treated with fluoride. Journal of Bone and Mineral Research，3（5）：497-502.

Cheng Q Q，Liu F J，Cañas J E，et al. 2006. A cleanup method for perchlorate determination in urine. Talanta，68（5）：1457-1462.

Health Canda. 2017. Fourth report on human biomonitoring of environmental chemicals in Canada. https：//www.canada.ca/content/dam/hc-sc/documents/services/environmental-workplace-health/reports-publications/environmental-contaminants/fourth-report-human-biomonitoring-environmental-chemicals- canada/fourth-report-human-biomonitoring-environmental-chemicals-canada-eng.pdf. [2021-02-15].

Kubáň P，Kiplagat I K，Boček P. 2012. Electrokinetic injection across supported liquid membranes：new sample pretreatment technique for online coupling to capillary electrophoresis. Direct analysis of perchlorate in biological samples. Electrophoresis，33（17）：2695-2702.

Nabar G M，Ramachandran C R. 1959. Quantitative determination of perchlorate ion in solution. Analytical Chemistry，31（2）：263-265.

Nguyen V T P，Piersoel V，Mahi T E. 2012. Urine iodide determination by ion-pair reversed-phase high performance liquid chromatography and pulsed amperometric detection. Talanta，99（12）：532-537.

Otero-Santos S M，Delinsky A D，Valentin-Blasini L，et al. 2009. Analysis of perchlorate in dried blood spots using ion chromatography and tandem mass spectrometry. Analytical Chemistry，81（5）：1931-1936.

Pagliano E，Meija J，Ding J，et al. 2013. Novel ethyl-derivatization approach for the determination of fluoride by headspace gas chromatography/mass spectrometry. Analytical Chemistry，85（2）：877-881.

Rezaei B，Meghdadi S，Bagherpour S. 2009. Perchlorate-selective polymeric membrane electrode based on bis（dibenzoylmethanato）cobalt（Ⅱ）complex as a neutral carrier. Journal of Hazardous Materials，161（2-3）：641-648.

Rigalli A, Alloatti R, Puche R C. 1999. Measurement of total and diffusible serum fluoride. Journal of Clinical Laboratory Analysis, 13 (4): 151-157.

Sandhu R, Lal H, Kundu Z S, et al. 2011. Serum fluoride and sialic acid levels in osteosarcoma. Biological Trace Element Research, 144 (1-3): 1-5.

Slingsby R, Pohl C, Saini C. 2006. Approaches to sample pretreatment in the determination of perchlorate in real world samples. Analytica Chimica Acta, 567 (1): 57-65.

Song S M, Ruan J J, Bai X Y, et al. 2019. One-step sample processing method for the determination of perchlorate in human urine, whole blood and breast milk using liquid chromatography tandem mass spectrometry. Ecotoxicology and Environmental Safety, 174 (8): 175-180.

US CDC. 2017-03-03. Fluoride, ionic in plasma by fluoride ion-specific electrode laboratory procedure manual. https://wwwn.cdc.gov/nchs/data/nhanes/2015-2016/labmethods/FLDEP_I_MET. pdf. [2020-10-01].

US CDC. 2018. Iodine and mercury in urine by ICP-DRC-MS laboratory procedure manual (method No: 3002.7-03). https://wwwn.cdc.gov/nchs/data/nhanes/2015-2016/labmethods/UIO_UHG_I_ MET.pdf. [2020-10-01].

US CDC. 2020a. Perchlorate, nitrate, and thiocyanate in urine by ion chromatography with tandem mass spectrometry (IC-MS/MS) laboratory procedure manual[method No: 2150.03b (modification)] https://wwwn.cdc.gov/nchs/data/nhanes/2015-2016/labmethods/PERNT-PERNTS-I-MET-508.pdf. [2020-10-01].

US CDC. 2020b. Biomonitoring summaries. National biomonitoring program. https://www.cdc.gov/ biomonitoring/biomonitoring summaries_4. html.[2020-10-01].

US CDC. Diet and micronutrients-iodine. https://www.cdc.gov/breastfeeding/breastfeeding-special-circumstances/diet-and-micronutrients/iodine.html. [2020-10-01].

US CDC. 2022. Biomonitoring date tables for environmental chemicals. National report on human exposure to environmental chemicals. https://www.cdc.gov/exposurereport/date_tables. html? NER_Sectionltem=NHANES.[2022-06-01].

US EPA. 2020. Dringking Water: Final action on perchlorate. https://www. federalregister. gov/documents/2020/07/21/2020-13462/drinking-water-final-action-on-perchlorate. [2021-08-23]

US NIH.2021.Iodine-Health professional. https://ods.od.nih.gov/factsheets/Iodine- HealthProfessional/ #en3. [2021-08-23].

Valentín-Blasini L, Blount B C, Otero-Santos S, et al. 2011. Perchlorate exposure and dose estimates in infants. Environmental Science & Technology, 45 (9): 4127-4132.

Waterhouse C, Taves D, Munzer A. 1980. Serum inorganic fluoride: changes related to previous fluoride intake, renal function and bone resorption. Clinical Science, 58 (2): 145-152.

Weiss J A, Stanbury J B. 1972. Spectrophotometric determination of microamounts of perchlorate in biological fluids. Analytical Chemistry, 44 (3): 619-620.